다정한 개인

다정한 겁쟁이

평화를 부르는 고래의 생태·사회사

CAPTIVITY KILLS
FREE JEDOL

BLEACHED WINTER
3S
SPERM OIL

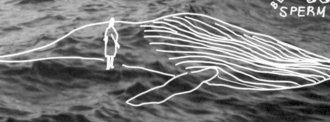

남종영 지음

곰출판

일러두기

1. 2011년 출간되었던 《고래의 노래》를 바탕으로, 2024년까지의 최신 연구 자료와 도판, 고래에 대한 전 세계적인 인식 변화까지 최신의 내용을 대폭 반영하고 수정보완했다.

2. 고래 종의 명칭은 국립수산과학원 고래연구센터의 기준(손호선, 최영민, 이다솜 [2016] "한국어 일반명이 없는 고래 종의 일반명에 대한 번역명 제안", 〈한국수산과학회지〉 49 (6))을 따랐다.

3. 이 책에 등장하는 인명과 지명을 비롯한 외래어는 국립국어원의 외래어표기법을 따랐다.

4. 본문에서 영화나 TV프로그램, 신문, 그림, 음악, 논문, 보고서 등은 〈 〉로, 단행본과 정기간행물은 《 》로 표기했다.

프롤로그

가을 햇살이 바다에 내려앉아 반짝였다. 나는 아들과 함께 제주 모슬포의 푸른 바다를 바라보고 있었다.

"와, 상어다!"

소와 말보다 고속전철 KTX와 SRT를 먼저 구분했던 여덟 살 난 아들이 소리쳤다. 상어와 달리 등지느러미 안쪽이 움푹 패어 있었다. 남방큰돌고래였다. 수십 마리가 파도를 일으키며 어디론가 가는 것처럼 보였다. 등지느러미에 1번이 찍힌 돌고래가 무리 후면에 살짝 나타났다가 사라졌다. 제돌이였다. 불법 포획돼 서울대공원에서 돌고래쇼를 하다 고향 바다로 돌아가 자신의 권리를 되찾은 돌고래.

지난 한 세기 동안 고래와 돌고래만큼 인간이 바라보는 관점이 현격히 바뀐 동물도 없을 것이다. 바다의 괴수였던 고래는 경제적 자원으로 인식되어 멸종의 문턱에 이를 정도로 착취당했다. 그러나 환경 의식의 제고와 자연을 소비하는 방식의 변화로 고래는 '다정한 거인gentle giant'으로 재조명되면서 지금은 '권리의 주체subject of right'로 인정받기 시작했다. 2011년 내가 고래의 생태와 역사를 다룬 《고래의 노래》를 쓸 적만 해도 상상할 수 없었던 변화다.

한국을 포함한 세계 여러 나라에서 고래가 권리의 주체로 인정받기 시작한 것은 2010년대를 전후해서였다. 캐나다의 돌고래수족관 시랜드에 이어 최대의 해양 테마파크 시월드에서 세 명의 죽음에 연루된 범고래 틸리쿰 사건은 수족관의 비인도주의에 대해 대중이 분노하는 계기가 됐다. 인도와 스위스, 캐나다, 프랑스 등 여러 나라에서 수족관에 돌고래 신규 도입이나 번식을 제한하는 조처가 잇달았다. 과거에는 동물의 행복을 위해서 인간이 법을 만들어 동물원·수족관에 직접적인 규제를 가한 적이 없었다. 동물해방 운동의 역사적 이정표였다.

우리나라는 '야생방사'를 통해 변화의 선두에 섰다. 야생 돌고래를 잡아 좁은 풀장에서 길들이는 것은 돌고래가 바다에서 자연적인 삶을 살 권리를 침해하는 것이 분명했다. 법은 돌고래를 인간이 소유하는 물건으로 규정하고 있지만, 사람들은 인간에게 그럴 권리가 없다고 받아들였다. 2013년 제돌이와 춘삼이, 삼팔이를 비롯해 2015년 태산이, 복순이가 제주 바다의 야생 무리로 돌아갔다. 각각 2017년과 2022년에 방사된 금등이, 대포 그리고 비봉이는 죽은 것이 확실하지만.

나는 고래에 대한 역사를 새로 써야 할 때가 됐다는 생각을 갖게 됐다. 불과 10여 년 만에 고래는 경제와 문화 그리고 법률에서 다른 존재가 되었기 때문이다. 이 책은 고래의 생태적 지식을 토대로 고래와 인간 관계의 역사를 통사적으로 다룬다.

1부에서는 육지에서 바다로 돌아온 고래의 진화사와 분류학 그리고 생태, 문화 등의 최신 과학적 지식을 담았다. 인간의 고래에 대한 탐욕이 무르익지 않았던 평화의 시절, 고래는 인간에게 어떤 존재였는지를 살펴봤다.

2부는 최초로 상업포경 시대를 열어젖힌 바스크족의 연안 포경부터 20세기 남극에 공장식 포경선을 진주시킨 현대 포경까지 인간이 고래를 어떻게 이용하고 착취했는지를 정리했다. 포경 산업은 최초의 글로벌 산업이자 제국주의의 첨병이었고, 지구의 생태적 균형을 깨는 자기파괴적인 활동이었다. 8장에서는 다른 책에서 다루지 않았던 한국 포경에 대해서도 소상히 다뤘다.

전 세계 바다에서 고래 개체수가 급감하고 사람들이 고래를 '다정한 거인'으로 받아들이면서, 포경 산업은 정치적·경제적 동력을 잃는다. 환경단체와 과학자들은 정치적 저항으로서 야생 고래관광 성장의 중심에 서고, 자본은 '살아 있는 고래'로 이윤을 창출하는 돌고래수족관 산업에서 활로를 찾는다. 3부에서는 이러한 1980년대 이후 고래 산업 체제의 변환과 환경운동의 대응을 다뤘다.

4부는 권리의 주체로 거듭나고 있는 고래에 대한 과학적 담론과 사회적 운동을 다뤘다. 십 년이면 강산이 변한다더니, 십 년 만에 고래는 비인간인격체이자 기후변화의 해결사로 재조명됐다. 2010년대 들어 돌고래수족관 산업은 막을 내리고 있고, 감금된 돌고래가 편안하게 여생을 보낼 수 있는 바다쉼터가 나타나기 시작했다. 한국의 지방자치단체 제주도는 남방큰돌고래를 '법적 사람(법인격)'으로 보고, 그들의 권리를 보장하는 생태법인을 추진하고 있다.

과학의 발전은 인간의 고래에 대한 앎을 확장하고 있으며, 고래의 권리에 대한 논의는 그들의 행복에 도움이 될 것이라고 나는 믿는다. 그럼에도 여전히 한계는 있다. 다양한 개체적 삶이 종의 특성으로 환원되어 가려지거나, 인간중심주의에 의해 고래의 뜻이 편의적으로 재단되곤 한다. 최근 들어 잇따른 남방큰돌고래 야생방사의 실패는 우리가 앞으로 '고래의 권리를 인정하는 과정'에도 진지한 논의가 필요함을 시사한다.

고래는 앞으로의 인간-자연, 인간-동물 관계를 보여주는 리트머스 시험지가 될 것이다. 기후위기를 대면한 우리의 미래는 고래를 대하는 우리의 태도에 달려 있다.

고래에 대한 이야기는 많지만, 확인과 검증을 거친 이야기는 적은 현실에서 꼭 필요한 책이라며 선뜻 손을 내밀어주신 곰출판 심경보 대표님과 박병규 팀장님께 감사드린다. 이 책이 인용한 사건과 연구는 선행 작가와 과학자들의 땀이 밴 결과물이다. 참고문헌에 표시된 작품을 따라가 보길 권한다. 더 놀랍고 신기한 고래에 대한 사실을 마주하고 깊은 생각에 잠길 것이다.

고래에 대한 관심은 어릴 적부터 키워온 지리학적 호기심에서 비롯됐다. 지도를 골똘히 보기, 낯선 곳을 방문하기, 새 길로 탐험하기 같은 것들을 보여주고 떠난 아버지가 없었다면, 이 책은 나오지 못했을 것이다. 언제나 응원해주시는 일산의 어머니와 부산 아버지, 어머니 그리고 아내 최명애에게 감사를 드린다. 아들 지오야! 상어가 아니라 돌고래란다. 동물을 보고 자라지 못한 너희 세대가 어른이 됐을 때에는 더 많은 고래가 바다로 돌아와 편안하게 헤엄치길 바란다.

2024년 여름
남종영

차례

2부 작살을 피해서, 살아남기 위해서
인간의 탐욕과 고래(上)

3부 살아 있는 고래가 돈을 버는 시대
인간의 탐욕과 고래(下)

4부 권리의 주체, 그리고 기후변화의 해결사
고래의 미래

1부

고래의 탄생

바다에서 육지로 돌아가다

i n t r o

　서호주 샤크베이는 오후 2시면 섭씨 40도를 우습게 넘어버린다. 가만히 있어도 가스 불에 올려진 마른오징어마냥 익어버릴 것 같은 오지에 내가 간 이유는 오로지 남방큰돌고래를 보기 위해서였다.

　샤크베이 해안가에는 아침마다 돌고래가 인간이 주는 간식을 먹으러 온다. 신기하게도 정해진 시간 5분 전이면, 일군의 돌고래가 수평선을 가르며 다가온다. 나는 필시 가슴지느러미에 손목시계라도 차고 있을 것이라고 상상하곤 했다.

　어쨌든 인간과 돌고래가 만나 축조한 공동 문화의 장에서, 나는 옆으로 누워 떠 있는 돌고래를 봤다. 덕분에 돌고래의 눈을 또렷이 볼 수 있었지만, 그때까지만 해도 왜 돌고래가 굳이 불편한 자세를 취하는 건지 몰랐다.

　몇 년 뒤, 제주도 함덕 앞바다 가두리 내에서 야생방사를 앞두고 적응 훈련 중이던 남방큰돌고래 금등이가 그렇게 하는 걸 봤다. 금등이는 가두리를 한 바퀴 돌더니 내 앞에 멈췄다. 그러고는 몸을 돌려 모로 누운 뒤 눈을 맞추었다. 그때야 깨달았다. 돌고래가 나를 바라보고 있구나!

　우리는 지금 고래를 만나러 가는 긴 여정의 출발점에 섰다. 보람찬 여행이 되려면, 고래의 진화와 생태를 잘 알아야 한다.

　1장은 육지에서 바다로 올라온 고래가 어떻게 바다로 돌아갔는지 진화의 역사를 다룬다. 바다에 적응한 몸은 다른 몸과 연결되어 사회를 이루고, 사회는 특유의 문화를 형성한다. 2장에서는 최신 연구 결과를 통해 고래의 생태와 문화 나아가 인간과의 공동 문화를 살펴본다.

　물론 고래의 세계를 탐구하는 것은 쉬운 일이 아니다. 인간의 세계가 박쥐의 세계와 같을 수 없듯이, 고래의 세계와도 같을 리 없다. 고래는 음파를 인식하는 감각이 있고, 바다에서 살며, 다른 환경세계umbelt를 가졌다. 인간과 비슷한 점도 있다. 새끼를 낳아 애지중지 돌보고, 사회를 이뤄 시시때때로 동료들과 모였다가 흩어지고, 서로 이름을 부르고, 도구를 사용하며, 할머니의 지혜를 존중한다.

16~17세기 과학혁명의 바람이 불기 전까지, 바다는 인간에게 외계 공간이었다. 고래는 세상 끝에 살던 외로운 괴수였다. 지도를 그릴 때 광활한 바다의 여백을 채워넣기 위해 그리는 상상물이었다. 인간과 함께 물고기를 잡는 돌고래처럼 더러는 감정을 주고받고 함께 일하기도 했다. 인간과 동물은 경쟁자이면서도 협력자였다.

하지만 신석기혁명 이후 소비자본주의 시대까지 인간은 자연과 동물로부터 멀어지는 길을 택했다. 자연은 인간의 객체이자 지배 대상, 관리 대상이었다. 존재론적으로 평등했던 인간과 동물이 함께 살던 세계는 사라졌다. 하나의 세계는 두 개의 세계로 쪼개졌다. 3장에서는 인간이 고래를 경외하던 과거의 시대부터 새로운 세계로 이어지는 경계면까지 탐사할 것이다.

우리는 감각기관의 한계에서 벗어나지 못하기 때문에 인간중심주의를 벗어날 수 없다. 하지만 차이와 유사성을 염두에 두면서 '고래-되기'를 시도한다면, 그들의 멋진 노래를 들을 수 있다고 나는 생각한다. 여행의 출발이다. 여기 과학자와 역사가들이 차려놓은 지식의 지도가 있다.

그들은 육지에서 왔다

어느 오후였다. 고래에 관한 기사를 전송한 나는 몸을 의자에 기댔다. 그때 전화벨이 울렸다. 기사를 데스킹하고 있던 팀장이었다.

"혼획이 뭐지? 고래가 생선과 함께 우연히 걸려 잡힌 건가? 음. 그리고 그래프 말야. 포획량이라고 하니까 이상하잖아. 어획량이라고 해야 하지 않을까?"

"어, 고래는 생선이 아니니까 어획량이 아니라 포획량이죠."

"고래나 생선이나. 너야 잘 알지만 독자들에겐 생소하잖아. 어차피 고래도 생선 파는 위판장에 들어오는 거잖아."

"그래도…"

팀장 말처럼 대부분의 사람들에게 고래가 생선인지 포유류인지는 중요하지 않다. 우스운 얘기인데, 몇 년 전 남극에 갈 때 나에게 이런 인사를 던진 사람이 한둘이 아니었다.

"북극곰 많이 보고 와라!"

그렇다. 과학적 사실은 우리 일상의 수 분, 수 초를 지배하지 않는다. 잠시 눈을 감고 생각하고 나서야 우리는 그 사실을 불러올 수 있을 뿐이다.

고래는 분명 어미가 새끼에게 젖을 먹이는 포유류이지만, 우리가 그

걸 상상해볼 일은 없다. 야생동물인 고래는 허가 없이 잡으면 안 된다. 그러나 몇 년 전까지만 해도 고래는 우리에게 '야생동물'이라는 분류보다 바다에서 잡히는 어족 자원에 가깝게 여겨졌다. 고래를 담당하는 정부 부처도 야생동물 보호를 담당하는 환경부가 아니라 축산과 어업을 담당하는 농수산부나 농림수산식품부가 오랜 세월 동안 맡아왔다. 2013년 해양수산부로 독립된 뒤에도 한참이 지나서야 해양 생태계 보전이 주요한 업무로 다뤄지기 시작했다.

고래는 생물학적으로 포유류지만, 세계적으로도 정치와 경제 영역에서 오랜 기간 생선 취급을 받아왔다. 외교 무대에서 포경 국가들은 '포경어업'을 재개해야 한다고 말하지, '고래 수렵'을 재개하자고 말하지는 않는다. 과학자가 이런 말을 듣는다면, 큰돌고래 '하루카はるか' 이야기를 꺼내며 한심해할 것이다.

"이것 봐요. 35억 년 전 지구에서 최초의 생명체가 출현한 이후, 물고기는 발이 없었어요. 그런데 고래는 한때 다리가 있었답니다. 하루카를 보세요! 심지어 다리가 네 개예요."

하루카는 2006년 10월 28일 돌고래 사냥으로 악명 높은 일본 다이지에서 100여 마리의 무리들과 함께 해안 쪽으로 몰이를 당하고 있었다. 이미 수심이 얕아져 바다 속으로 피할 수도 없었고, 먼 바다 쪽으로는 어부들이 그물을 쳐놓아 도망갈 수도 없었다. 어부 몇 명이 배에서 내려 잡힌 118마리 돌고래 중 수족관에 팔 녀석을 선별했다.

"어, 이 돌고래 봐. 지느러미가 네 개야."

원래 돌고래는 몸체 앞부분에 좌우로 가슴지느러미가 달려 있다. 그런데 돌고래 하루카는 몸체 뒷부분에도 좌우 17~18센티미터 크기의 지

네발 달린 돌고래 '하루카'
2006년 일본 다이지에서 잡힌 큰돌고래 '하루카'. 엑스레이로 촬영한 결과, 과거 네발 달린 고래의 조상이 가지고 있던 손가락뼈와 같은 불완전한 골격이 발견됐다.

다정한 거인

느러미가 있었던 것이다.[1] 바다에서 탄생한 생명체는 육지로 나아가는 것이 일반적인 진화의 역사다. 그런데 육지에서 네 발로 걷던 일군의 종이 네 다리를 버리고 다시 바다로 돌아왔다. 두 다리는 고래에 이르러 양쪽의 가슴지느러미로 남았고, 남은 두 다리는 사라졌다. 일본의 저명한 고래 연구자이자 다이지 고래박물관 명예관장 오구미 세이지大隅清治는 이렇게 말했다.

"고래류의 조상이 21세기에 출현했다."

고래는 어류일까? 포유류일까? 교과서 어디쯤 적혔을 평범한 사실에 대한 논쟁에 마침표가 찍힌 건 사실 얼마 되지 않았다. 왜 그리 오래 걸렸을까? 고래를 무엇으로 분류하느냐는 매우 정치적이고 경제적인 문제였기 때문이다.

어류인가, 포유류인가

논쟁은 과학자들보다 장사꾼들 사이에서 긴박하게 진행됐다. 특히 유럽에서 고래가 상업적으로 이용되면서 '고래가 어류냐, 포유류냐'는 희대의 논쟁이 되었다. 포경업자들은 끝까지 고래가 어류라고 주장했다. 물고기라야 맘껏 잡을 수 있었기 때문이다.

"고래는 약간 큰 물고기에 지나지 않을 뿐이야. 예전에 대구와 명태를 잡아온 것처럼 그저 고래를 잡는 것일 뿐이라고."

그물 대신 작살을 들고 있었는데도 그들은 고래가 생선이라고 주장했다. 생선이라고 부르면 도덕적 죄책감이 줄어드니까. 작살에 찔린 거대한 고래가 숨구멍에서 빨간 피를 분수처럼 쏟아내면서 죽어가는 광경은 냉혈한 사냥꾼도 눈을 똑바로 뜨고 바라보기 힘들다. 수많은 포경문학과 기록에는 이에 대한 포경선원들의 불편함이 나타난다.

인간에게는 분류학적으로 유사한 종을 더욱 동정하는 본능이 있다. 우리가 물고기의 죽음보다 침팬지의 죽음에 더 슬퍼하는 것도 이 때문이다. 고래는 물고기보다 인간에 가깝다. 고래는 우리처럼 허파로 숨을 쉬고, 복잡한 사회생활을 하며, 문화를 창조하고 전승한다. 작살이 꽂혔을 때 고래는 포유동물처럼 죽어간다. 원초적인 동류감으로 인간은 이 광경을 고통스럽게 지켜본다. 고래는 피를 흘리며 바다를 시뻘겋게 물들이고, 고통스러운 신음소리를 낸다. 어미 잃은 새끼는 자리를 떠나지 않는다. 하지만 고래가 과학적·사회적으로 물고기로 받아들여진다면, 이런 광경을 지켜보는 인간의 원초적 죄의식은 경감될 수 있었다. 그래서 포경업자들은 생물학의 진보에도 불구하고 고래가 물고기로 남아 있길 바랐다.

철학적으로 보면 이는 인간과 과학의 대립, 경제학과 생물학의 대립, 종 차별주의와 평등주의의 대립이다. 영국의 사상가 존 스튜어트 밀John Stuart Mill은 1843년 《논리학 체계System of Logic》에서 이 논란을 예로 들었다. 고래는 바다에서 나는 새로운 자원으로 떠오르고 있었다. 그렇다면 고래를 어떤 법률과 제도에 적용해야 할까? 이는 매우 민감한 문제였다. 당시 해안가에 좌초한 고래를 획득하면 일부를 공물로 나라에 바쳐야 했기 때문이다. 그래서 바다에서 떠밀려 좌초한 고래를 얻은 사람들이나 바다에서 고래를 잡은 사람들은 세금을 피하기 위해 고래를 물고기라고 주장했다. 이에 대해 밀은 이렇게 말했다.

"생물학적으로 고래가 포유류라는 점은 부정할 수 없는 사실이다. 하지만 현명한 재판관이라면, 어류를 다루는 법률에 고래가 적용되어서는 안 된다는 청원을 단박에 거부할 것이다."

존 스튜어트 밀의 이런 해석은 생물학적 사실보다 대중적 통념이 사회를 운영하는 기준에 우선한다는 것이었다. 그의 주장은 1818년 미국의 뉴욕법원에서도 논쟁이 된 적이 있다. 당시 뉴욕법원에서는 고래기름이 생선기름인지 아닌지, 그리고 생선기름이라면 75달러의 검사 비용을 내야 하는지를 두고 재판이 이뤄졌다. 고래가 물고기면 주에 세금을 내야 했고 물고기가 아니라면 내지 않아도 됐다.[2] 신이 주관하던 중세 시대에서 과학이 판결하는 근대 시대로 넘어가는 과정에서 역사적·종교적으로 형성됐던 관념, 그리고 관찰과 실험으로 실증된 지식이 재판정에서 충돌한 것이다. 진리는 무엇인가? 존 스튜어트 밀은 사회적 진리를 우선했다.

하지만 과학이 발전하면서 쌓여가는 것은 인간중심주의가 자의적인 신념의 총합이라는 증거뿐이었다. 동물은 인간을 위해 만들어진 존재가 아니다. 과학자들은 해안가에 좌초된 고래를 해부하고 포경선에 동승해 포획된 고래를 관찰했다. 그렇게 고래에 관한 지식이 쌓일수록 사회적 통념은 깨지기 시작했다. 인간이 편의적으로 과학적 사실을 확정하던 시대에서 인간을 포함한 자연이 과학에 종속되는 시대가 되어갔다.

근대 과학에서 고래가 처음 포유류로 인식된 건 언제일까? 1735년 스웨덴의 분류학자 칼 폰 린네Carl von Linné는 고래를 물고기에서 구출했다. 린네는 《자연의 시스템Systema Naturae》에서 고래가 이심방 이심실의 심장을 가졌고 귓구멍이 있으며 눈꺼풀을 닫을 수 있고 포유동물에서나 볼

고래류와 어류의 비교

	고래	어류
호흡	폐	아가미
수영	꼬리지느러미와 척추의 상하 운동	꼬리지느러미의 좌우 운동
번식	수중에서 새끼 출산	수중에서 배란
피부	고무와 비슷한 촉감, 따개비가 붙어 있기도 함	비늘

고래의 신체

추력을 제공하는
꼬리지느러미

균형을 잡는 등지느러미
(일부 고래는 없음)

호흡을 하는 숨구멍

수염이나
이빨을 가진 입

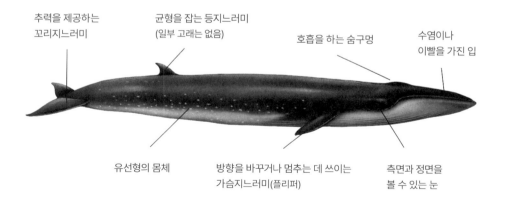

유선형의 몸체

방향을 바꾸거나 멈추는 데 쓰이는
가슴지느러미(플리퍼)

측면과 정면을
볼 수 있는 눈

수 있는 분비샘을 가지고 있다고 상술했다.

　물론 그 이전의 과학자들이 고래의 특이성을 인식하지 못했던 건 아니었다. 아주 옛날에도 인간들은 고래에 독특한 지위를 부여했다. 고래를 흔쾌히 물고기라고 생각했던 적은 한 번도 없다. 인문학이 꽃을 피웠던 고대 그리스의 아리스토텔레스는 고래를 동물 중에서 가장 독특한 존재로 여겼다. 그는 《동물지Historia Animalium》에서 고래와 돌고래는 아가미가 아니라 폐로 숨을 쉬고 살아 있는 상태로 새끼를 낳는 등 육상 동물과 비슷하다며 어류로 분류하기 어렵다고 말했다. 로마 시대의 철학자들도 새끼를 낳아 기르는 방식을 보아 고래와 돌고래, 물범 등을 어류와 다르게 보기도 했다. 이누이트 설화에서도 세드나Sedna는 물고기나 새가 아닌 해양포유류의 선조로 묘사된다.

　그렇다고 인간 모두가 '과학적 사실'을 주저없이 받아들이는 건 아니다. 사실 포경을 '어업'으로 보느냐, '사냥'으로 보느냐는 얼마 전까지만 해도 포경 논쟁의 두 편대를 가르는 대치선이었다. 불과 몇십 년 전까지 '포경어업whale fishery'이라는 말이 쓰였고 지금도 일부 국가에서는 쓰이고 있다.

땅 짚고 헤엄쳤던 조상

　독일 베를린동물원에서 하마를 본 적이 있다. 세계 최고의 하마 전시관을 갖춘 곳답게 이 동물원은 하마가 헤엄치는 장면을 볼 수 있도록 지하에 관람창을 두고 있었다.

　어설퍼 보이지만 하마는 뛰어난 수영 선수다. 정확히 말하면 '헤엄치는' 능력이라기보다 물속에서 '걸어다니는' 능력이 뛰어나다. 육상동물인 하마에게는 지느러미도, 오리발도 없다. 그저 짧은 뒷발로 바닥을 툭 치고 도약하여, 대형 여객기가 운항하듯 물속을 나아간다. 둥둥 떠다니다가 가라앉으면 발로 툭! 조금 빨리 갈라치면 땅딸보 같은 몸으로 대포알처럼 빠르면서도 우아한 곡선을 그렸다.

하마는 3분에서 5분에 한 번씩 고개를 내밀고 숨을 쉰다. 이 정도라면 북극곰처럼 얼음 바다를 수백 킬로미터씩 가로지르는 장거리 주자는 못 되어도, 깊은 강이나 호수를 돌아다니기엔 불편함이 없어 보였다. 하마는 '땅 짚고 헤엄치기' 선수다.

만약 하마가 바다 환경에서 적응, 진화하면 어땠을까? 숨을 오래 참는 능력을 갖추고, 빠른 속력을 내는 몸통 근육과 지느러미를 얻었을 것이다. 그게 바로 고래다. 하마의 모습은 고래의 진화사에서 중요한 함의를 지닌다. 육상동물이 고래로 진화하는 중간 단계를 보여주기 때문이다. 물속을 걷는 하마는 땅에 살던 동물이 어떻게 바다로 돌아가 적응했는지 수수께끼를 푸는 중요한 열쇠다.

19세기 후반, 적어도 과학계에선 고래가 어류냐, 포유류냐 하는 논쟁이 마침표를 찍은 상태였다. 조르주 퀴비에Georges Cuvier가 생물학적 특성을 밝혀 고래가 포유류라는 사실을 확정지었다. 지식인이라면 그 누구도 고래가 생선이 아니라는 데 이의를 제기하지 않았다. 그때부터 제기된 질문은 고래가 어디에서 왔느냐였다. 찰스 다윈Charles Darwin이 1859년《종의 기원On the Origin of Species》에서 진화론을 설파한 이후, 고래는 진화론에서 가장 큰 공백이었다. 비판론자들은 고래의 조상에서 고래로 가는 중간 단계의 종이 없다고 다윈을 공격했다.

과학자들은 좌초한 고래를 해부하면서, 고래와 육상에 사는 포유류 사이에 비슷한 세 가지를 발견했다.

첫째, 고래는 허파로 호흡을 한다. 고래는 일생을 물속에서 보내지만 규칙적으로 수면 위로 올라와 숨을 쉰다. 고래의 몸은 유선형으로 물속에서 헤엄치기 좋게 진화했지만, 호흡하는 방식은 여전히 낡은 육지의 것 그대로다. 그래서 고래는 물을 나고 드는 '시시포스의 노동'을 평생 동안 계속한다.

둘째, 한 쌍의 가슴지느러미 뼈를 보면 마치 포유동물의 팔과 다리 같다. 겉에서 보면 지느러미지만 해부해보면 손가락, 발가락 같은 뼈마디가 관찰된다. 이는 고래가 과거에 손가락과 발가락이 있었음을 보여주는 증거다.

셋째, 운동의 측면에서도 고래는 포유류와 비슷하다. 고래는 물고기처럼 꼬리지느러미를 축으로 몸을 좌우로 움직여 헤엄치지 않는다. 대신 호랑이나 사자가 척추를 움직여 뛰어다니듯 상하 반동을 이용해 앞으로 나아간다. 고래에게 가슴지느러미는 추진력을 얻는 도구라기보다는 방향을 정하는 보조 수단에 지나지 않는다.

그렇다면, 그들의 고향은 흙냄새 나는 육지가 아니었을까? 과학자들은 이런 가능성을 조심스럽게 타진하기 시작했다. 19세기 후반 영국 런던 자연사박물관의 관장을 지냈던 윌리엄 플라워William H. Flower가 고래의 진화에 관한 대담한 가설을 내놓았다.[3] 해부학자로서 동물 골격에 정통했던 그는 고래의 뼈가 바다의 것보다 육지의 것에 가깝다는 사실을 알고 있었다. 그는 고래가 한때 육지에 살았고, 그것도 발굽 달린 육상동물 유제류 有蹄類, ungulate가 고래와 친척 사이라고 주장했다. 고래를 상어의 친척쯤으로 생각했던 당시 사람들에게 고래가 소나 양의 친척이라는 주장은 웃음 거리에 지나지 않았다. 20세기 초반까지도 이 가설은 학계에서 소수 의견에 불과했다. 하지만 화석이 다수 발견되고 유전자 조사 기법이 발전하면서 그의 가설은 정설로 굳어졌다.

플라워의 가설은 발전했다. 지금은 고래가 백악기에 살던 우제류의 조상인 '아르티오닥틸스*artiodactyls*'의 일부가 바다로 나아가 진화한 후손이라는 중간 결론이 난 상태다. 아르티오닥틸스는 고래에서 바다소, 하마, 소와 양, 낙타와 기린 그리고 남아메리카 멧돼지인 페커리peccary까지 다양한 종들의 조상이다. 대부분은 육상에서 계속 진화의 사다리를 탔지만, 일부는 바다로 나가 고래류로 진화했다.

아르티오닥틸스는 유제류 가운데 발가락이 짝수인 동물이다. 지금도 돼지와 페커리, 하마, 기린, 낙타, 사슴 등의 발가락은 짝수다. 이런 동물을 우제류(우제목)라고 한다. 고래의 가슴지느러미에서 발견되는 퇴화된 발가락뼈도 짝수다. 명백한 진화의 증거다.

그래도 고래가 기린, 낙타와 같은 조상을 두고 있다는 것은 상상하기 쉽지 않았다. 하지만 파키스탄에서 파키케투스*Pakicetus* 화석이 발견되면서 비밀의 문이 열리기 시작했다. 파키케투스는 고대 고래소목인 아르카에오세티스*Archaeocetes*의 초기 종이었다. 아르카에오세티스에 속한 파키케투스*Pakicetidae*, 암블로케투스*Ambulocetidae*, 레밍토노케투스*Remingtonocetidae*, 프로토케투스*Protocetidae* 그리고 바실로사우루스*Basilosauridae* 등 5개 과의 화석은 고래의 조상이 민물에서 바다로 나아가는 단계를 보여준다.

런던자연사박물관의 고래 골격
19세기 말 윌리엄 플라워가 런던자연사박물관 관장을 맡으며 고래 전시에 공을 들이면서부터 이 박물관은 고래로 손꼽히는 박물관이 되었다. 천장 위에 매달린 대왕고래 골격으로도 유명하다.

1장 그들은 육지에서 왔다

파키케투스에서 바실로사우루스까지

아르카에오세티스는 낯설어도 바실로사우루스는 한 번쯤 들어봤을 것이다. 우리가 과거 '수룡水龍'이라고 생각했던 그 괴물이다. 뱀장어처럼 긴 몸과 강한 꼬리, 오리발에다 강한 포식성 때문에 바실로사우루스를 흔히 '바다에 사는 공룡'으로 생각하는 사람이 많았다.

바실로사우루스 화석이 1830년 미국 앨라배마 주에서 발견됐을 때만 해도 육지에서 발견됐기 때문에 이 생물이 바다에 살았을 거라고는 생각하지 못했다. 그래서 이름도 그리스어로 '왕basileus'과 '도마뱀sauros'을 붙여 바실로사우루스가 되었다. 이후 이 화석은 '고래의 계곡'이라고 불리는 이집트 와디 일 히탄Wadi El—Hitan에서 집중적으로 발견됐는데, 그도 그럴 것이 이곳은 과거 테티스 해였기 때문이다. 바실로사우루스는 약 4,100만 년 전부터 3,400만 년 전까지 에오세 중·후기 바다에서 포식자 노릇을 한 것으로 보인다. 바실로사우루스는 작지만 완벽한 형태의 다리를 갖고 있었다. 앞발은 앞으로 나아가는 데 필요한 추진력을 제공했고, 뒷발은 비록 볼품없었지만 분명히 다리였다. 이것은 현생 고래와 연관성을 유추할 근거로 충분했고, 바실로사우루스는 많은 사람들에게 '고대 고래'로 받아들여지게 된다.

하지만 여전히 고래 진화에는 공백이 있다. 완벽한 수생동물로서 바실로사우루스의 진화수進化樹는 현생 고래와 이어져 있었지만, 육지에서 바다로 나아가는 단계의 화석은 여전히 불충분했기 때문이다. 진화는 바다에서 육지로 일방향이었다. 바다에서 탄생한 종은 오랜 시간을 두고 육지로 올라왔다. 따뜻한 햇볕이 들고 상쾌한 공기가 있는 대지는 그들에게

안성맞춤의 안식처가 되어 갔다.

그런데 거기에 특이한 존재가 있었다. 바로 1979년 파키스탄에서 화석이 발견된 파키케투스다. 이 화석은 진화론에 대해 회의적인 사람들의 논리를 뒤엎는 결정적 증거가 됐다. 파키케투스가 살던 5,300만년 전 에오세 초기만 해도 포유류는 모두 육상동물이었다. 그러나 파키케투스는 좀 달랐다. 강이나 호수 등 물가에 사는 걸 선호했고, 물속에서도 자유롭게 다닐 수 있었다. 육상에 먹을 것이 없어 다른 포유류가 굶주릴 때, 그는 첨벙첨벙 물속으로 들어가 물고기를 낚아오곤 했다. 게다가 물속은 포식자에게서 안전하게 몸을 피할 수 있는 피난처가 됐다.[4]

파키케투스의 몸은 물속에서 여러모로 장점을 가지고 있었다. 눈의 위치는 악어처럼 위를 바라보고 있다. 이 위치라면 수면 위의 먹잇감을 볼 수 있다. 귀는 안쪽에 위치해 물에 견디기 쉬웠다. 무엇보다 속이 꽉 찬 뼈를 가지고 있었다. 이런 골격 덕분에 몸이 뜨지 않고 잠수할 수 있었다. 파키케투스는 물이 더 좋았다. 수륙양용의 이 작은 동물은 점점 물에서 지내는 시간이 늘어났다. 1994년 파키스탄에서 또 다른 화석이 발견됐는데, 4,900만 년 전에 살았던 암블로케투스다. 암블로케투스는 훨씬 더 수중 환경에 맞게 진화돼 있었다. 그는 육상동물 중 가장 뛰어난 수영선수였다. 오늘날의 고래처럼 척추의 상하 반동을 이용해 물속에서 움직였고 네 다리로는 물장구를 쳤다. 물론 땅 위를 걸어다니기에도 부족함이 없었을 것이다. 암블로케투스는 '걸어다니는 고래walking whales'였다.

로도케투스Rodhocetus 화석도 발견됐다. 프로토케투스과에 속한 이 종은 몸집이 3미터에 달하는 포유류다. 암블로케투스에 비해 다리가 퇴화된 대신 물갈퀴는 한층 발달했다. 이 고대 고래는 물갈퀴가 달린 뒷발로

구르고 1미터가 넘는 꼬리를 방향타로 삼아 물속에서 헤엄쳐다녔다.[5]

　프로토케투스과의 고대 고래는 현생 고래의 직접 조상인 바실로사우루스과로 이어졌다. 뒷다리는 볼품없어져 더는 육지로 돌아가지 못했다. 동시에 바다 생활에는 거의 완벽하게 적응했다. 이 과에 속한 도루돈 *Dorudon*은 5미터 정도로 작아서 대표종인 바실로사우루스의 아성체로 여겨졌으나, 나중에 새로운 종으로 독립됐다. 바실로사우루스에 비해 도루돈의 몸 비율은 현생 고래와 비슷해, 현생 고래와 가장 가까운 고대 고래로 도루돈이 꼽힌다. 바실로사우루스의 고대 고래들을 거쳐 고래는 현생의 이빨고래*Odontoceti*와 수염고래*Mysticeti*로 분기한다.

　이렇게 짧게 요약했지만, 물가의 발굽 달린 동물에게는 영겁의 시간이었다. 바다에 적응하려면 지방층이 두껍고 뼈의 밀도는 높아야 한다. 이는 차가운 수온을 견디고 자유롭게 이동하기 위해서다. 이 때문에 대개 몸집이 커지는 경향을 보였다.

　지구 역사상 가장 큰 동물은 6,500만 년 전 멸종한 공룡이 아니라 우리 곁에 살고 있는 대왕고래다. 1909년 대서양 사우스조지아 섬의 포경항에 실려온 대왕고래 암컷은 33.58미터에 이르렀다. 2023년 학술지《네이처》에 실린 연구에서는 3,900만 년 전에 살았던 바실로사우루스과의 페루케투스*Perucetus*가 경우에 따라서 대왕고래의 1.5배에 이르렀을 가능성이 제기되기도 했다.[6] 불충분한 화석 탓에 단언할 수는 없지만, 이 가설은 약 300만 년 전부터 지금처럼 크고 무거운 몸을 지닌 대형 고래가 출현했을 걸로 보는 기존의 시각을 뒤엎는다.

　화석 증거는 고래가 발굽 달린 동물에서 진화했음을 보여준다. 전 생애를 육상에서 사는 우제류와 바다에서만 살아가는 고래 사이의 중간 단

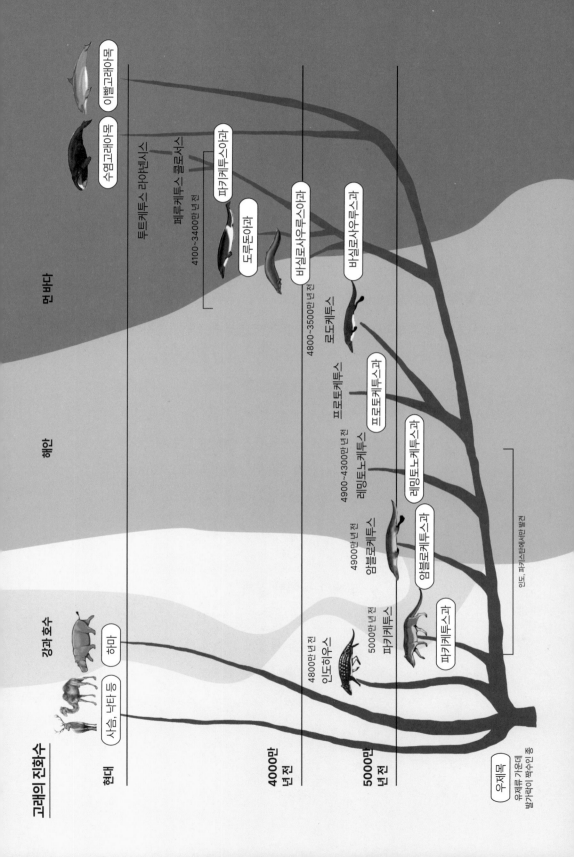

고래의 진화수

현대

4000만
년 전

5000만
년 전

강과 호수

먼 바다 · 해안 · 강과 호수

하마

사슴, 낙타 등

이빨고래아목

수염고래아목

투트케투스 라야벤시스

페루케투스 콜롤서스

4100~3400만 년 전

파키케투스이과

도루돈아과

바실로사우루스아과

바실로사우루스과

4800~3500만 년 전
로도케투스

프로토케투스

4900~4300만 년 전
레밍토노케투스

프로토케투스과

레밍토노케투스과

4900만 년 전
암불로케투스

암불로케투스과

4800만 년 전
인도하우스

5000만 년 전
파키케투스

파키케투스과

인도, 파키스탄에서만 발견

우제목
유제류 가운데
발가락이 짝수인 종

계에 해당하는 동물이 바로 지금의 하마다. 하마는 전 생애를 물과 물가의 진흙더미에서 보낸다. 고래와 마찬가지로 하마는 털과 땀샘이 거의 없고, 물 안에서 다른 개체와 의사소통을 하며 오래 머무를 수 있다. 향고래가 다른 고래들과 싸울 때 머리와 몸집을 들이받는 것처럼 하마도 똑같이 행동한다.[7]

이런 진화적 증거에도 불구하고 푸른 목장에서 풀을 뜯는 양과 깊은 바다를 유영하는 고래가 같은 조상을 둔 사촌지간이라는 걸 수긍하긴 쉽지 않다. 생각해보라. 양은 몸무게가 40킬로그램에 지나지 않고, 물에 들어가면 허둥대며 뛰쳐나온다. 반면 고래는 최고 150톤의 거구이지만, 수십 분 동안 숨을 참고 바다에서 유영한다. 그래서 창조론자들은 진화론의 빈틈을 고래에서 찾는다.

여전히 고래는 수수께끼다. 포유동물은 육지에 사는 게 편하다. 숨쉬기도 젖먹이기도 쉽다. 고래가 육지에 살았더라면 굳이 몇 분에 한 번씩 숨을 쉬기 위해 수면 위로 나오지 않아도 됐을 것이다. 일반적으로 바다에서 기원한 생명은 육지로 나아갔다. 그런데 왜 고래는 다시 바다로 돌아갔을까? 그들을 바다로 이끈 힘은 무엇이었을까?

고래의 특이한 신체

땅에서 바다로 돌아온 고래는 해양 환경에 알맞게 자신의 몸을 바꿔나갔다. 몸은 마찰을 줄이고 앞으로 나아갈 수 있도록 유선형으로 길어졌다. 얇고 긴 꼬리는 넓적한 꼬리지느러미로 바뀌어 위아래로 물장구를

다정한 거인

칠 때 더 힘을 얻을 수 있게 됐다. 네 다리는 길이와 너비가 모두 줄어들면서 퇴화하거나 변형됐다. 앞다리는 가슴지느러미로 바뀌었다. 또 물속에서는 발로 땅을 지탱할 필요가 없으므로 골반뼈도 거추장스러워졌다. 골반뼈는 퇴화해 척추에 통합됐으며, 뒷다리는 뼈의 흔적만 남았다.

생체 기능도 바다에 맞게 진화했지만, 변온동물인 어류처럼 수온에 맞춰 체온을 바꾸는 기능은 습득하지 못했다. 고래는 어느 조건에서나 일정한 체온을 유지하는 항온동물이다. 언제나 36~38도의 체온을 유지한다. 만약 혹등고래가 물고기처럼 수온에 따라 온도를 조절하는 변온동물이었다면, 적도에서 북극까지 멀리 여행하지 못할 것이다. 차가운 수온에 맞서기 위해 고래는 두꺼운 지방층을 발달시켰다. 피부와 근육 사이의 지방층은 체온을 유지하는 단열재 역할을 한다. 특히 차가운 바다와 따뜻한 바다를 오가는 혹등고래, 귀신고래 같은 회유성 수염고래 그리고 북극에 사는 세 종의 고래—북극고래, 외뿔고래, 흰고래—에게 두꺼운 지방층은 필수적이다. 이중 북극고래의 지방이 가장 두껍다.

지방층은 에너지를 저장하는 역할도 한다. 고래는 먼 거리를 이동하기 전에 충분히 먹이를 먹고 쉼으로써 지방층의 두께를 키운다. 먼 거리를 이동하고 나면 지방층이 연소돼 고래가 홀쭉해진다. 지방층은 고래가 수면 위로 도약하거나 수중에서 먹이를 쫓을 때 몸이 유연하게 휘도록 지지해주는 역할도 한다.

포유류 특유의 생물학적 특성은 바다 생활에서 악재로 작용한다. 고래는 다른 포유동물들처럼 폐로 숨을 쉬기 때문에, 바닷속을 헤엄칠 때 숨을 쉴 수 없다. 따라서 고래는 수면 위와 아래를 오가는 행동을 반복해야 한다. 수면 아래에서는 숨을 참고, 수면 위로 몸을 내밀어 숨을 쉰다. 종에 따라 짧게는 몇 분, 길게는 2시간 넘게 숨을 참을 수 있다. 향고래는 최대 138분 동안 숨을 멈출 수 있다. 이런 잠수 능력을 토대로 심해로 내려가 대왕오징어 같은 먹이를 잡는다. 지구에서 가장 큰 생명체인 대왕고래의 폐활량은 상상을 초월한다. 최대 잠수 깊이는 그리 깊지 않지만, 워낙 몸집이 커 한 번에 5,000리터의 공기를 빨아들인 후 잠수한다.

공기를 빨아들여 폐로 이어주는 기관은 머리 위에 있는 숨구멍(분수공)이다. 고래가 호흡할 때 나오는 강렬하면서도 따뜻하고 축축한 숨은 주변과 반응해 물이나 수증기를 뿜는 것처럼 보인다. 숨구멍은 인간의 콧구멍과 비슷하다. 물속에서 우리 콧속에 물이 들어오지 않는 것처럼 방수 기능이 있고, 수면 위에 올라갈 때만 열린다. 숨구멍을 통해 나오는 분기 모양으로 고래를 식별할 수도 있다. 수염고래에 견줘 이빨고래의 분기는 낮고 짧아 잘 보이지 않는다. 다만 향고래의 분기는 사선으로 길게 뿜어져 나온다. 수염고래의 숨구멍은 두 개이고, 이빨고래의 숨구멍은 하나다.

고래는 이빨고래와 수염고래 둘로 분류할 수 있다. 이빨고래는 우리처럼 입에 이빨이 달린 고래다. 작은 덩치의 돌고래가 여기에 속한다. 이빨고래 가운데 덩치가 큰 대형 고래는 향고래와 범고래가 있다. 이빨고래는 대개 물고기를 사냥해 잡아먹는데, 범고래는 바다사자는 물론 대왕고래까지 공격한다.

수염고래는 이빨 자리에 수염이 나 있다. 대왕고래와 혹등고래, 밍크고래 같은 대형 고래가 여기에 해당한다. 수염은 입에 들어온 작은 먹이를 거르는 역할을 한다. 종에 따라 고래수염의 길이는 0.5~3.5미터에 이른다. 혹등고래의 경우 270~400가닥의 수염이 나 있다. 인간의 손톱 같은 케라틴 재질로, 수염판에 붙어 있다. 수염고래의 먹이는 대개 작은 물고기와 크릴 같은 미세동물이다.

고래의 꼬리지느러미는 물고기와 달리 수평으로 달려 있다. 이것은 고래가 척추와 꼬리를 상하로 움직여 이동하는 수영법과 관련이 있다. 고래는 몸통과 꼬리를 근육의 힘으로 수직으로 반동하여 앞으로 나아간다. 과거 포경선원들은 꼬리의 분기 모양으로 고래 종을 식별했다. 가슴지느러미는 물고기처럼 방향을 바꿀 때 사용한다. 가슴지느러미에는 뼈가 남아 있다. 고래의 조상이 사지가 달린 육상 포유류임을 보여주는 흔적이다. 등지느러미는 고래에 따라 있는 종과 없는 종이 있다. 자주 볼 수 있는 큰돌고래는 등지느러미가 뚜렷하지만, 북극고래와 긴수염고래는 등지느러미가 거의 없다. 귀신고래처럼 등지느러미가 작은 혹이나 융기 형태로 남은 종도 있다.

옆으로 누워 바라보는 돌고래

고래는 머리가 크다. 북극고래의 머리는 몸통의 3분의 1에 달하고, 향고래도 만만치 않다. 작은 돌고래도 전체 몸집에서 머리가 차지하는 비율이 큰 편이다.

미국 워싱턴 주 프라이데이 하버의 고래박물관에 가면 참고래와 인간의 두뇌를 비교 전시해놓은 모습을 볼 수 있다. 두 개의 두뇌는 같은 점과 다른 점이 있다. 같은 점은 인간과 고래의 뇌 모두 주름이 많다는 것이다. 다른 점은 인간의 뇌는 얄팍한 데 비해 고래의 그것은 포동포동하다.

두뇌는 시각과 청각, 후각, 미각 신호를 분석하고 명령을 내린다. 고래의 두뇌는 특히 청각 신호에 가장 복잡하고 민감하게 반응한다. 소리는 대기에서보다 물속에서 더 빨리, 더 멀리 전달된다. 빛은 정반대다. 지상의 빛이 바다를 통과하여 깊이 1,000미터에 이르면 단 1퍼센트의 빛만 남는다. 바닷속은 어둡기 때문에, 시각은 그렇게 중요하지 않다. 그래서 어두운 바다 속에서 대부분의 시간을 보내는 고래는 시각보다는 청각이 훨씬 더 발달했다. 청각을 이용해 고래는 지형지물을 파악하고 먹이를 쫓는다.

이빨고래는 음파를 내보내 지형지물을 파악한다. 음파 송수신 기관은 머리다. 이빨고래의 머릿속에는 저농도의 기름이 들어 있는 '멜론melon'이라는 기관이 있는데, 고래는 이 기관을 통해 음파를 쏘아보낸다. 음파는 바닷속으로 퍼지면서 물고기떼, 암초 등 물체에 부딪히고, 이 음파가 반사되어 고래의 머리로 돌아온다. 머리에서 아래 턱까지 머리 하단부에서 흡수된 음파를 토대로 고래는 지도를 그린다.

인간이 아는 것은 여기까지다. 되돌아온 음파를 고래가 두뇌의 어떤 부분을 이용해 어떻게 분석하는지는 알려진 게 많지 않다. 우리가 상상하는 것 이상으로 훨씬 유기적이고 복잡할 것이다. 고래는 음파가 되돌아오는 시간, 음파의 질과 양 모두를 동시에 구체적으로 분석하는 것처럼 보인다. 인간은 고래를 모방해 잠수함의 음파탐지기(소나)를 개발했지만, 고래의 '생체탐지기'에 비하면 원시적인 기계다. 이런 식으로 이빨고래는 '이미지를 듣는'다. 수염고래의 음파 탐지 능력에 관해서도 과학자들은 활발히 연구하고 있다.

그렇다고 고래가 눈을 버린 건 아니다. 시각도 물속에서나 물 밖에서 장애물을 확인하는 데 요긴하게 쓰인다. 서호주 샤크베이에서 남방큰돌고래와 마주쳤을 때다. 해변으로 놀러온 남방큰돌고래가 나를 '의식적으로' 바라보는 게 분명했다. 왜냐하면 돌고래는 물위에서 몸을 옆으로 눕힌 채 나와 눈을 마주쳤기 때문이다. 돌고래의 눈은 사람과 달리 머리 옆에 달렸다. 나를 보기 위해선 옆으로 누워야 한다.

이빨인가, 수염인가

인간은 어떻게 고래를 구별하고 분류하게 되었을까? 인간이 바닷속에 들어가 살아 있는 고래를 관찰하기 시작한 건 최근의 일이다. 과거에는 인간이 고래를 마주할 시간이 길지 않았다. 살아 있는 고래를 보는 시간은 고래가 물 위로 도약하는 찰나뿐이었다. 죽어서도 진귀했다. 죽은 고래가 육지로 떠밀려오는 스트랜딩 사건은 일종의 '자연사적 사건'이었다. 근대 포경이 시작한 뒤에도 그들은 생선처럼 떼로 잡히지 않고 한 마리씩 잡혔다.

사람들은 고래가 물위로 도약하는 찰나에 집중해 고래를 구분하는 법을 익혔다. 도약하기 전 숨구멍에서 분무하는 '숨기둥blow'의 개수와 형태 그리고 도약하면서 짧은 순간 비치는 몸매, 잠수하면서 사라질 때 꼬리지느러미를 들어올리는 꼬리세우기fluking의 모양……. 우리가 고래를 분류하는 데 사용하는 정보는 고작 이 정도였다. 17~18세기 포경일지를 보면, 선원들은 그날 목격한 고래의 숫자와 함께 꼬리 모양을 그려놓았다. 사람들은 이런 식으로 고래에 대한 지식을 넓혀 나갔다.

그러나 평생 한두 번 고래를 볼까 말까 한 일반인들도 고래와 돌고래는 구별할 줄 안다. 마치 선천적으로 고래와 돌고래를 구분할 줄 아는 능력을 지닌 것처럼. 아마도 크기에 따라 분류하는 우리의 언어 습관 때문일 것이다. 큰 것은 고래이고, 작은 것은 돌고래라는 것.

한국어에서 접두어 '돌—'이 붙을 때는 몸집이 작고 지천에 흔하다는 의미를 내포할 때가 많다. 돌고래는 작고 흔하다. '돌'이라는 말은 돼지나 통통한 모습의 별칭으로 쓰이기도 했다. 시골에서 돼지를 부를 때 '돌돌'이라고 불렀는데, 이는 "돼지야, 돼지야!"라는 뜻이다. 그래서 조선시대에는 돌고래를 '해돈(海豚·바다돼지)'이라고 불렀다는 해석이 있다.[8]

그러나 영어 문화권에선 우리와 고래 분류법이 다르다. 고래를 두 가지로 분류하는 우리와 달리 서양에서는 고래를 세 가지로 분류한다. 고래whale와 돌고래dolphin 그리고 쇠돌고래porpoise다. 어부나 포경선원들은 돌고래 가운데 작은 것들을 따로 모아 '쇠돌고래'라고 불렀다(한국에서도 이런 분류법을 찾아볼 수 있다. 상괭이는 쇠돌고래의 일종인데, 한국 어부들은 상괭이를 고래라 부르지 않고 상괭이라고 따로 부른 것이다).

단순히 크기에 따라 돌고래와 쇠돌고래를 나누는 것은 아니다. 돌고래와 쇠돌고래 사이에는 몇 가지 생물학적인 차이가 있다. 돌고래는 새의 부리처럼 뾰족한 주둥이를 가지고 있다. 반면 쇠돌고래는 돌고래에 비해 주둥이가 뭉툭하다. 이빨도 다르다. 돌고래는 이빨이 원뿔형으로 뾰족하지만 쇠돌고래의 이빨은 삽자루처럼 평평하다.

문화적 전통에 따라 고래는 이렇게 두 부류, 혹은 세 분류로 나뉘어 왔다. 그럼 이번에는 과학적으로 분류해보자. 분류학에서는 수염이 있느냐 없느냐, 그리고 이빨을 가지고 있느냐 없느냐가 중요한 차이점이 된다. 모든 고래는 주둥이에 수염이나 이빨이 있다. 수염을 가진 고래를 수염고래*Mysticeti*, 이빨을 가진 고래를 이빨고래*Odontoceti*라 부른다. 수염과 이빨을 함께 가진 고래는 없다.

수염고래가 가진 수염은 우리가 일반적으로 생각하는 콧수염mustache이나 턱수염beard이 아니다. 고래의 수염은 입 속의 이빨 자리에서 자란다. 영어로는 '벌린baleen'이라고 하고, 우리 말로는 '고래수염'이라고 말한다. 수염고래는 바다에서 되새김질하는 거대한 소라고 할 수 있다. 나는 다음 생애에는 수염고래로 태어나고 싶다. 먹고살기 편하기 때문이다. 수염고래는 주둥이를 크게 벌리고 모든 바다를 삼킬 듯 바닷물을 들이마신다. 적당한 양이 입 안에 가득 차고 나서야 고래는 입을 닫는다. 수염 사이로 바닷물이 빠져나간다. 수염으로 걸러내고 입 속에 남은 크릴새우 같은 작은 것들을 먹이로 삼는다.

반면 이빨고래는 바다를 유랑하는 맹수다. 이빨고래의 주둥이에는 크고 뾰족한 이빨이 솟아 있다. 이빨고래의 생존은 이 이빨에 달렸다. 이빨고래는 먹이를 정한 뒤 쫓아가 잡고 이빨로 먹잇감을 물어뜯는다. 가끔은 무리를 이뤄 전략적으로 사냥을 펼치고, 만만치 않은 적과 긴 사투를 벌이기도 한다. 수염고래가 먹이를 걸러먹는다면 이빨고래는 먹이를 뜯어먹는다. 수염고래가 바다라는 초원의 거대한 초식동물이라면 이빨고래는 그곳을 휘젓는 날렵한 야수와 같다.

우리가 보통 '고래'라고 부르는 거대한 고래(대형 고래)들은 대부분 수염고래에 속한다. 지구에서 가장 큰 생물체인 대왕고래를 비롯해 참고래, 보리고래, 밍크고래, 혹등고래 등이다. 이빨고래에는 돌고래와 쇠돌고래 등 작은 고래들이 대부분이다. 다만 향고래와 범고래는 큰 덩치와 날카로운 이빨을 두루 갖춘 이빨고래에 속한다. 과거 향고래는 포경선을 공격하는 고래로 유명했다. 사람들은 예로부터 향고래나 범고래 같은 대형 이빨고래에게 경외감을 표현해왔다. 압도적인 외관과 살인 무기를 동시에 갖고 있는 유일한 바다동물이기 때문이다.

고래에 빠져들다 보면 각기 다르게 불리는 고래 이름 때문에 혼란을 겪는다. 한국의 고래 애호가들을 가장 괴롭힌 것은 '라이트 웨일Right whale'과 '핀 웨일Fin whale'일 것이다. 다수의 책과 도감이 두 고래를 엇갈려 부른다. 라이트 웨일을 '긴수염고래'라고 부르는 책도 있고, '참고래'라고 부르는 책도 있다. 핀 웨일의 경우는 그 반대다. 이밖에도 귀신고래를 쇠고래로 부르거나 북극고래를 그린란드긴수염고래나 그린란드고래로 부르는 경우도 종종 있다. 혹등고래가 혹고래로 불리기도 하고 보리고래가 멸치고래나 정어리고래로 불리기도 한다.

우리나라에서는 조선시대까지 고래의 종을 따로 구분해 부르지 않았다. 그저 모든 고래를 '경鯨, 경어鯨魚', 돌고래는 '해돈海豚'이라고 불렀을 뿐이다. 중국식 명칭을 번역해 일반적으로 통칭한 것인데, 중국인들도 고래를 종별로 구분하지 않았다. 그러다가 17세기 일본에서 근대 포경이 본격화하면서 종 분류가 이뤄졌다.[9]

여러 책들이 고래 이름을 제각각 부르는 이유는 이들이 준거로 삼은 참고도서와 1970년대 문교부가 펴낸 《동식물도감》, 다수 출판사에서 펴낸 국어사전의 고래 명칭을 통일하지 않았기 때문이다. 영어나 일어 문헌을 번역하면서 같은 고래의 이름이 달리 불렸고, 옛 포경도시인 울산 사람들이 실제 부르는 이름을 반영하면서 달라지기도 했다.

이제부터 헷갈리지 마시라. 라이트 웨일을 긴수염고래로, 핀 웨일을 참고래로 부르겠다. 라이트 웨일은 다른 수염고래에 비해 수염이 특히 길기 때문에 긴수염고래로 부르기로 한다. 또 핀웨일은 옛 포경도시인 울산 사람들이 참고래라고 부르고 있기 때문에 이들의 호명법을 따르도록 하겠다. 이는 1987년 고故 박구병 교수가 써서 한동안 한국 고래 책의 바이블이었던 《한국 연근해 포경사》와 2016년 국립수산과학원 고래연구센터 연구진이 제안한 번역명을 반영한 것이다.[10]

대왕고래에서 프란시스카나까지

고래는 린네의 분류법에서 '동물계—척삭동물문—포유강—고래목ce-tacea'에 해당하는 해양 및 수생 포유동물을 가리킨다. 매년 해양포유류의 종 목록을 작성하는 해양포유류학회The society for marine mammalogy는 수염고래를 15종으로, 이빨고래를 79종으로 분류하고 있다.[11]

수염고래는 수십~수백 가닥의 수염이 윗주둥이에 붙어 있고 통통한 몸체가 특징이다. 숨구멍은 두 개이고, 이빨은 없다. 수염고래는 4개 과로 이뤄졌다. 긴수염고래과Balaenidae, 꼬마긴수염고래과Neobalaenidae, 귀신고래과Eschrichtiidae, 수염고래과Balaenopteridae 등이다.

긴수염고래과에는 북극고래Bowhead whale 1종과 긴수염고래Right whale 3종(남방·북대서양·북방)이 있다. 이들은 몸길이가 15~17미터 정도로 큰 데다 수영 속도가 느려서 예로부터 인간들의 손쉬운 사냥감이었다. 연안 주변에서 활동하고 깊게 잠수하지 않아 상업포경이 본격화하기 전부터 이누이트와 바스크족이 주로 잡았던 고래다. 상업포경 시대에서도 가장 먼저 괴롭힘을 당한 고래들이다.

이들 고래의 머리는 몸길이의 3분의 1에 이른다. 머리가 크기 때문에 입도 크고 수염도 길다. 긴 수염판에 촘촘히 달린 200~300가닥의 수염은 3미터가 넘는다. 큰 머리 탓에 다른 고래에 비해 몸집은 둥글고 뚱뚱하다. 등지느러미가 없는 점도 특징이다. 꼬마긴수염고래는 꼬마긴수염고래과를 이룬다. 몸길이가 6미터 안팎으로, 수염고래 중에 작은 편이다.

귀신고래과는 귀신고래Gray whale 한 종이 전부다. 크릴과 작은 물고기를 수중에서 섭취하는 다른 수염고래와 달리 귀신고래는 바다의 밑바닥이나 뻘에서 갑각류를 즐겨 먹는다. 다행히 수염이 잘고 짧아서 입 속에 들어간 자갈과 모래가 잘 빠져나간다. 등지느러미는 약간의 융기 형태로 남아 있다.

나머지 수염고래들이 모두 수염고래과에 속한다고 보면 된다. 생태적 특성이 명확한 세 과에 비해 수염고래과에 속한 고래들은 여러 면에서 다양하다. 우선 지구에서 가장 큰 생물체로 30미터 가까운 대왕고래Blue whale가 있다. 5미터 정도로 덩치가 작은 밍크고래Minke whale도 이 과에 속한다. 브라이드고래Bryde's whale, 보리고래Sei whale, 참고래Fin whale, 혹등고래Humpback whale 등을 합해 6종이 수염고래과에 든다. 이 과의 고래는 '로퀄rorqual'이라고 불린다. 노르웨이 말로 '주름이 잡힌 고래'라는 뜻이다. 머리 밑에서 배로 이어진 목 주름이 몸길이의 4분의 3에 달한다. 로퀄은 주름을 이용해 목을 길게 늘어뜨림으로써, 크릴이나 물고기 떼를 한 번에 먹는다. 수염고래과의 고래들은 긴수염고래과보다 날렵한 몸을 가졌다. 긴수염고래과와 달리 꼬리 가까이 등 뒤쪽에 등지느러미가 솟아 있고 수염이 짧은 편이다.

이빨고래는 숨구멍 하나에 수염 대신 이빨이 나 있다. 향고래와 범고래, 부리고래를 빼고는 1~5미터 안팎으로 몸집이 작다. 대부분 등지느러미가 솟아 있지만, 일부 개체는 혹이 있거나 아예 없는 것도 있다. 향고래과*Physeteridae*, 꼬마향고래과*Kogiidae*, 외뿔고래과*Monodontidae*, 참돌고래과*Delphinidae*, 부리고래과*Ziphiidae*, 쇠돌고래과*Phocoenidae* 등 6개 과를 비롯해 강과 기수역을 서식지로 하는 인도강돌고래과*Platanistidae*, 남아메리카강돌고래과*Iniidae*, 양쯔강돌고래과*Lipotidae*, 라플라타강돌고래*Pontooriidae* 등 4개 과가 속한다.

향고래과의 향고래는 가장 큰 이빨고래로, 허먼 멜빌의 소설《모비딕》의 주인공이다. 이보다 작은 꼬마향고래과에는 꼬마향고래와 쇠향고래가 있다.

참돌고래과는 우리가 생각하는 일반적인 돌고래 38종이 속해 있다. 우리나라 동해에서 수십 마리씩 떼로 관찰되는 낫돌고래Pacific white—sided dolphin와 수족관 전시·공연용으로 선호되는 큰돌고래Common bottlenose dolphin, 제주도를 포함한 인도양과 태평양 연안에 서식하는 남방큰돌고래Indo—Pacific bottlenose dolphin 등이 있다. 이 과에 속하는 투쿠시Tucuxi는 강과 바다에서 모두 서식하는 돌고래로 남아메리카 브라질 연안과 파나마 앞바다, 그리고 아마존 강에서 발견된다.

외뿔고래과에는 북극에 사는 신비로운 돌고래 두 종이 있다. 머리에 외뿔(어금니)을 가진 외뿔고래와 하얀 몸통과 카나리아 같은 울음소리가 매력적인 흰고래*beluga*다. 두 고래는 어금니와 몸 빛깔을 제외하면 둥근 머리와 짧은 부리, 유연한 목을 지닌 점에서 비슷하다.

부리고래과는 참돌고래과에 이어 가장 많은 고래가 속한 집단이다. 주둥이가 새처럼 튀어 나왔고, 큰부리고래Baird's beaked whale처럼 12미터에 이를 정도로 큰 종도 있다. 작은 가슴지느러미는 주머니처럼 패인 곳에 접어넣을 수도 있다. 몸체의 유선형을 강화하기 위한 진화적 적응이다. 깊은 곳에서 활동하는 이 고래들에 관해서는 아직 연구가 많이 이뤄지지 않았다.[12] 현재까지 24종이 보고됐지만, 미기록종도 꽤 있을 것으로 보인다.

쇠돌고래과 고래는 부리가 없고 둥근 머리를 가졌다. 돌고래와 달리 이빨이 뾰족하지 않고 뭉툭하다. 한반도 서·남해에서 자주 관찰되는 상괭이Narrow—ridged finless porpoise와 10마리도 남지 않은 멸종위기종 바키타 Vaquita를 포함해 7종이 있다. 몸집이 작아 서구에서는 돌고래와 구분해 '포포이즈porpoise'라고 부른다.

강돌고래는 과거에 2개 과로 분류됐는데, 최근 들어선 4개 과로 세분

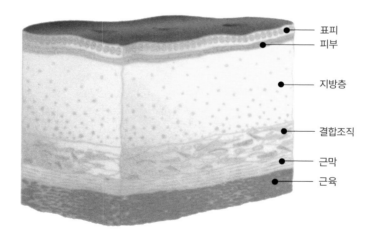

표피
피부

지방층

결합조직

근막

근육

고래의 지방층
고래에 따라 얇게는 5센티미터 정도이지만, 북극고래는 50센티미터에 이른다. 지방층은 차가운 수온을 견디고 에너지를 저장하는 역할을 한다.

화되었다. 인도강돌고래과에는 인도의 인더스 강과 갠지스 강에 사는 갠지스강돌고래South Asian river dolphin가 속하고, 남아메리카강돌고래과에는 아마존 강에 사는 분홍돌고래 보토Boto가 들어 있다. 양쯔강돌고래과에는 2007년 중국 정부가 멸종을 선언한 바이지Baijii가 있다. 라플라타강돌고래과의 유일한 종 프란시스카나Franciscana는 다른 강돌고래와 달리 남미 동부 해안을 따라 바다에서도 발견된다. 몸통 대비 부리의 길이가 가장 길다.[13]

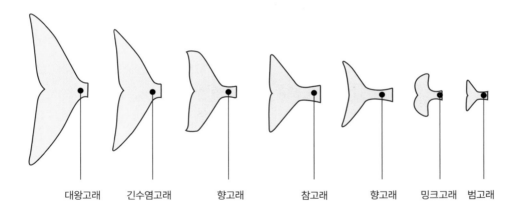

| 대왕고래 | 긴수염고래 | 향고래 | 참고래 | 향고래 | 밍크고래 | 범고래 |

고래의 꼬리와 고래 식별법

고래들 1

130년 크고 푸른 영감을 주다
대왕고래 '호프'

일반명	대왕고래, 흰긴수염고래 Blue whale
학명	*Balaenoptera musculus* / 수염고래과 *Balaenopteridae*
개체수	1만~2만5000마리
적색목록	위기(EN)

런던자연사박물관은 고래를 사랑하는 사람들에게 백 년 가까이 '결정적 순간'을 주었다. 관람객은 대형포유류 전시관에 들어서자마자 나타나는 거대한 고래 모형에 압도당한다. 코끼리도, 하마도 미미하기 그지없다. 관람객은 자신과 전혀 다른 존재에 대한 경외감, 그럼에도 같은 생명체끼리 느끼는 모종의 연대감에 휩싸인다.

1891년 몸길이 25.2미터의 대왕고래 한 마리가 썰물에 휩쓸려 아일랜드 항구 도시 웩스포드 외곽의 모래톱에 좌초한

다. 이틀 동안 사경을 헤매던 고래에게 한 선원이 작살을 꽂아 고통을 끝냈다. 죽은 대왕고래는 경매에 부쳐져 팔렸고, 런던자연사박물관은 4.5톤에 이르는 뼈를 250파운드에 매입했다. 하지만 엄청난 크기 때문에 어찌하지 못한 박물관은 대왕고래를 처박아두었다.

1930년대 들어서 박물관은 이 고래 뼈를 토대로 실물 크기의 대왕고래 모형을 만드는 데 착수한다. 당시 사람들은 살아 있는 몸체의 대왕고래를 한 번도 온전히 본 적이 없었기 때문에 제작

은 쉽지 않았다. 영국 포경선이 찍은 사진과 정보에 약간의 상상력을 가미했다. 이런 탓에 런던자연사박물관의 대왕고래는 실제보다 약간 크게 제작됐다. 나무로 기둥을 만들고 석고로 살을 붙였다. 인부들이 대왕고래 안에서 도시락을 먹고 담배를 폈다는 도시전설도 전해진다.[14]

대왕고래 모형은 1938년 완성돼 공개됐다. 천장 위에 이 고래의 골격이 걸렸다. 박물관은 이 골격의 보전 처리와 재조립을 마친 뒤 2017년부터 다시 '호프Hope'라는 이름을 붙여 박물관 중앙 힌츠 홀Hintz Hall에 전시하고 있다.[15]

2019년 과학자들은 호프의 수염과 골격에서 방사성 탄소 분석을 시행해, 호프의 생활사를 재구성했다.[16] 호프는 최소 일 년 동안 서아프리카의 카보베르데 섬 같은 대서양 아열대 지역에서 머물렀고, 매년 늦봄과 여름에 북극의 차가운 바다로 세 차례 정도 회유했다. 1889~90년 겨울에는 출산했을 가능성도 있고, 1891년 북극권으로 이동하다가 좌초했을 거라고 봤다.

대왕고래는 육지와 바다를 포함해 지구에서 가장 큰 동물이다. 어렸을 적

에 돛단배 같던 몸집이 커서는 보잉737만 한 거구로 성장한다. 몸길이 20~25미터, 몸무게는 100톤을 넘고, 숨기둥은 10~12미터까지 치솟는다. 영어로 '블루웨일Blue whale'이라 불리지만, 몸 빛깔은 약간 청회색을 띤다. 아랫배는 누르스름하다. 화물선의 이끼 낀 밑바닥처럼 따개비와 규조류가 붙어 빛이 바랬기 때문이다. 그래서 대왕고래를 '유황 바닥sulphur bottom'이라고도 부른다.

이렇게 큰 대왕고래지만, 1~2센티미터의 작은 갑각류인 크릴 떼가 고밀도로 형성되는 해역에서 먹이 활동을 한다. 큰 입을 벌려 수 톤의 바닷물을 흡입한 뒤 수염으로 크릴을 거르고 바닷물을 내보내는 식이다. 어떻게 보면 편하게 먹고 사는 것 같지만 꼭 그렇지만은 않다. 대왕고래는 시속 20~30킬로미터로 크릴 떼를 쫓다가 포식 지점에 이르면 급브레이크를 밟아 속도를 시속 1.8킬로미터로 늦춘다. 대형 화물트럭은 멈췄다가 다시 출발하는 데 경차보다 더 힘이 많이 들고 오래 걸린다. 대왕고래도 마찬가지다. 한번 멈춘 대왕고래가 다시 시동을 걸고 나아가려면 많은 에너지가 소비되기 때문에 사냥감을 선정하고 섭취하

는 데 신중을 기한다. 적은 양의 크릴 때는 무시하고 지나가야 한다. 입을 벌리고 나서는 최대한 먹이를 흘리지 않아야 한다.[17]

크릴이 풍족한 극지방이나 고위도 지방에서 배를 채운 대왕고래는 겨울에는 따뜻한 저위도로 내려가 번식한다. 한해 이동거리는 1만 5,000킬로미터에 이른다.

대왕고래는 대표적인 코스모폴리탄이다. 중동과 지중해 등 일부 지역을 제외하고 전 세계를 이동하면서 살고 있다. 일반적으로 한두 마리가 발견되지만 고밀도의 크릴이 출현하는 해역에서는 50마리 이상이 모이기도 한다.[18] 19세기부터 이런 해역을 중심으로 작살의 표적이 되었고, 20세기 중반 공장식 포경선이 대세가 되면서 대학살의 희생자가 됐다. 현재 대왕고래의 개체수는 북대서양 1,000~3,000마리, 북태평양 3,000~5,000마리, 남태평양 동부 1,000~3,000마리, 남극 5,000~8,000마리 등으로 추산된다. 전 세계 개체수는 1926년 당시 14만 마리였다가 2018년에는 10분의 1 수준으로 줄어 1만~2만 5,000마리 정도가 남았다.[19]

대왕고래는 가장 커서 불행한 고래였다. 고래기름, 고래수염, 고래고기 등 한 마리에서 나오는 부산물이 다른 고래의 그것을 훨씬 능가했기 때문이다. 대왕고래는 2~3년에 새끼 한 마리를 낳는다. 번식력이 낮기 때문에 과거 수준으로 복원되려면 앞으로 긴 시간이 필요할 것 같다.

런던자연사박물관의 호프
1934년 런던자연사박물관에서 대왕고래 호프의 골격을 전시하기 위해 공사를 하고 있다.

2장

생태, 사회, 문화 그리고 수수께끼

마이약국 앞 신작로. 초등학교에 들어가기 전까지 나의 세계는 딱 그곳까지였다. 어머니는 동네 어디서든 놀되, 마이약국을 넘어가선 안 된다고 말했다. 나의 물리적인 한계이자, 상상할 수 있는 세계의 경계였다. 마이약국 앞 신작로에는 시내버스와 노란 택시가 쌩쌩 달렸고 여섯 살짜리 꼬마는 셀 수도 없을 만큼 많은 사람들이 몰려다녔다.

한반도와 중국의 일부 지방에만 사는 표범장지뱀에 대한 생태 연구결과가 발표된 적이 있었다. 과거 강변과 해변 모래밭에 흔했던 이 토종 도마뱀은 개발 광풍에 떠밀려 멸종위기종이 되었는데, 뒤늦게 조사한 결과 평생 사는 서식권역이 84제곱미터에 불과하다는 충격적인 발표였다.[20] 84제곱미터라면 네이버 부동산에서 흔히 접하는 숫자인데, 그러니까 내가 주말을 뒹구는 24평 아파트 면적이다. 그렇게 작은 곳에서 표범장지뱀이 평생을 사는 게 놀라웠다. 24평은 그의 인식론적 한계다.

마찬가지일 것이다. 표범장지뱀이 감히 24평 바깥의 세계를 상상하지 못하듯이, 우리는 고래의 감각기관이 포착하는 드넓은 세계를 인식하지 못한다. 내가 서울 명동에서 일하고 자양동에서 잠을 잘 때, 인천 앞바다에 있는 대왕고래가 "안녕, 잘 있었니?"하면, 대만 타이베이에 있는 대왕고래가 "응, 너는 어때?"라고 되묻는다. 지구에서 가장 큰 소리를 내는 대왕고래의 소리(음파)는 최대 1,600킬로미터까지 닿는다.[21] 돌고래는 심연의 어둠에서 음파를 쏴 시각적 지도를 그린다. 돌고래에겐 터미네이터가 보는 화면 같은 게 재생될까? 아니, 감각기관이 다른 우리로서는 상상할 수 없다.

장거리 노마드

먼 거리를 이동하는 고래들은 보통 여름에는 차가운 고위도 지방에 머물다가 겨울에는 따뜻한 저위도 지방으로 내려온다. 이들은 대부분 수염고래다. 귀신고래는 이동거리가 가장 긴 포유류다. 귀신고래는 베링 해에서 바하칼리포르니아까지 2만 킬로미터에 이르는 거리를 한 해 동안 헤엄쳐 다닌다. 혹등고래도 이에 못지 않은데 아이슬란드에서 카리브 해까지 헤엄치는 장거리 수영 선수다.

고래는 왜 먼 거리를 이동하는 걸까? 수염고래는 고위도 지방의 찬 바다(색이장 索餌場)에서 풍족한 먹이를 즐긴다. 저위도 지방의 따뜻한 바다(번식장 繁殖場)에서는 교미를 하고 새끼를 낳고 기른다.

수염고래가 차가운 바다로 가는 이유는 먹이가 풍부하기 때문이다. 찬 바다에는 크릴 같은 동물 플랑크톤이 많다. 특히 베링 해와 그린란드 연안, 남극해 등 고래가 몰리는 바다는 한여름 식물 플랑크톤이 번성한다. 식물 플랑크톤의 폭발적 성장은 동물 플랑크톤의 군집으로 이어지고, 이것은 다시 청어나 정어리 등 물고기 떼를 끌어들인다. 고위도의 찬 바다는 수염고래에게 '최고의 대중식당'으로 변모한다.

고래가 찬 바다에서 버틸 수 있는 이유는 피부 밑에 두꺼운 지방층이 있기 때문이다. 지방층은 고래가 체온을 유지하는 데 중요한 역할을 한다. 추운 지방에 사는 고래일수록 지방이 두껍다. 북극에 사는 북극고래는 다른 수염고래와 달리 저위도 지방으로 회유하지 않는데, 북극고래는 지방층이 50센티미터에 달하기 때문이다.

그렇다면 고래들이 최고의 대중식당을 놔두고 굳이 저위도로 내려오는 이유는 뭘까? 고래는 따뜻한 바다에서 번식해 새끼를 양육하는데, 새끼는 차가운 바다에서 버틸 만한 충분한 지방층이 없기 때문이라고 과학자들은 추정한다. 게다가 따뜻한 바다는 새끼들에게 위협적인 존재인 범고래가 없어 안전하다. 비록 먹을 게 부족하지만 말이다.

물론 북극고래처럼 북극권 내에서만 이동하는 종도 있다. 북극고래의 새끼는 북극해의 차가운 바다를 거뜬히 버텨낸다. 물범과 바다사자 같은 소형 해양포유류도 마찬가지다. 이 때문에 기존의 '고위도—포식, 저위도—번식' 가설을 비판하는 주장도 있다. 새로 나온 가설은 고래가 피부 허물을 주기적으로 교체하기 위해서 따뜻한 바다로 간다는 것이다.[22] 차가운 바다에서 고래는 피부로 가는 혈관을 차단해 보온 효과를 극대화한다. 대신 피부세포 재생이 힘들어지는 단점이 있다. 이 때문에 고래가 매년 더운 바다로 이동해 낡은 피부를 교체한다는 것이다.

수염고래와 달리 이빨고래는 대부분 단거리 수영선수들이다. 특정 바다를 서식지로 삼아 정주하거나 연안과 먼바다를 먹이 분포에 따라 이동하는 습성을 지녔다. 다만 향고래는 암수에 따라 이동 습성이 다르다. 암컷과 새끼들은 무리를 이뤄 연중 중·저위도의 따뜻한 바다에서 서식한다. 반면 수컷은 여름에 오징어를 먹기 위해 고위도의 찬 바다로 먼 여행을 떠났다가 겨울에 다시 따뜻한 바다로 돌아온다.[23]

소리로 보다

고래는 어두운 바닷속을 헤매야 한다. 빛이 소멸되는 바다에서 고래가 길을 잃지 않고 매년 정확히 길을 찾는 이유는 뛰어난 음파 탐지 능력 때문이다. 대표적인 동물이 박쥐다. 어두운 동굴에 사는 박쥐는 음파를 쏜 뒤, 반사되는 음파를 분석해 지형을 숙지한다. 이러한 능력을 반향정위反響定位, echolocation라고 하는데, 1930년대까지만 해도 일부 종들이 이런 능력을 가졌다는 사실을 몰랐다.

돌고래의 반향정위 능력은 1968년 캘리포니아주립대학교의 동물음향학자 케네스 노리스Kenneth Norris가 과학적으로 입증해냈다. 그는 수족관에 수직으로 파이프를 세워 미로를 만들었는데, 큰돌고래는 눈을 가리고도 장애물을 피해 헤엄쳐갔다.[24]

바다에서 빠르게 움직이는 돌고래에게 반향정위는 필수적인 능력이다. 돌고래가 쏜 뒤 받은 음파에는 바닷속 풍경이 펼쳐져 있다. 떼를 지어 몰려다니는 정어리들, 무뚝뚝하게 버티고 선 암초, 바다 위에 떠 있는 배, 무서운 범고래 패거리, 푸석푸석한 바다 밑바닥의 질감까지. 돌고래는 음파를 분석해 장애물을 피하고 먹이를 쫓아야 한다.

현재까지는 이빨고래가 반향정위 능력을 가진 것으로 확인된다. 종에 따라 강력하고 다양하다. 수심 2,000미터까지 잠수하는 향고래는 절대 암흑의 공간에서 자유롭게 먹잇감 대왕오징어를 공격하고, 대서양점박이돌고래Atlantic spotted dolphin, 학명 *Stenella frontalis*는 바다 밑바닥의 장어를 강한 음파로 잠깐 기절시켜 손쉽게 낚아채기도 한다.[25]

반면 수염고래에게는 반향정위가 없는 것으로 알려져 왔다. 이들의 먹이는 대개 작은 물고기나 동물 플랑크톤이어서 정밀한 시각 인지 능력이 필요하지 않을 것으로 본다. 하지만 일부 학자들은 수중에서 수염고래의 자유로운 행동을 볼 때, 이들도 음파를 사용할 것이라고 보기도 한다. 이를테면, 최대 300미터의 어두운 해저까지 잠수하는 북극고래에 반향정위가 없다는 건 어쩐지 부자연스럽다.

이와 관련해 피터 비미시Peter Beamish 박사는 대왕고래가 음파를 사용할 가능성이 있다고 추측했다. 선박에서 약 100~800미터 떨어진 곳에서 21~31킬로헤르츠의 음파가 잡혔는데, 대왕고래가 난바다곤쟁이류 등 동물 플랑크톤만 골라 먹는 식성을 감안했을 때 먹이의 위치를 파악하기 위해 음파를 내보냈을 수도 있다고 본 것이다.

그는 이어 캐나다 뉴펀들랜드 만Newfoundland Bay에서 그물에 걸렸다가 구조된 혹등고래를 대상으로 흥미로운 실험을 했다.[26] 해안에 일종의 미로를 만들고 눈가리개로 고래의 눈을 가렸다. 혹등고래가 음파를 사용한다면 미로를 문제없이 헤엄쳐야 했다. 그런데 아쉽게도 결론을 확정짓지 못한 채 실험이 끝났다. 혹등고래는 길을 잃지 않았지만, 음파도 측정되지 않았다.

수염고래의 반향정위를 확증할 수 없는 이유는 덩치 큰 수염고래의 특성상 수족관 실험이 불가능하기 때문이다. 최근 들어 수염고래의 발성 음파로 작은 물고기떼를 탐지할 수 있을지 등의 간접적인 방식으로 연구를 진행한다. 한 연구에서는 미국 메인 만Gulf of Maine의 혹등고래가 음파를 통해 4~16킬로미터 떨어진 청어 떼를 감지할 거라는 가능성이 제기되기도 했다.[27] 음파는 복잡한 사회를 이루는 돌고래들끼리 의사소통의 수단으로도 이용된다. 돌고래는 사람 귀에 '뚜뚜뚜', '딸깍딸깍'처럼 들리는 소리를 낸다. 이를 클릭음clicks이라고 하는데, 반향정위 목적 외에도 대다수 돌고래가 의사소통을 위해 사용한다. 사람 귀에 휘파람 소리처럼 들리는 휘슬음whistles도 사용한다. 마치 사람 이름처럼 개체마다 고유의 휘슬음signature whistle이 있는데, 주로 다른 사람을 부를 때 사용하는 인간과 달리 돌고래는 자신의 휘슬음을 내는 경우가 더 많다고 한다.[28] "휘리릭~ 나는 제돌이야, 그새 어디 갔어?" "휘릭휘릭~ 나는 삼팔이야. 바위 뒤에 숨었지."

범고래와 향고래에게는 각 무리마다 특징적인 사투리가 있는 것으로 보고됐다.[29] 캐나다 브리티시컬럼비아 주의 범고래는 각 무리마다 발성하는 독특한 레퍼토리가 있으며, 남태평양과 카리브 해의 향고래 집단에는 6개의 사투리 집단이 있는 것으로 추정됐다.

사랑을 나누러 돌아온 고래들

고래는 소속감이 투철한 사회적 동물이다. 협력해 사냥하고 공동 육아를 하는 종도 있다. 하지만 교미기가 되면 수컷들 사이에선 극심한 경쟁이 벌어진다. 순해 보이는 돌고래도 이빨로 상대방을 물어뜯으며 싸운다. 이 시기 돌고래들은 온몸에 이빨에 긁힌 자국이 있다.

고래 집단에는 위계와 서열이 있다. 보통 가장 힘 센 수컷이 암컷을 차지한다. 서열이 높은 수컷은 교미기에 특혜를 누린다. 암컷을 선택하는 우선권이 있고, 두 마리 이상의 암컷을 가질 수도 있다고 한다. 반면 암컷은 수컷 한 마리를 상대하는 게 보통이다. 외뿔고래와 범고래, 향고래에서도 이런 성향이 확인됐다. 하지만 귀신고래나 긴수염고래, 돌고래류는 여러 마리의 수컷과 교미하기도 한다.

혹등고래 역시 암컷을 차지하기 위해 치열한 경쟁을 벌인다. 하와이 연안에서 혹등고래를 관찰한 과학자들은 수컷 혹등고래 무리 앞에는 늘 암컷 한 마리가 있다는 사실을 발견했다. 수컷들이 암컷 한 마리를 열렬히 쫓는 모습. 그때부터 과학자들은 북새통을 이루며 급하게 움직이는 이런 무리를 '경쟁 집단'이라고 부르고 있다.

암컷과 가장 바짝 다가서 헤엄치는 수컷을 '1순위' 고래라 부른다. 주로 덩치가 큰 놈인데, 녀석은 다른 헤비급들, 즉 '2순위' 고래의 접근을 막느라 정신이 없다. 1, 2순위를 쫓아가는 다른 고래들 역시 자신을 추월하려는 다른 고래들과 싸운다. 하얀 지느러미와 꼬리 안쪽이 벌겋게 부을 때까지 이런 식의 치열한 힘겨루기가 몇 시간씩 이어진다.

수컷은 다른 경쟁자를 제압하기 위해 위협적인 수면 도약을 시도하기도 한다. 긴 가슴지느러미를 날개처럼 활짝 펼쳐 십자가 모양을 만들어, 뒤를 쫓던 다른 수컷들이 자신이 쫓고 있는 암컷에게 더 이상 가까이 다가가지 못하도록 견제하는 행동이다. 어떤 수컷은 공중제비를 돌고 머리부터 수직으로 입수하기도 했다. 이렇게 하면, 바짝 뒤쫓아오던 다른 수컷들은 충돌을 피하기 위해 속도를 늦추고 깊이 잠수해야 한다. 경쟁자끼리 협력할 때도 있다. 수컷 두세 마리가 암컷의 전진을 막거나, 선두에 선 경쟁자 대열에서 나머지 고래들을 밀어내기 위해 힘을 합치기도 한다.

교미는 배와 배를 접촉하는 방식으로 이뤄진다. 수염고래 같은 대형 고래는 옆으로 접촉을 하거나 수직으로 서서 접촉하기도 한다. 혹등고래는 서서 교미하는 장면이 자주 관찰된다. 이때 암컷과 수컷은 꼬리지느러미를 이용해 물속에서 몸을 곧추세우고 배를 맞댄다. 이때 수컷의 생식기에서 정자가 암컷의 자궁으로 들어간다. 귀신고래는 암컷과 수컷이 교미할 때, 제3자의 도움을 받기도 한다. 교미하는 두 고래가 배를 맞대고 평행으로 떠 있고, 아래에서 고래 한 마리가 이를 떠받드는 방식이다.

교미 전의 짝짓기 행동은 짧게는 몇 시간에서 길게는 며칠이 걸린다. 하지만 실제 교미는 수십 초 만에 허무하게 끝난다. 한 번에 그치지 않고 여러 번 교미를 이어가는 고래도 있다.[30]

서서 교미하는 혹등고래
혹등고래는 꼬리지느러미를 이용해 곧추서서 배를 맞대고 교미한다.

경이로운 바다 속 출산

고래는 바다소, 하마와 함께 물속에서 새끼를 낳는, 흔치 않은 포유류다. 그럼에도 고래의 태아는 고래의 유전적 고향이 육지에 있음을 알려준다. 태아는 어떻게 보면 고래 같지 않고 육상동물 같기도 하다. 발처럼 생긴 게 달려 있고, 주둥이 위에 콧구멍이 있으며, 생식기도 보인다.

어미의 배에서 나온 새끼고래는 물속에 살 수 있도록 이미 진화되어 있다. 뒷꼬리뼈는 사라지고, 콧구멍은 머리 위 숨구멍으로 이동했다. 또 생식기는 뱃구멍 속으로 숨는다. 몸체를 유선형으로 갖추면서도 번식할 수 있도록 기관을 내부에 숨김으로써, 물속에서 살 수 있는 최선의 체격으로 바뀐다.[31] 고래의 임신 기간은 다른 동물에 비해 긴 편이다. 대부분 12달이 넘는데, 범고래는 17달이나 된다. 최근 북극고래의 임신 기간이 23.5달로 추정된다는 연구 결과가 나왔는데,[32] 이는 동물 가운데 가장 임신 기간이 긴 코끼리(22달)보다도 길다.

고래는 새끼를 한 번에 한 마리만 낳는다. 그리고 출산 뒤에는 몇 년의 휴지기를 갖는다. 새끼는 보통 꼬리부터 나온다. 출산이 완료되는 순간까지 태반에서 산소를 공급받아야 하기 때문이다. 머리까지 다 나온 새끼는 곧장 수면 위로 올라가 첫 숨을 쉰다. 세상에서 호흡하는 첫 순간이다. 이때 어미가 새끼를 밀어 수면 위로 올려준다.

대형 고래의 경우, 새끼를 대개 6달에서 1년 정도 돌본다. 이 기간 동안 새끼는 스스로를 보호하는 법과 플랑크톤을 섭취하는 법, 먹이를 사냥하는 법, 길 찾는 법, 다른 고래와 의사소통하는 법을 배운다. 그런데 돌고래 새끼는 보통 4~6년 정도 어미와 함께 지낸다.

고래는 바닷속에서 새끼에게 젖을 물린다. 새끼에게 어미의 젖은 필수적이다. 크릴이나 물고기를 먹는 양은 적고 대부분 젖에 의존해 성장한다. 어미의 젖은 지방이 풍부해, 새끼가 빠른 시간 내에 지방을 키워 거친 바다 환경에 적응하도록 도와준다. 혹등고래는 하루 450리터의 젖을 생산한다. 젖을 문 새끼들은 하루가 다르게 큰다. 대왕고래 새끼는 어미의 젖만으로 처음 두어 달 동안 90킬로그램으로 성장한다. 하지만 처음 일 년은 새끼 고래에게나 어미에게나 가장 위험한 시기다. 상어 떼와 범고래가 호시탐탐 새끼를 노린다.

고래의 수명은 종에 따라 천차만별이다. 일반적으로 이빨고래는 30~40년을 사는데, 향고래의 수명은 60~80년에 이른다. 수염고래는 인간과 비슷하게 70~90년을 산다. 가장 긴 수명을 가진 종은 100~200년을 사는 북극고래다.

2007년 에스키모에 의해 포획된 북극고래에게서 9~10센티미터 정도 되는 폭약 작살의 일부가 발견되었다. 작살은 1879년에서 1885년 사이에 미국 뉴베드포드에서 만들어진 제품이었다.[33] 북극고래는 인간보다 1,000배 이상 많은 세포 수를 지녔음에도 암이나 심혈관계 질환이 낮은 것으로 추정된다. 이 때문에 많은 과학자들이 노화 연구의 일환으로 북극고래 유전자를 분석하고 있다.[34]

강한 모성애

1901~1904년 남극 탐험대로 참가한 에드워드 넬슨Edward Nelson은

1907년 보고서에서 남극 포경에 대해 다음과 같이 기록했다.

> 포경은 고래 떼의 새끼를 죽이는 것으로 시작된다. …… 그렇게 해야 어미 고래를 쉽게 잡을 수 있기 때문이다. 새끼가 작살에 꽂혀 쓰러지면, 어미는 쉬이 그 자리를 떠나지 않는다.

고래의 모성애는 강하다. 근대 포경은 고래의 모성애를 악용했다. 같은 시기 아프리카 대륙에서 멸종 위기로 몰렸던 코끼리 사냥 방식과 비슷했다. 유럽인들이 아프리카에 몰려들었을 때, 수많은 새끼 코끼리들이 어미를 유인하기 위한 첫 희생자로 죽어갔다. 사실 이들에게 새끼 코끼리는 돈이 되지 않았다. 어미를 잡기 위해 먼저 죽였을 뿐이다.

포경선원들에게도 새끼 고래는 손쉬운 사냥감이었다. 새끼는 느리고 둔해서 포경선의 눈에 잘 띄었고 작살을 피하지도 못했다. 근대 포경의 선구자인 바스크족은 16세기 중반부터 이런 고래의 습성을 십분 활용했다. 이들은 작은 보트를 타고 연안에 나가 작살을 던지는 방식으로 긴수염고래를 잡았는데, 이때 널리 쓰인 포경법이 '새끼부터 죽이기'다. 작살에 맞은 새끼가 고통스러워하면, 어미는 힘들어 하는 새끼 주변을 떠나지 않았다. 이때 선원은 최종 표적인 어미를 향해 두 번째 작살을 던졌다. 포경을 마치고 육지로 돌아와 가장 큰 공을 세운 것으로 축하받은 이는 새끼에 작살을 명중시킨 선원이었다. 이 선원은 고래 노획물의 가장 많은 부분을 가져갔다.[35]

포경문학과 기록을 살펴보면, 어미와 새끼가 함께 있는 '양육 무리'에 사냥이 집중된 사실을 알 수 있다. 어미가 몸을 바쳐 새끼를 보호하는 광경도 자주 기록돼 있다. 기록을 종합한 한 연구에 의하면, 이런 행동을 보이는 건 북극고래, 긴수염고래, 혹등고래, 참고래 등 네 종이다.[36]

하지만 바다 위에서 피를 흘리고 죽어가는 새끼 고래와 죽음의 현장을 떠나지 못하는 어미 고래의 눈물을 보는 포경선원의 마음도 편치 않았다. 새끼를 해친 인간에게 복수하는 귀신고래 이야기가 자주 포경선원들의 귀에 들려오곤 했다. 새끼가 작살에 맞으면 귀신고래가 달려들어 포경보트가 뒤집히고 선원들은 바다에 빠져 죽었다고 갑판 밑에서 누군가가 소곤댔다. 그래서 귀신고래는 '악마의 물고기devil fish'로 불렸다.

암컷은 새끼를 지키기 위해 생물학적으로 진화했다. 암컷 수염고래의 몸집은 수컷보다 크다. 수염고래는 먼 거리를 회유하기 때문에 많은 에너지가 필요하다. 몸속 에너지의 저장소는 피부 아래 있는 지방층인데, 수컷보다 암컷의 지방층이 훨씬 두껍다. 새끼를 챙기는 데 많은 에너지가 소모되기 때문이다. 더욱이 새끼를 밴 고래의 경우 지방층이 더 두꺼웠다. 그래서 포경선은 새끼 밴 고래를 환영했다. 반면 갓 젖물리기가 끝난 고래는 지방층이 얇기 때문에 싫어했다.

어미 고래는 새끼를 바다의 건장한 거인으로 기르기 위해 살뜰히 보살핀다. 새끼를 옆에 두고 수영과 사냥을 가르치고 놀아준다. 혹등고래의 경우, 어미가 새끼를 등에 태우고 헤엄쳐 다니기도 한다. 보통 새끼들은 날개처럼 생긴 어미의 가슴지느러미 위 아래에서 노는 게 일반적이지만, 가끔씩 '목마 태워주는 것'처럼 보이는 특이한 장면이 목격되기도 한다. 어미가 수면 위로 올라오면 새끼는 어미 등을 놀이터 삼아 한쪽으로 올라갔다가 반대편으로 내려오면서 몇 번이고 미끄럼을 탄다.

향고래는 철저한 공동 육아로 새끼를 기른다. 향고래는 암컷 여러 마

새끼를 보살피는 혹등고래
고래는 모자 간의 유대감이 강하다. 어미가 새끼를 기르고 함께 놀기도 한다. 혹등고래에게는 '목마 태워주기'도 관찰된다.

리와 새끼들이 한 무리를 이루는데, 암컷은 사냥조와 양육조를 편성해 차례대로 일한다. 이를테면 사냥조가 깊은 바다로 물고기를 잡으러 나갈 때, 양육조는 중간 바다에서 새끼들을 보살핀다. 새끼들을 홀로 남겨두는 법이 없다.

상어 떼나 범고래 등 위협적인 천적의 공격에는 공동 대응한다. 특히 위험한 상황이 되면 암컷들은 데이지꽃 모양으로 편대를 이루며 범고래에 대항한다. 원형으로 모여 꼬리를 치면서 공격에 대응하는 것이다.[37] 이런 습성을 알아차린 포경선원들은 무리의 가장 큰 고래부터 작살을 던져 죽였다. 우두머리가 쓰러진 향고래 무리는 데이지 편대를 이루지 못한 채 작살에 찔려 죽어나갔다.

공기방울로 짠 그물

　고래는 무얼 먹고 살까? 수염고래와 이빨고래는 먹이 기관의 생김새에 따라 각각 먹이가 다르다. 수염고래의 식생활은 평화로운 채식주의자와 비슷하다. 식욕을 충족하려고 살육하거나 파괴하지 않는다. 대신 작은 것들을 평화롭게 먹는다. 단세포 조류 같은 식물 플랑크톤, 검은물벼룩 같은 요각류 그리고 크릴새우가 주식이다. 물고기의 경우, 크기가 작고 때로 몰려다니는 정어리나 멸치를 주로 먹는다.

　수염고래는 '이빨의 기억'을 가지고 있다. 어미의 자궁 속에 있을 때는 수염고래의 입속에도 이빨이 자란다. 젖니는 성장하다가 이내 턱뼈의 골격 속으로 흡수되고, '케라틴'이라고 불리는 섬유 단백질이 이빨의 자리를 대신한다. 길고 평평한 말 편자 모양의 잇몸이 입 위아래를 둘러싼다. 섬유 단백질은 천천히 자라서 입가의 경계선을 형성한다.[38] 그곳에 최고 10미터가 넘는 수염이 자란다.

　수염고래의 사냥은 전적으로 수염의 역할에 달려 있다. 수염고래는 먹이 떼를 발견하면 다가가 턱이 부러지도록 크게 입을 벌린다. 그러면 수천 마리의 크릴이나 작은 물고기가 입 속으로 빨려 들어간다. 고래는 배를 최대한 벌려 최대한의 먹이가 들어오도록 하고 그다음에 다시 배를 수축한다. 이때 입이 서서히 닫히고 물이 빠져나간다. 그물에 걸리듯 먹이는 수염에 걸려 고래의 입 안에 갇힌다.

1724년 작성된 《고래의 자연사적 접근: 향고래에서 발견되는 용연향에 관하여》는 오래된 문헌임에도 불구하고 현대 과학에서 확인된 정확한 사실을 담고 있다. 폴 더들리Paul Dudley는 이 글에서 참고래의 고기잡이 전략을 소개했는데, 최근 과학자들의 연구에서 밝혀진 혹등고래의 고차원적인 사냥법을 연상시킨다.

긴수염고래가 한 번에 삼키는 양은 황소보다 적지만 참고래는 이보다 많다. 참고래는 고등어와 청어 같은 작은 물고기 떼를 먹고 산다. 참고래는 헤엄치다가 갑작스럽게 몸을 돌리고 소용돌이를 일으켜 혼란에 빠진 물고기가 군집하게 만든다. 그리고 입을 크게 벌려 수백 마리를 한꺼번에 삼킨다.[39]

참고래는 한 번에 가장 많은 먹이를 삼키기 위해 가장 효율적인 전략을 사용한다. 물고기 떼를 원형으로 선회하면서 자신의 배를 성벽처럼 활용해 물고기 떼를 가두고 한 번에 잡아먹는다.

혹등고래는 이보다 고차원적인 방법을 사용한다. 2016년 가을, 미국 동부의 제프리스 암붕Jeffreys Ledge에서 만난 20여 마리의 혹등고래는 수면 위아래를 오가며 공기방울을 만들고 있었다. 고래관찰선이 주변에 있는데도 신경 쓰지 않고 사냥에 열중했다. 공기방울이 점차 끓어오르자, 고래들은 커다란 입을 벌리고 물고기를 수확했다. 이를 지켜보던 사람들이 박수를 치며 소리를 질렀으나 고래들은 밥 먹기에 여념이 없었다. 혹등고래의 독특한 이 사냥법은 '버블 클라우드bubble cloud'라고 불린다. 여러 마리의 무리가 작은 물고기나 크릴 떼를 만났을 때 시도하는 방법이다.

먼저 고래 여러 마리가 먹이를 한 방향으로 몰아간다. 그때 무리의 리더는 물고기 떼 아래로 내려가 숨구멍에서 부글거리는 공기방울을 뿜어 올린다. 공기방울은 카우보이가 던진 올가미처럼 나선형의 그물을 만들면서 수면 위로 솟아오른다. 그러면 물고기 떼가 그 안에 갇힌다.

공기방울이 너무 작아도 커도 안 된다. 혹등고래는 숨구멍 주변 근육을 이용해 공기방울의 크기를 적당히 조절한다. 공기방울로 엮은 그물이 형태를 갖출 때가 되면, 고래들은 수직 통로를 따라 물고기들을 뒤쫓아 올라간다. 물고기 떼가 바다 위로 도망가고 고래들도 간격을 좁히고 압박하면서 공기방울 그물의 폭도 덩달아 좁아진다. 갈수록 좁아지는 그물에 갇힌 물고기 떼는 군집하게 되고, 결국 혹등고래의 한 입에 먹히고 만다.

혹등고래의 버블 클라우드는 마치 감독의 작전에 따라 경기 내용이 달라지는 스포츠와 같다. 혹등고래는 물고기 떼의 규모에 따라 공기방울 그물의 크기를 조절한다. 청어 떼에는 상대적으로 큰 그물을, 크릴에는 작은 그물을 만든다.[40][41]

공기방울 그물
혹등고래의 '버블 클라우드' 사냥법은 감독의 작전에 따라 이뤄지는 고도의 스포츠 같다. 사냥감과 상황에 따라 공기방울 그물을 만든다.

미국 뉴잉글랜드 연안의 혹등고래의 버블 클라우드 사냥
미국 동부 제프리스 암붕에서 혹등고래 무리가 버블 클라우드를 활용해 사냥을 벌이고 있다.

포악한 사냥꾼

이빨고래는 포획물을 목표로 기동하는 사냥꾼에 가깝다. 너른 바다에서 입을 벌리고 다니는 낙천적 포식자인 수염고래와 달리 목표물을 정하고 협동 작전을 펼쳐 먹이를 사냥하는 전략적인 포식자다. 종마다 먹이 대상과 행동이 다른 것도 특징이다. 이빨고래는 강건한 턱 관절을 이용해 먹이를 섭취한다. 작은 물고기를 먹을 경우, 입을 벌려 한 번에 먹잇감을 입속에 넣는다. 날카로운 이빨을 이용해 다른 포유류를 공격해 잡아먹기도 한다.

‘바다의 살육자’로 알려진 범고래는 ‘고래도 잡아먹는 고래’로 유명하다. 이들은 가끔 무리를 이뤄 조직적으로 먹잇감을 향해 달려들기도 한다. 수염고래 가운데 가장 덩치가 작은 밍크고래가 주 공격대상이고, 덩치가 꽤나 큰 귀신고래에 대한 공격도 보고된 적이 있다.[42] 주로 새끼가 타깃이 된다.

존 포드John K.B. Ford 박사 등은 캐나다 브리티시컬럼비아 주 연안에서 1994년에서 2004년까지 범고래가 밍크고래를 공격하는 모습을 9차례나 관찰했다. 범고래의 공격을 받은 밍크고래는 시속 15~30킬로미터의 속도로 도망쳤다. 이런 추격전은 30분에서 1시간 가까이 계속됐다. 결국 밍크고래는 범고래의 이빨에 상처를 입고 죽거나 도망치다 방향을 잘못 잡아 육지에 좌초해 숨지기도 했다.

2002년 10월 15일 오전 9시 30분. 솔트스프링 섬Saltspring Island의 주민들은 9미터에 이르는 거대한 밍크고래가 방파제 근처에 몸통을 드러내고 쉬고 있는 것을 발견했다. 고래는 움직이지 않았다. 썰물에 갇혀 헤엄칠 수 없었기 때문이다. 수십 미터 밖에서는 범고래 4마리가 헤엄치며 이 광경을 지켜보고 있었다. 어미 두 마리와 다 자란 새끼 두 마리였다. 이곳은 폭이 500미터에서 1킬로미터밖에 되지 않는 좁은 만이었다. 밍크고래는 먼 바다에서 범고래 떼에 쫓기다가 만으로 들어와 수심이 낮은 방파제 근처에서 좌초된 것으로 보였다. 범고래는 밀물이 되기를 기다리는 듯 보였다. 수심이 깊어지면 밍크고래에게 다가가 공격하기 위해서였다.

3시간 남짓 흐른다. 오후 1시. 서서히 밀물이 차기 시작하자 범고래는 조심스럽게 밍크고래에 다가갔다. 어미 두 마리가 번갈아 밍크고래를 공격했다. 한 마리가 밍크고래의 머리를 두 번 들이받고 이어 자신의 꼬리로 몸통을 후려쳤다. 10분 뒤에는 이빨로 밍크의 꼬리를 문 뒤, 얕은 물가에서 끄집어냈다. 밍크고래는 몸이 뜨자, 있는 힘을 다해 도망치기 시작했다. 하지만 밍크고래는 기진맥진해 있었다. 채 10미터도 가지 못해 암초에 부딪혀 다시 좌초하고 말았다. 범고래 두 마리가 다시 번갈아 밍크고래를 물어뜯고 후려쳤다. 새끼들은 주변 바다에서 어미들의 사냥을 구경했다. …… 1시 45분. 밍크고래는 무장해제돼 기력을 잃고 물에 떠 있었다. 헤엄쳐 도망치려 했지만, 범고래가 곧장 물어 바닷속으로 처넣었다. 얼마 안 돼, 밍크고래는 죽은 듯 보였다. 밍크고래는 수면 아래로 사라졌다. …… 오후 2시 50분. 어미를 따라온 새끼들까지 차례차례 바닷속으로 잠수하기 시작했다. 수면 위로 올라온 그들의 입에는 밍크고래의 빨간 살점이 물려 있었다. 바다는 핏빛으로 변했다. 밍크고래의 잘려나간 위장이 푸른 바다를 떠다녔다.[43]

향고래도 범고래 못지 않은, 공격적인 포식자다. 향고래는 심해의 대왕오징어를 힘겹고 끈질기게 괴롭히며 먹어치운다. 이 싸움은 향고래에게도 고통과 인내의 시간이다. 향고래는 이빨고래 중 가장 큰 고래이고 대왕오징어는 지구에서 가장 큰 무척추동물이다. 향고래는 몸무게 35~55톤에 몸길이 18미터, 대왕오징어는 몸무게 0.5~1톤, 길이 20미터에 육박한다.

허나 이런 장면은 정말 보기 드물다. 대왕오징어는 심해에서만 살고, 보통 해저 1,000미터 아래서 향고래의 습격을 받기 때문이다. 우리는 좌초한 향고래에게서 발견된 대왕오징어의 빨판에 의해 생긴 둥근 흉터와 내

대왕오징어 다리를 물고 있는 향고래
2009년 10월 일본 보닌 제도에서 촬영된 이 사진은, 어미 향고래가 오징어 조각을 물고 새끼와 함께 유영하고 있는 모습이다.

장에서 소화된 연체동물의 살점을 통해 '심연에서의 혈투'를 짐작만 할 뿐
이다. 미국 뉴욕의 자연사박물관은 두 싸움꾼의 모형을 전시하고 있다.
위기에 처한 대왕오징어는 긴 촉수를 뻗어 향고래의 주둥이를 막으며 끝
까지 저항한다.

다큐멘터리 채널 〈애니멀플래닛〉은 2019년 향고래에 카메라를 달아
해저에서 40분 동안 사냥하는 장면을 담아냈다. 향고래가 오징어를 발견
하고 추격전이 벌어지자 음파의 클릭음이 잦아졌고, 이내 오징어 먹물과
내장으로 추정되는 액체가 카메라 앞을 가렸다.[44]

고래뛰기와 꼬리세우기

고래가 하루종일 먹이를 쫓고 새끼를 돌보기만 하는 건 아니다. 고래는 하루를 다양한 행동으로 채운다. 물론 이런 행위들은 단편적이어서 모든 것을 설명해주진 못한다. 행위와 목적 간의 인과관계는 추정일 뿐이고, 고래의 삶은 온전히 드러나 있지 않다. 하지만 인간에게 자주 관찰되는 수면 위의 행동들은 하나둘 수수께끼가 풀리고 있다.

고래의 가장 특징적인 행동은 '고래뛰기'다. 대형 고래의 고래뛰기를 '브리칭breaching'이라 하고, 돌고래의 고래뛰기를 '리핑leaping'이라 구분해 부른다. 대형 고래의 고래뛰기는 혹등고래, 긴수염고래, 향고래에서 자주 관찰되는데, 몸집이 크기 때문에 재입수할 때 뱃가죽이 수면을 때리는 소리가 수백 미터 밖에서도 들릴 정도다. 향고래는 로켓처럼 수직 상승하고, 혹등고래는 미사일처럼 사선으로 솟아올랐다가 머리와 꼬리를 들어 수직 상태로 만든다.[45] 잠수 기술이 발달하기 전에 살아 있는 고래를 볼 수 있었던 기회는 바로 1~2초 만에 지나가는 고래뛰기의 순간뿐이었다.

돌고래는 아주 높이 뛰거나 공중제비를 돌기도 한다. 돌고래 한 마리가 고래뛰기를 하면 같은 무리의 다른 돌고래들도 따라한다. 마치 시합을 하는 것처럼 보인다. 돌고래 무리가 사교적일수록 더 많이 도약하고 시합은 치열해진다. 고래뛰기는 한 번에 보통 몇 번씩 지속된다. 혹등고래의 경우 75분 동안 130번의 고래뛰기가 관찰된 적도 있다. 돌고래는 5분 동안 36번의 공중제비가 관찰되기도 했다.

고래뛰기를 하는 이유는 명확히 밝혀지지 않았다. 다만 사회성과 깊이 관련되어 있는 것으로 보인다. 이밖에 천적이나 포식자에게 자신의 존재와 힘을 과시하기 위해서일 수도 있고, 구애자에게 더 멋지게 보이려는 행동일 수도 있다. 어떤 고래들은 물고기 떼를 한쪽으로 몰아 조금 더 잡아먹기 편하게 하려고 이런 행동을 하기도 한다. 피부에 있는 기생충을 떨어내기 위해서라는 연구 결과도 있다. 하지만 목적 없이 재미로 하는, 단순한 놀이일 가능성도 크다.

폴포이징porpoising은 다수의 고래가 동시에 고래뛰기를 하는 동작이다. 고래들은 일정한 방향을 향해 고래뛰기로 나아간다. 쇠고래들Porpoises이 주로 이런 행동을 하기 때문에 폴포이징이라는 이름이 붙었는데, 다른 돌고래류와 들쇠고래도 같은 행동을 한다. 집단으로 고래뛰기를 하면 여기서 생기는 기류 때문에 공기의 저항력이 약해져 더욱 쉽게 앞으로 나아갈 수 있다. 매년 4~5월이면 우리나라 울산 앞바다의 낫돌고래들에게서도 집단 고래뛰기가 관찰된다.

어떤 고래들은 고래뛰기에 이어 바닷속으로 입수하면서 꼬리지느러미를 세우고 들어가기도 한다. 이런 행동을 '꼬리세우기fluking'이라고 한다.[46] 고래를 관찰할 때 꼬리세우기 동작을 살펴보면, 해당 개체가 어떤 고래인지 알 수 있다. 혹등고래는 꼬리를 수직으로 높이 세운 채 물에 들어가서 꼬리의 아랫면이 다 보인다. 반면 밍크고래는 꼬리를 세우고 들어가지만 구부린 상태로 들어가 아랫면이 보이지 않는다. 다른 고래들도 꼬리세우기 동작을 정밀하게 분석하고 꼬리의 생김새를 식별해 구분할 수 있다.

고래뛰기를 하지 않고서도 꼬리를 수면 위로 들어올려 찰싹 때리는 고래가 있다. 이런 동작을 '롭테일링lob-tailing'이라고 한다. 보통 롭테일링은 여러 차례 반복된다. 비슷한 행동으로 '테일브리칭tail-breaching'이 있는데, 꼬리를 찰싹 때리기보다는 꼬리에 힘을 뺀 채 수면 위로 올렸다가 내리는

서호주 퍼스에서 목격한 혹등고래 롭테일링
화가 난 혹등고래. 수면에 꼬리지느러미를 내리치는 '롭테일링'은 혹등고래의 부정적 감정을 드러낸다.
서호주 퍼스에서 고래관찰선과 만난 혹등고래가 계속해서 롭테일링을 해댔다.

동작에 가깝다.

저명한 고래연구자 할 화이트헤드Hal Whitehead는 "고래가 꼬리를 치는 것은 에너지 비용이 많이 들기 때문에 메시지의 중요성과 고래의 신체 상태를 나타내는 좋은 신호가 된다"고 말한다.[47] 이런 행동을 기꺼이 한다는 얘기는 에너지의 상당량을 사용해서라도 하고 싶은 얘기가 있다는 뜻이다. '너희들, 내 말 좀 들어봐!'

그래서 롭테일링과 테일브리칭은 다른 존재들에게 주의를 환기시키는 행동으로 해석하는 경우가 많다. 경계나 공격의 뜻을 담을 때도 있다. 혹등고래 수컷은 경쟁자와 겨룰 때 이런 행동을 보인다. 선박이 가까이 다가오면 고래가 이렇게 꼬리로 수면을 때리기도 한다. 일종의 부정적인 의사 표현이다.

호주 서부의 중심 도시 퍼스Perth에서 고래관찰선을 타고 나가 혹등고래를 만난 적이 있다. 어미와 새끼들로 구성된 네댓 마리가 로트네스트 섬 Rottnest island 북쪽에서 머물고 있었다. 고래관찰선 넉 대가 주변을 왔다갔다했는데, 고래는 멀찌감치 떨어져 다가오지 않았다. 그때 고래 한 마리가 머리를 수중에 박고 꼬리로 계속 수면을 내리쳤다. 족히 열 번은 그랬다. 그 소리가 바다를 울렸는데 '그만 괴롭히고 나가'라고 하는 것처럼 들렸다.

놀고 낮잠 자는 고래

고래는 놀이를 즐기는 동물이다. 일부 행동의 목적은 분명치는 않은 경우가 있지만 여러 가지를 고려해봤을 때, 그냥 노는 게 분명한 경우가 있다. 우리가 가장 흔히 볼 수 있는 고래의 놀이는 '선수타기bow-riding'다. 배를 타고 가다 보면 돌고래들이 뱃머리에 몰려와 앞서거니 뒷서거니 경쟁적으로 파도를 타는 모습을 관찰할 수 있다. 돌고래들은 좀 더 좋은 자리를 차지하기 위해 경쟁하기도 한다. 수컷들은 다른 돌고래를 밀어내기도 하고 암컷을 데려와 시시덕거리며 놀기도 한다. 고래는 선수타기를 통해 집단 간의 서열을 확인하고 소속감을 증대한다. 비슷한 행동으로 '항적 타기wake-riding'가 있다. 배 뒤편에서 일어나는 파도를 타면서 배를 쫓아가는 것이다. 이밖에 돌고래들은 미친듯이 돌진하거나 물 위에서 몸을 베베 꼬며 돈다거나 서로 쫓고 쫓기는 행동을 거듭한다. 이런 행동도 놀이로 볼 수 있다.

고래는 낮잠도 잔다. 바다 위에 떠다니는 통나무처럼 힘을 빼고 떠 있는 행동을 '로깅logging'이라고 한다. 깊은 곳까지 들어가 30~50분 동안 잠수하는 향고래에게서 종종 관찰되는데, 긴 잠수 뒤 수면으로 나와선 9분 동안 로깅을 한다.[48] 사회성이 강해 20~90마리씩 무리를 지어 움직이는 들쇠고래도 자주 로깅을 하는데, 몸을 서로 가까이 하고 같은 방향을 향해 누워 있다. 고래가 긴 잠을 자지 못할 때 잠깐 자는 선잠이나 휴식으로 추정된다.

어떤 고래들은 바닷물 위로 머리만 내놓고 주위를 둘러보기도 한다. 이를 '스파이호핑spyhopping or eye out'이라고 부른다. 동시에 눈으로 관찰하면서 몸을 천천히 돌리기도 한다.[49] 연안에 서식하는 돌고래와 범고래에게 자주 관찰되는 행동이다. 흰고래는 고개를 돌릴 수 있어서 가장 스파이호핑을 잘하는 고래로 알려져 있다.

세일리시 해에서 본 범고래의 스파이호핑
한여름 해가 질 무렵 세일리시 해였다. 잔잔한 바다를 뚫고 범고래가 머리를 들어올렸다. 한참을 그러고 있다 사라진 자리에서 잔잔한 파문이 밀려왔다.

들쇠고래의 로깅
지중해의 가장 서쪽 바다로 지중해의 관문으로 불리는 알보란 해에서 들쇠고래가 일렬로 로깅을 하고 있다.

고래의 행동

로깅 Logging
통나무처럼 등과 지느러미를
물 밖에 내놓고 쉴 때 보이는 행동.

롭테일링 Lobtailing
꼬리로 수면을 찰싹 때리는 행동.

브리칭 Breaching
고래가 부분적으로, 혹은 완전히 물
밖으로 뛰어오르는 행동.

가슴지느러미 치기 Flipper slapping
지느러미로 수면을 내리치는 행동.

꼬리세우기 Fluking
깊은 잠수를 준비할 때
최적의 잠수 각도를 찾으려고
몸을 크게 구부리면서 꼬리를
수면에 내미는 행동.

스파이호핑 Spy hopping
주위를 둘러보기 위해
수면 바로 위로 머리를 내미는 행동.

다정한 거인

도구 사용과 문화의 전파

지금은 세계적인 영장류 연구자로 널리 알려진 제인 구달Jane Goodall 이 아프리카 밀림으로 들어갔던 1960년대에는, 그녀를 주목하는 사람이 많지 않았다. 그때만 해도 '인간만이 언어와 도구를 사용하여 문화를 향유하는 존재'라는 생각이 지배적이었다. 그런데 제인 구달은 탄자니아의 곰비국립공원Gombe Stream National Park에서 침팬지의 특이행동을 발견했다. 침팬지가 흰개미굴을 발견하자 나뭇가지 하나를 구멍에 집어넣었다. 그리고 나뭇가지를 꺼내 나뭇가지에 매달려 있는 흰개미를 잡아먹었다. 아주 손쉬운 방법이었다.

당시만 해도 '호모 파베르(Homo Faber, 도구를 이용하는 인간)'로서 유일한 지위를 누리고 있다며 자만하던 인간에게 인식론적 전환을 강요한 충격적 사실이었다. 그 뒤 코코넛 껍질을 쓰고 은신하는 문어, 나뭇잎으로 우산을 만들어 비를 피하는 오랑우탄, 나무껍질로 삽질을 해서 둥지를 만드는 멧돼지 등 동물들의 폭넓은 도구 사용의 사례가 보고되었다.

일찍이 해양포유류 가운데 도구를 사용하는 동물로 알려진 종은 해달이었다. 바다 위에 누운 해달은 배에 작은 돌멩이를 하나 올려놓는데, 조개를 건지면 돌멩이로 내리쳐 안의 것을 꺼내 먹는다. 고래류 중에서는 1997년 서호주 샤크베이에 사는 남방큰돌고래가 파베르의 대열에 합류했다.[50] 이 지역의 돌고래는 부리로 해면류sponge를 집어들고 다닌다. 그 이유는 무엇일까?

첫째, 물고기를 유인하기 위한 도구로 해면류를 이용한다. 일반적으로 물고기는 해면류가 가득한 서식지에 몰리기 때문이다. 돌고래는 주로 수심이 깊은 곳에서 해면 조각을 낚아채 들고 유영했다. 그리고 물고기 떼가 탐지되면 단호하게 해면 조각을 버리고 속력을 내 물고기를 쫓았다.[51] 둘째는 거친 바위투성이인 밑바닥에서 먹이를 찾을 때, 해면류를 이용해 주둥이를 보호한다. 바다 밑바닥에는 영양가 높고 돌고래가 좋아하는 먹이가 살지만, 먹이가 바위 틈과 굴 속에 숨어 있기 때문에 음파를 쏴서 먹잇감을 확인하는 반향정위로 찾기는 힘들다. 그래서 돌고래는 해면류를 낀 주둥이로 휘저어, 숨어 있는 먹이가 튀어나오게 한다.[52] [53] 이른바 '장갑 가설'이다.

　그런데 이런 행동이 서식지 집단 성원 모두에게 나타나는 게 아니라는 점이 과학자들을 흥미롭게 했다. 2001년 남방큰돌고래의 도구 행동을 연구한 논문을 보면, 150제곱킬로미터의 서식지에서 관찰된 돌고래 60마리 가운데 규칙적으로 이런 행동을 보인 개체는 고작 다섯 마리뿐이었

도구를 사용하는 돌고래
바하마 제도의 큰돌고래가 자신의 부리를 해면류에 비비고 있다.

다.[54] 2008년에 나온 논문에서는 좀 더 광범위한 조사가 이뤄졌다.[55] 과학자들은 286제곱킬로미터로 조사 범위를 넓혔다. 해면류를 집는 행동을 보이는 돌고래는 이곳에 서식하는 돌고래 약 550마리 가운데 41마리로 조사됐다. 암컷이 29마리로 월등하게 많았고 수컷들은 6마리, 그리고 성별을 파악하지 못한 개체가 6마리였다.

그렇다면 왜 모든 돌고래가 이 행동을 하지 않는 걸까? 해면류를 집는 행동을 하는 돌고래는 혼자 떨어져 사는 경우가 많았다. 즉, 단독생활로 인해 떨어지는 사냥 능력을 보완하기 위해 도구를 이용한다는 추론이 가능하다. 그리고 도구 행동 참여자의 대부분은 암컷이었고, 수컷의 경우 대부분 새끼였다. 이 수컷들은 어미로부터 배웠을 가능성이 높다.

동물의 도구 사용을 연구할 때, 항상 함께 논의되는 주제가 문화다. 도구의 사용은 다분히 문화적 특징을 지니고 있기 때문이다. 문화는 '삶을 풍요롭고 편리하고 아름답게 만들어가고자 사회 구성원에 의해 습득, 공유, 전달되는 행동 양식'이라고 할 수 있다. 이를테면, 우리나라 사람은 동네 앞산을 올라도 에베레스트 올라갈 때 쓰는 기능성 재킷과 장비를 가지고 간다. 이런 사람들을 비웃던 나도 언젠가부터 그 대열에 끼기 시작했다. 그게 바로 문화다. 문화의 가장 중요한 특성은 퍼진다는 것이다. 그리고 인간만이 아니라 동물도 문화를 가지고 있다.

문화는 학습되고 전파되며 전승된다. 항시적으로 변화하는 속성을 지닌다. 세대를 이어 문화가 전승되고, 다른 집단의 문화를 받아들이기도 한다. 전자를 문화의 '수직적 전승'이라고 하고, 후자를 문화의 '수평적 전파'라고 한다.

샤크베이의 남방큰돌고래 어미와 그 새끼의 도구 사용은 수직적 전승의 대표적인 사례라고 볼 수 있다. 동물에서도 이렇게 행동 양식은 세대를 거쳐 이어진다. 마치 우리나라 사람에게 젓가락질이 고유하게 내려오는 것처럼 말이다.

코스모폴리탄 가수

문화의 담지자로서 고래를 정의한다면, 혹등고래는 '코스모폴리탄' 정도 될 것 같다. 혹등고래에게서는 문화의 수평적 전파 현상이 관찰된다. 북극권에서 여름을 난 혹등고래는 겨울에 아열대 바다로 와서 짝짓기를 한다. 번식기의 혹등고래는 이곳에서 일정한 패턴의 노래를 부른다. 같은 집단에 있다면 대개 노래는 개체별로 다르지 않고 똑같다. 마치 학교 응원가처럼 말이다.

혹등고래의 노래는 동물이 내는 소리 가운데 가장 길고 정교하다. 보통 10~15분 동안 계속하지만, 길게는 30분까지 부르기도 한다. 일반적으로 6개의 테마로 하나의 노래가 구성된다. 혹등고래 가수는 테마 (가)에 이어 (나) (다) (라) (마) (바)를 부른 뒤, 다시 (가)로 돌아간다. 매년 테마가 조금씩 바뀌고 살이 붙으면서 노래는 새로운 면모를 띤다. 작은악절 phrase이 바뀌고, 이것이 모여 큰악절sentence이 바뀐다. 최초의 노래에서 완전히 새로운 노래가 되기까지 5년이 넘게 걸리는데, 어떤 때는 1년 만에 혁신이 일어나기도 한다.

혹등고래는 왜 노래를 부를까? 여러 가지 추정이 있다.[56] 보통 노래를 부르는 건 수컷 혹등고래 혼자일 때가 많다. 시기를 보면 따뜻한 바다로 내려오는 겨울부터 노래하기 시작해 번식기에 최고조를 이룬다. 이 때문에 새가 노래를 부르는 것처럼, 수컷이 암컷의 관심을 끌려고 부른다는 가설이 우세하다. 내 사랑을 받아줘!

둘째는 암컷을 에스코트하면서 부르는 게 관찰되곤 하는데, 다른 수컷에게 이를 알리기 위해 노래를 부른다는 추정이다. 나 연애 중이니까, 건드리지 마! 이밖에 발정의 동조화, 영역 확인 그리고 암컷을 찾기 위한 소리일 것이라는 추정도 있다.

두 번째 추정과 관련해서는 호주 동부에서 겨울을 보내는 혹등고래 집단에게 흥미로운 사실이 발견됐다. 해가 갈수록 노래하는 수컷이 현저히 줄어든 것이다.[57] 1997년에는 노래하는 수컷이 노래하지 않은 수컷보다 곱절은 많았는데, 2015년에는 반대로 노래하지 않는 수컷이 다섯 배나 많아졌다. 이 현상을 발견한 연구자들은 암컷을 에스코트하는 수컷고래가 다른 경쟁자 수컷을 굳이 불러들이지 않기 위해 노래를 삼갔다고 봤다. 그런 데에는 이유가 있다. 상업포경의 여파로 1960년대 200마리 미만으로 절멸 위기까지 갔던 이 지역의 혹등고래 개체수가 2만 7,000마리로 늘어났기 때문이다. 짝짓기 경쟁이 심하니, 굳이 으스대며 사랑을 나눌 이유가 없어진 것이다.

혹등고래의 노래는 수컷 간의 상호작용, 좁게는 의사소통의 일부라는 데 의견이 모아지고 있다. 물론 혹등고래 여럿이 노래를 부르거나, 암수가 함께 노래를 부르는 경우도 간혹 있기 때문에 이유를 확정하기엔 이른 상태다.

혹등고래 집단은 각각 자신의 노래가 있지만, 다른 집단의 노래에서 영향을 받기도 한다. 과학자들은 똑같은 노래가 수천 킬로미터가 떨어진 지역에서도 불린다는 사실을 발견하고 놀랄 수밖에 없었다. 멕시코 연안의 소코로Socoro 섬에서도 하와이 혹등고래와 같은 아리아가 불리고 있었다.[58] 또 하와이의 아리아가 변하듯이 소코로 섬의 아리아도 진화해갔다. 진화의 방향도 동일했다. 새는 서식지가 다를 경우, 노래에 약간 차이가 난다. 가까운 거리에 살더라도 마찬가지다. 하지만 혹등고래의 노래는 점차 변화하면서 이웃 집단의 영향을 받는 것처럼 보인다.

혹등고래는 귀신고래에 이어 가장 먼 거리를 회유하는 고래다. 이들은 적도에서 북(남)극권까지 일 년에 수천 킬로미터를 회유한다. 연구자들은 이 과정에서 집단과 집단의 접촉, 그리고 문화의 전파가 이뤄지고 있다고 추정한다.[59] 고래의 노래에 대해선 혹등고래가 가장 많이 연구됐다. 음악 스트리밍 앱에서도 다양한 음반이 검색될 정도다. 최근 연구에서는 북극고래, 대왕고래, 참고래, 밍크고래도 노래를 부르는 것으로 밝혀졌다. 북극고래의 노래는 혹등고래와 비견될 정도로 강약이 있고 복잡하다. 한 소절은 올렸다가 다음 소절은 내리면서 열정적으로 노래하는 수컷도 볼 수 있다.[60]

혹등고래의 노래는 동물에서 발견되는 문화의 대표적인 사례로 인용되곤 한다. 노래 말고도 문화를 보여주는 사례는 여럿 있다. 이를테면, 혹등고래는 공기방울을 일으키고 그 사이에 물고기 떼를 가둬 물고기를 잡는다. 그런데 미국 동부 대서양 연안의 메인 만 남부의 혹등고래를 연구하던 과학자들은 1981년 '버블 클라우드'라고 불리는 이 사냥 방식에 일정한 변화가 생긴 것을 발견했다.[61] 고래들이 공기방울을 일으키려 바다에 입수하기 직전, 꼬리를 수면에 찰싹 때리면서 들어가는 '롭테일링'이 관찰된 것이다. 과학자들은 이런 사냥 방식을 '롭테일 클라우드lobtail cloud'

라고 이름 붙였다. 연안의 먹이 분포가 바뀜에 따라 사냥 절차의 변화로 이어진 것으로 추측되지만, 분명치는 않다. 재미있는 점은 고래의 새로운 사냥 문화가 급속도로 확산됐다는 것이다. 1981년 처음 발견된 이래 8년 만에 1989년에 이 무리의 절반이 롭테일 클라우드를 수용했다. 매년 사진 조사를 통해 분석한 결과를 보면, 롭테일 클라우드는 앞으로 더욱 더 확산될 것으로 보인다.

인간과 물고기 잡는 돌고래

브라질 남부 산타 카타리나Santa Catarina 주의 소도시 라구나Laguna. 거칠고 험한 대서양의 바닷물이 라군(lagoon, 산호초 때문에 섬 둘레에 바닷물이 얕게 괸 곳) 입구로 흘러들어 잔잔하게 물결이 잦아드는 곳이다. 이곳에는 브라질에서 가장 유명한 돌고래가 산다. 이들 큰돌고래는 어부들과 함께 물고기를 잡는다. 인간과 돌고래의 공동어업은 이 마을의 일상적인 풍경이다. 100여 가구가 공동어업에 참여하고 있으며, 어부들은 돌고래와 함께 잡은 물고기(주로 숭어)를 주변 대도시의 시장에 내다 판다.

인간과 돌고래의 공동어업은 이곳의 겨울인 7~8월을 제외하면 연중 이뤄진다. 역사도 오래됐다. 한 어부가 자신의 아버지와 할아버지도 지금과 같은 돌고래와 함께 고기를 낚았다고 했고, 그의 말을 증명하듯 1847년의 마을 기록에도 공동어업 사실이 상세하게 기술되어 있다.[62]

공동어업은 분업 체계로 수행된다. 어부들은 라구나의 얕은 물가로 나아가 일렬로 선다. 보통 숭어 떼는 어부들로부터 바다 쪽으로 한참 떨어져 있다. 더 바깥쪽에서 돌고래들이 바다 쪽을 바라보면서 떴다가 가라앉았다가를 반복하며 천천히 움직인다. 그러다 어느 순간 갑자기 돌고래들은 육지 쪽으로 방향을 급선회해 돌진하기 시작한다. 그러면 놀란 숭어 떼가 돌고래에 쫓겨 육지 쪽으로 도망친다. 육지 쪽에는 어부들이 그물을 던질 채비를 하고 있다. 돌고래는 최후의 신호를 보낸다. 돌고래는 어부들의 대열 5~7미터 앞에서 몸통을 휘둘러 잠수하고 이 때문에 급한 파도가 친다. 어부들은 돌고래의 신호에 따라 그물을 던진다. 돌고래와 어부 사이의 함정에 빠진 숭어 떼가 이 그물에 걸려든다. 중요한 건 타이밍이다. 물속에선 어민들은 돌고래가 보내는 초음파를 느끼고, 둘은 타이밍을 맞춰 움직인다.

공동어업에 참여하는 돌고래는 대략 60마리가량인데, 이들의 생존율은 다른 돌고래보다 13퍼센트나 높다. 어부들도 돌고래가 있을 때 숭어를 잡는 확률이 17배 더 높고, 다른 경우보다 거의 4배나 많은 숭어를 잡는다.[63] 공동어업에 참여하지 않는 돌고래도 있는데, 어부들은 이들을 '나쁜 돌고래'라는 뜻의 '루임ruim'이라고 부른다. 루임은 그물을 찢거나 숭어 떼를 분산시키는 등 고기잡이를 방해할 때도 있다. 고기잡이를 주도하는 건 전적으로 돌고래다. 라구나 바다는 탁도가 높아 수심 1미터 아래도 잘 보이지 않는다. 사실상 물속과 물위를 왔다갔다 하면서 숭어 떼를 수색하고 그물을 던지라는 신호를 주는 돌고래가 고기잡이의 성패를 좌우한다는 뜻이다.

이 같은 돌고래와 인간의 공동 경제활동은 브라질의 트라만다이와 리오그란데 등 여러 곳, 그리고 미얀마의 아이야와디(이라와디) 강, 인도의 칠리카Chilika와 아슈타무디Ashtamudi, 모리타니아의 엘멩가El-Memghar 등

라구나 마을의 공동어업
브라질 라구나에서 돌고래와 함께 숭어를 잡는 어부.

에서 지속되고 있다.[64] 19세기 말에서 20세기 초까지 호주 에덴에서 인간은 범고래와 함께 포경을 하기도 했다.[65] [66]

　　라구나 돌고래의 고기잡이에는 보통 새끼 돌고래들도 따라 나온다. 새끼들은 적극적으로 참여하지 않고 어미를 따라다닌다. 새끼는 맨 처음 옆에 붙어 어미의 공동어업을 구경하다가 나중에는 혼자서 숭어를 몬다. 일종의 학습이 이뤄지는 것이다.[67]

　　공동어업에 새로 가담하는 돌고래는 대부분 과거 어미를 따라다니던 개체들이었다. 반면 공동어업에 참여하지 않는 루임들은 인간들과 협동하지 않고 독자적으로 물고기를 잡아먹고 산다. 이는 돌고래들 각자가 자신의 이유에 따라 특정의 생활방식을 선택한다는 것, 그리고 대를 거쳐 전승한다는 것, 돌고래가 문화를 가지고 전수하고 있음을 강력하게 시사한다.

인간에게 놀러오다

서호주 샤크베이의 몽키마이어Monkey Mia. 2015년 2월, 나는 남방큰돌고래를 만나기 위해 서호주의 주도 퍼스에서 850킬로미터를 달려갔다. 아니 정확히 말하자면, 사람을 보러온 남방큰돌고래를 보기 위해서였다. 일부러 해변이 보이는 숙소를 잡았다. 신기했다. 정확히 매일 아침 7시 55분이면 돌고래들의 등지느러미가 수평선을 가르며 다가왔다.

남방큰돌고래는 몽키마이어 해변으로 인간을 만나러 온다. 오랜 전통에 따라 오전 8시에 '먹이 주기' 의식이 치러진다. 돌고래들은 얕은 물가에 도착해 거리낌없이 사람들에게 접근한다. 손을 대도 공격적인 행동을 취하지 않는다. 짧게는 몇 분에서 길게는 서너 시간 동안 생선을 받아먹고 사람과 어울리다가 바다로 돌아간다.

돌고래—인간 사이의 특별한 관계는 역사가 오래됐다. 1964년 한 어부가 돌고래에게 생선을 주면서, 돌고래들에게 어떤 '문화'가 생겼다. 돌고래들은 먹이를 먹으러 오고, 사람들은 돌고래들을 구경하러 온다. 관광지가 됐고 대형 리조트가 생겼다.

재미있는 점은 돌고래가 무작위로 찾아오는 게 아니라 특정한 부류가 찾아온다는 거다. 샤크베이의 남방큰돌고래는 약 3,000마리. 이 가운데 몽키마이어 해변에 찾아오는 돌고래는 극소수에 불과하다. 새끼들도 어미를 따라와 인간을 만난다. 가끔씩 친구가 따라오기도 한다(자주 오는 걸 보면, 그들도 아침마다 인간이 레스토랑을 연다는 걸 알고 있는 것이다).

단순히 먹이 때문에 돌고래가 이 해변에 방문하는 것은 아니다. 내가 방문했을 때, 생선은 암컷 네 마리(서프라이즈Surprise, 펙Puck, 피콜로Piccolo, 쇼크Shock)에게만 하루에 딱 6~8마리만 지급됐다(친구 따라온 다른 돌고래에게는 국물도 없다). 돌고래의 하루 먹이 섭취량이 8~10킬로그램이니, 여기서 주는 건 간식 수준이다. 마치 육군훈련소 훈련병이 교회에 초코파이를 얻어먹으러 가듯이.*

이렇게 급여 대상과 양을 규제하는 이유는 돌고래의 야생성 훼손을 막기 위해서다. 사람이 주는 게 주식이 되면, 돌고래는 야생에서 사냥을 할 이유가 없어진다. 그래서 호주 정부는 급여 대상과 급여 양, 시간을 규제했고, 1990년대부터는 몽키마이어 보호구역에서 먹이를 주는 사람도 직원으로 한정했다. 한편, 과학자들은 샤크베이의 남방큰돌고래를 연구해 생태와 습성, 문화에 관한 많은 것을 밝혀냈다. 돌고래가 도구를 사용한다는 사실이 처음 밝혀진 곳도 여기다.

그래도 돌고래는 인간을 보러 온다. 돌고래에 따라 오는 날도 있고, 안 오는 날도 있다. 돌고래 '펙'은 자주 오긴 하지만, 생선은 잘 안 먹는다. 친구를 따라온 돌고래들은 해변에 가봤자 먹이를 먹지 못한다는 걸 알면서도 온다. 인간과 놀기 위해서다. 그게 이들의 문화가 되었다.

---

* 쇼크와 서프라이즈가 각각 2018년, 2019년에 죽었다. 펙도 2019년에 죽었는데, 그의 새끼 키야 Kiya가 먹이 주기 대상에 포함되었다. 키야는 어렸을 적부터 펙을 따라 몽키마이어에 왔다. 2024년 기준으로 먹이를 받아먹는 돌고래는 피콜로와 키야 등 다섯 마리다. Shark Bay world heritage (n.d.) Meet the Monkey Mia dolphins. [Online] https://www.sharkbay.org/place/monkey-mia/dolphins/

사람 만나러 온 샤크베이 돌고래
남방큰돌고래는 먹이를 받으러 오는 것이 아니라 사람을 만나러 온다. 이러한 행동은 문화로 수직 전승
되고 있다. 샤크베이는 세계 돌고래 연구의 선두 기지이기도 하다.

호주에서는 '생태적 이미지'의 야생 돌고래 관광이 이루어진다. 서부
대도시 퍼스에서 멀지 않은 쿰바나 만Koombana Bay에서도 먹이를 줘 큰돌
고래를 유인한다. 몽키마이어와 마찬가지로 주식을 대체할 만한 양의 생
선을 주지는 않지만, 공공기관이 관리하지 않고 대도시 주변이라 방문객
도 많아서 우려하는 시선도 있다. 호주 동부 브리즈번Brisbane 근처의 탕갈
루마리조트도 1992년부터 돌고래를 끌어들이는 데 성공해서 밤마다 리조
트 숙박객에게 교감의 시간을 제공한다. 골드코스트의 많은 관광지에서
는 '돌고래와 수영하기' 프로그램을 운영한다. 물론 돌고래 중 일부는 인
간을 만나는 데 흥미를 느끼고 이를 자신들의 문화로 채용한다. 하지만

이 같은 문화의 확산이 그들에게 이로울지, 해로울지는 분명치 않다.

그들은 '집단 자살' 했을까

고래의 죽음은 장관이었다. 거대한 고래가 해안에 누워 숨을 헐떡이는 장면은 일상적인 사건이 아니었다. 옛사람들은 고래를 괴물로 생각했다. 바다의 괴수가 현실로 강림한 사건이 '스트랜딩stranding'이다. 우리말로는 '좌초坐礁'라고 번역된다. 역설적으로 고래의 좌초는 상상 속의 고래가 현실의 고래로 현현하는 사건이었으며, 고래 그 자체로서의 고래가 아니라 '인간적인 고래'가 출발하는 지점이다. 인간은 좌초의 현장에서 고래를 비로소 과학적으로 인식하기 시작했다. 신화로서의 고래로부터 탈출해, 고래에 대한 생물학적 지식의 축적이 바로 좌초에서 시작됐다. 인간이 가장 잘 아는 고래는 자주 좌초하는 고래들이다. 매년 수천 마리의 고래가 산 채로, 혹은 죽은 채로 전 세계 해안에서 발견된다. 혼자 좌초하는 경우도 있고 떼로 좌초하는 경우도 있다.

과거 좌초한 고래는 지역 공동체의 큰 구경거리가 되거나 단백질을 보충하기 위한 고기 잔치의 재료가 됐다. 하지만 지금은 고래 좌초가 발견되면 지역 공동체가 똘똘 뭉쳐 고래를 다시 바다로 되돌려보낸다.

왜 고래는 스트랜딩을 할까? 고래는 '시시포스의 노동'을 하는 존재들이다. 물속에서 고래의 자유로움은 제한적이다. 고래가 가진 폐와 숨구멍 때문이다. 고래는 일정 시간마다 수면 위로 올라와 숨을 쉬어야 한다. 하지만 아예 육지에 올라와 있을 경우, 피부가 마르면서 죽어가기 시작한다.

그들의 삶의 터전은 물이기 때문이다.

스트랜딩은 이런 실존적 모순에서 한쪽을 버리고 나머지 한쪽을 택했을 때 발생한다. 고래가 스트랜딩을 하는 이유는 숨 쉬고 싶어서다. 죽음을 무릅쓰고 더 편하게 숨 쉬고 싶어서 그들은 육지로 올라온다. 수십, 수백 마리가 떼로 좌초한 고래는 자신을 도우려는 인간의 선의에도 불구하고 꼼짝하지 않으며, 설사 구조돼 바다로 돌아가더라도 다시 스트랜딩하는 경향을 보인다. 이들은 살아 있으며, 심지어 건강해 보인다. 이 때문에 고래의 집단 스트랜딩mass stranding은 '집단 자살'로 은유된다. 그들은 의도적으로 육지를 선택한 걸까?

1977년 미국 플로리다 주의 드라이 토투가스 제도Dry Tortugas Islands에 흑범고래 30마리가 좌초했다. 고래들은 수심이 얕은 바다에서 힘겹게 떠 있는, 절반은 좌초된 상태였다. 오른쪽 귀에서 피를 흘리며 죽어가는 덩치 큰 수컷 한 마리도 있었다. 구조대가 투입돼 고래들을 바다로 돌려보내려 했지만, 놀라서 뒷걸음칠 수밖에 없었다. 고래들이 병든 고래를 둘러싸고, 깊은 바다로 돌아가지 않으려고 버텼다. 다가오는 상어는 지느러미를 휘저으며 쫓아냈다. 구조대는 병든 고래에게서 고래들을 떼어내려고 했다. 그러자 고래들이 난동을 부렸고, 구조대가 작업을 포기하고 나서야 서로 몸을 맞대면서 안정을 되찾았다. 사흘 뒤 병든 고래가 죽자, 이 괴이한 집단 결속은 사라졌다.[68]

집단 스트랜딩을 하는 고래 종은 보통 정해져 있다. 들쇠고래와 향고래, 그리고 흑범고래다. 이들은 무슨 이유에서인지 해변을 떠나지 않고 동료와 함께 누워 죽음을 기다리는 것처럼 보인다. 반면 대형 고래인 수염고래는 개별적인 좌초만 발생할 뿐 집단 스트랜딩은 거의 없다. 원인은 무엇일까? 과학자들은 집단 스트랜딩이 일어나는 장소가 거의 정해져 있다는 점에 주목한다. 대부분 완만한 경사의 모래 해변이나 진흙 갯벌이다. 얕은 수심과 큰 조수 차 그리고 물길이 갑자기 좁아지는 병목 구간도 많이 발생하는 장소다. 고래는 먹잇감의 위치나 형태 등 가까운 거리의 물체를 파악할 때는 고주파를 쓰고, 먼 거리의 지형지물을 파악할 때는 저주파를 쓴다. 먹잇감을 쫓으며 고주파를 쓰다가 이런 지형에 접어들면 갑자기 위치를 파악하는 저주파를 놓쳐서 좌초한다는 가설이 있다.[69]

향고래, 들쇠고래, 흑범고래와 낫돌고래 등 고주파를 쓰는 이빨고래에게 집단 스트랜딩이 자주 나타난다면서 이들 무리의 개체수 조절 기제로 보는 시각도 있고, 위치를 파악하는 자기장 감지 능력이 고장 난 것이라는 시각도 있다. 하지만 충분한 후속 연구가 뒷받침되지 않고 있다.[70] 집단 스트랜딩의 원인은 분명치 않지만, 강력한 집단적 유대와 관련되어 있

들쇠고래의 집단 스트랜딩
들쇠고래에게는 집단 스트랜딩이 자주 발생한다. 2017년 뉴질랜드 해안가에 좌초된 들쇠고래들.

음은 분명해 보인다. 사회성이 높은 고래들이 고통스러워하는 동료를 두고 쉽게 떠나지 못해 상황이 더 악화되기도 한다. 1946년 아르헨티나 마르 델 플라타Mar del Plata에서는 흑범고래 1,200마리가 좌초했다. 사상 최악의 스트랜딩이었다.

통신망과 미디어의 발달로 우리가 그렇게 느낄 뿐이라는 시각도 있지만,[71] 집단 스트랜딩은 최근 들어 증가하는 것처럼 보인다. 2020년 9월 호주 태즈메이니아 서부 해안에서는 470마리의 들쇠고래가 좌초했다. 이 지역 최대이자, 최근 들어 발생한 최악의 스트랜딩이었다. 2022년에도 같은 장소에서 들쇠고래 230마리가 떼로 몰려와 거의 대부분 죽었다.[72]

죽음의 음파, 세기의 재판

2000년 3월의 어느 날, 카리브 해 연안의 섬나라 바하마. 평생 고래를 연구한 케네스 발콤Kenneth C. Balcomb은 그의 집 앞에서 과학자로서 '로또'를 발견했다. 민부리고래Cuvier's beaked whale가 집 앞 해안가로 떠밀려온 것이다. 발콤이 민부리고래를 발견했을 때, 고래는 몸통을 모랫바닥에 처박고 꼬리지느러미를 위아래로 팔딱이고 있었다. 흥분한 발콤은 아내에게 "고래가 죽었어!"라고 소리쳤다.

그런데 이상한 일이 벌어지기 시작했다. 그날 바하마 연안 여기저기서 고래 좌초가 보고된 것이다. 일부 지역에 국한된 것이 아니었다. 160킬로미터에 걸쳐 좌초한 고래가 흩어져 있었다. 사람에게 발견된 것만 민부리고래와 밍크고래 등 모두 17마리에 이르렀고 이 가운데 10마리가 죽었다.

발콤은 발생 지역이 너무 넓은 것을 보고 자연적인 스트랜딩이 아님을 직감했다. 그리고 젊은 시절 해저에서 구소련의 잠수함을 쫓아다니던 시절을 회상했다. 당시 그는 미국 해군 잠수함의 키잡이였다.

그는 잠수함의 소나가 발생시킨 음파 때문에 이 고래들이 자신의 서식지를 이탈해 흩어졌고, 결국 잠수함의 음파를 참지 못하고 육지에 좌초한 것이라는 생각에 이르렀다. 그의 가설은 사실에 가까웠다. 좌초가 벌어진 즈음인 2000년 3월 15일, 미국 해군은 바하마 제도 근처에서 LFA(Low Frequency Active Sonar, 저주파 탐지기)라고 불리는 저주파 소나 작전을 실시했다. 이 소나는 215~235데시벨에 이르는 강력한 음파를 발생시켰다. 235데시벨은 모터보트의 소음의 100억 배에 해당하는 압력을 가지고 있다. 케네스 발콤은 "해군의 음파가 고래가 쓰는 음파와 두개골 안에서 동조를 일으켰고, 뇌와 귀 조직 일부를 찢어놓았다. …… 바하마 제도의 집단 스트랜딩은 미국 잠수함 때문"이라고 주장했다.

고래의 집단 스트랜딩이 잠수함 때문이라는 발콤 박사의 논문은 미국 정부와 과학계를 발칵 뒤집어놓았다. 고래는 음파를 쏜 뒤 반송되는 파장을 분석해 해저 지형을 인식한다. 이를 두개골 안의 귀와 음파 기관에서 처리하는데, 잠수함에서 쏜 저주파나 중파 대역의 음파가 고래들이 헤엄치는 데 필요한 음파와 혼선을 일으켜 고래의 내비게이션 시스템을 고장나게 만들었다는 것이 발콤의 생각이었다.

애초 이를 부인하던 미국 정부는 결국 발콤의 주장을 인정했다. 미국 해양대기청NOAA과 해군이 이듬해 12월에 발표한 공동 보고서는 "고래 사체 부검 결과, 고래에서 강한 청각적 충격이나 외부 충격이 발견"됐으며 "이것이 고래의 좌초를 일으켜 죽음까지 이어진 것으로 보인다"고 밝했다.

    이 사건은 스트랜딩의 원인을 두고 벌어지던 논쟁에서 결정적으로 작용한다. 그 뒤 고래의 집단 스트랜딩과 해군의 잠수함 훈련과의 관련설이 환경단체와 과학자에 의해 더욱 강력하게 제기됐고 국제적인 환경 이슈로 부각되었다. 1995년 나토NATO의 잠수함 훈련이 실시된 그리스 연안에서 민부리고래가 집단 스트랜딩했다는 주장이 나왔고, 미국 캘리포니아 연안의 귀신고래가 소나 테스트 때 경로를 바꾸어 헤엄친다는 주장도 제기됐다. 2002년 9월 카나리아 제도에서 좌초한 고래들을 부검한 결과에서도, 질소가 폐 안에 가득차는 일종의 색전증이 발견되기도 했다. 색전증은 갑자기 빠른 속도로 수중에서 상하 이동할 경우 일어나는 '잠수병'인데, 이런 증상을 보인 고래 주변에서 약 4시간 동안 중대역 주파수를 사용한 잠수함 훈련이 진행됐다. 잠수함 소나 때문에 고래의 음파 기관이 교란됐고, 그 결과 고래들이 너무 빠르게 위로 올라오면서 스트랜딩으로 이어진 것으로 보였다.

    환경단체는 미국 해군에 LFA의 사용을 중단하라고 계속해서 요구하고 있다. 이 같은 요구를 주도하는 단체는 미국의 천연자원보전협회NRDC, Natural Resources Defense Council다. NRDC는 1990년대 중반부터 미국 해군 잠수함의 소나를 '죽음의 음파'라고 부르며, 이 문제를 선도적으로 제기해왔다. 이제 바하마 제도의 스트랜딩과 잠수함 소나와의 관련성에 대한 발콤 박사의 과학적인 조사와 잇따른 미국 정부의 인정으로 이 단체는 힘을 얻게 되었다.

    NRDC는 자연을 보전하는 미국의 법적 정의에 고래의 운명을 걸어보기로 했다. 그리고 다른 5개 단체와 함께 해군을 상대로 바다 생태계

보호를 위해 소나 사용에 대한 규정을 만들어야 한다며 소송을 제기했다. 고래를 죽음의 음파에서 구출하기 위한 '세기의 재판'이 시작되었다. 이들은 미국 해군의 잠수함 운용 방식이 야생동물인 고래를 위험에 빠뜨리고 있어 연방환경법NEPA, National Environmental Poclicy Act을 정면으로 위반하고 있다고 주장했다. 따라서 일정한 상황에서 소나의 출력을 낮추고, 해양포유류가 많은 캘리포니아 연안, 그리고 잠수함에서 2킬로미터 이내에서 해양포유류가 관측됐을 경우엔 소나의 사용을 금지해야 한다고 주장했다. 반면, 해군은 지난 40년 동안 소나를 안전하게 사용해왔고 고래에 악영향을 끼친다는 주장은 여전히 근거가 불충분하다고 맞섰다.

세기의 재판의 첫 승자는 고래였다. 2008년 초 캘리포니아 주 법원은 해군에게 소나 안전규정을 만들라고 결정했다. 미국 해군은 법원이 내세운 6개 완화 규정에서 4개는 받아들일 수 있지만, 2개는 받아들일 수 없다면서 연방 대법원에 상고했다. 미국 해군이 거부한 규정은 해양포유류가 출몰했을 때 소나를 꺼야 한다는 것, 그리고 특정 지역에서 소나의 출력을 낮춰야 한다는 것이었다. 한편 해군은 연방환경법 적용 대상에서 미국 해군의 잠수함을 제외하는 방안을 추진하기 시작했다.

2008년 12월, 연방 대법원은 기존의 결정을 뒤집는 판결을 내놓았다. 재판부는 캘리포니아 주 법원이 환경단체가 주장하는 고래의 중요성을 국가 안보에 비해 지나치게 과도하게 판단했다며, 6대 3으로 해군의 손을 들어줬다. 20년 넘게 여러 건의 소송을 벌인 끝에 2015년 3월 협의가 이뤄졌다. 연방 대법원은 해군 훈련이 캘리포니아 주와 하와이의 고래에 영향을 준다는 사실을 인정했다. 해군은 취약종이 사는 주요 서식지에서 훈련을 중단하기로 NRDC와 합의했다.[73]

인위적인 음파로 피해를 입는 고래는 주로 민부리고래 같은 부리고래류beaked whales다. 최근 연구에서는 수일 동안 수십 킬로미터 전역에서 발생하는 비정형적인 좌초의 경우, 잠수함의 저·중파 대역의 소나 영향 때문이라는 주장이 인정받는 분위기다.[74] 스페인이 2004년부터 중주파 탐지기MFAS, mid-frequency active sonar의 사용을 금지하면서, 카나리아 제도에서는 민부리고래 집단 스트랜딩이 사라지는 현상이 관찰되기도 했다.[75]

2018년 민부리고래 등 80마리가 아일랜드와 스코틀랜드 해안가에서 죽은 채 발견되는 등 여전히 잠수함은 '죽음의 음파'를 쏘는 것으로 의심된다.[76] 최근 들어 잠수함뿐만 아니라 지진파 시험으로도 스트랜딩이 발생한다는 사실이 밝혀지면서 논란은 계속되고 있다.

고래들
2

길 잃은 고래여, 우리가 도와줄게
혹등고래 '험프리'

일반명	혹등고래, 혹고래 Humpback whale
학명	*Megaptera novaeangliae* / 수염고래과 *Balaenopteridae*
개체수	13만 5,000마리(성체 8만 5,000마리)
적색목록	최소관심(LC)

혹등고래 한 마리가 미국 샌프란시스코의 금문교를 넘어 내해에 진입했다. 1985년 10월부터 한 달 동안 이어진 혹등고래 '험프리Humphrey'의 여행, 그리고 정부와 과학자, 시민들의 구조 활동은 고래를 인간의 동반자로 받아들인 상징적인 사건이었다.

험프리는 사람들의 우려에도 불구하고 새크라멘토 강 상류쪽으로 이동했다. 민물에서 고래는 사냥감이 없어 굶주리고 피부가 괴사한다. 미국 연안경비대와 국립해양대기국, 지자체 그리고 저명한 과학자들이 대책 본부를 차렸으나, 험프리의 발길을 돌리지는 못했다. 혹등고래의 천적인 범고래의 소리를 틀어 놀라게도 해보고, '오이코미'라 불리는 일본의 사냥법으로 강철을 두들겨 불편한 소리를 내보기도 했지만, 혹등고래를 바다쪽으로 유인할 수 없었다. 험프리는 바다에서 110킬로미터나 떨어진 리오 비스타 Rio Vista까지 이동했다.

고래 음향학자 루이스 허먼Louis Herman이 아이디어를 냈다. 알래스카 혹등고래 집단의 사회적 소리를 해군의 음향 증폭기에 실어 험프리에게 들려줬다. 그러자 험프리는 길 잃은 강아지가 사람을 쫓아가는 것처럼 소리가 나는 보트를 따라갔다. 방향을 잃고 다른 곳으로 빠지면, 소리를 내 다시 길을 잡게 했다.

11월 4일, 험프리는 거의 한 달 만에 금문교를 통과해 바다에 돌아갔다. 돌고래의 거울 자아인식 실험으로 유명한 다이애나 라이스Diana Reiss는 훗날 "험프리는 우리와 만났다. 몸으로 만났다. 눈을 마주쳤다. 이는 그에게 본능적인 반응을 일으켰고, 그와 우리는 실제로 연결되어 있었다"고 회상했다.[77]

혹등고래는 우리가 잘 아는 대형 고래의 모습 그대로다. 몸길이는 14~15미터, 몸무게는 25~30톤이다. 미국 뉴잉글랜드와 하와이, 호주 동부 등 세계 고래 관광에서 가장 환영받는 주인공이며, 관련 산업 성장의 원동력이었다. 수면 위로 뛰어오르기, 꼬리치기 그리고 버블 클라우드 사냥법은 경외감을 자아낸다.

수컷 혹등고래는 겨울철 번식기가 되면 복잡한 노래를 부른다. 암컷의 관심을 끌려고 하는 행동이라고 보는 시각 이외에도 위계를 세우는 행동, 협력 행동으로도 본다. 노래는 단위와 구절, 테마로 발전하는 인간 음악과 비슷한 구조를 보인다. 이 노래는 긴 시간 동안 바뀌고 다른 집단의 노래를 모방하기도 해, 문화의 수평적 전파의 전형적인 특성을 보여준다. 1977년 보이저 호에 실려 우주로 떠난 골든레코드에는 바흐의 음악, 55개 언어로 된 인사말, 인간의 뇌파, 그리고 혹등고래의 노래가 수록됐다. 과학적으로도 가장 많이 연구된 대형 고래로, 지난 40년 동안 수천 마리의 개체가 꼬리지느러미 모양 등으로 식별됐다.[78]

혹등고래는 장거리 여행자다. 봄부터 가을까지 중·고위도의 색이장에서 배불리 먹고, 겨울에는 아열대·열대 바다로 내려가 축적한 에너지를 소모하며 새끼를 낳아 기른다. 혹등고래는 단 하나의 종으로, 전 바다에서 15개의 개체군이 확인됐다. 색이장과 번식장에서 최대 20마리까지 소규모 무리를 이루며, 장기적인 사회 구성은 잘 알려지지 않았다.

친족을 중심으로 무리를 짓지는 않는 거 같다.

지난 세기 흑등고래는 남반구에서만 21만 5,000마리, 북태평양에서 2만 9,000마리가 사냥됐다. 1966년 흑등고래의 상업포경이 금지됐지만, 구소련은 4만 8,000마리 이상을 불법으로 잡은 것으로 확인됐다. 오랜 기간 멸종의 문턱에 있던 흑등고래의 개체수는 최근 들어 회복하는 추세다.[79] 현재 개체수는 새끼와 아성체를 포함해 13만 5,000마리로 추산된다.

리오 비스타에 세워진 기념비
1985년 10월 10일 ~ 1985년 11월 4일. 흑등고래 험프리, 그는 강한 고래였다. 험프리는 강에 무엇이 있는지 보려고 삼각주 안으로 헤엄쳐 들어갔다. 사람들은 멈춰 서서 험프리를 보았고 물고기들은 겁에 질렸다. 사람들의 노력으로 여행이 끝났을 때, 험프리는 전국적으로 유명해져 있었다.

3장

세드나의 후손들

얼음이 떠다니는 적막한 북극의 해안가에 아버지와 딸이 외롭게 살았다. 아름답고 매력적인 딸의 이름은 세드나Sedna. 주변 마을 청년들은 외딴 그녀의 집에 찾아가 환심을 사려고 노력했다. 그러나 세드나는 청혼을 모두 거절했다. 가슴 깊숙한 욕망을 채워줄 수 있는 무언가를 원했기 때문이다. 어느 날 바닷새가 세드나에게 다가와 말을 걸었다.

"네가 진정으로 원하는 곳으로 내가 데려다줄게. 그곳에 가면 불을 때는 기름이 마르지 않을 것이며, 너는 따뜻한 깃털로 만든 옷을 입고 기름진 고기로 배를 채울 수 있을 거야."

고래를 잉태한 이누이트 소녀

세드나는 바닷새를 따라 길고 긴 여행을 떠났다. 며칠의 여행 끝에 바닷새가 말한 낙원에 도착했지만, 세드나는 자신이 속았음을 깨달았다. 그녀는 구멍이 뚫려 바람이 솔솔 들어오는 생선가죽 옷을 입고 바다코끼리의 까칠한 가죽으로 만들어진 침대에서 자야 했다. 다른 바닷새들이 몰려와 남편 노릇을 했다. 세드나는 후회하고 또 후회했다.

"오, 제발! 내가 살던 얼음 해안가로 다시 데려가줘."

아버지는 오랫동안 딸을 찾아 헤맸다. 1년이 지나 도착한 아버지는 누추한 곳에서 고생하는 딸의 모습을 보고 격분했고, 주변에 있는 바닷새를 모두 때려눕혔다. 그리고 딸을 배에 태워 바닷새의 나라에서 황급히 탈출했다.

나중에 세드나를 데려온 바닷새가 돌아와서 보니, 다른 바닷새들은 죽어 있었고 세드나는 도망치고 없었다. 성난 바닷새는 폭풍과 비바람을 일으켰다. 거친 비바람 때문에 아버지와 딸이 탄 배는 도저히 앞으로 나아갈 수가 없었다. 궁여지책으로 아버지는 격분한 바닷새에게 딸을 바치기로 하고 그녀를 배 밖으로 던졌다. 하지만 세드나는 배를 붙잡고 필사적으로 버텼다. 아버지는 하는 수 없이 그녀의 첫 번째 손가락을 잘랐다. 손가락은 바다로 떠내려가며 고래가 되고, 손톱은 고래수염으로 바뀌었다. 세드나가 그래도 손을 놓지 않자, 아버지는 두 번째 손가락을 잘랐다. 바다로 휩쓸려간 손가락은 물범으로 바뀌었다. 손목을 자르니 이번엔 수달로 변했다. 그제서야 폭풍우가 잦아들기 시작했다. 세드나는 그때까지도 배의 난간에 가까스로 붙어 있었다. 아버지는 세드나를 다시 배 위로 끌어올려 고향으로 데려갔다.

하지만 세드나는 아버지가 자신을 죽이려던 모습에 상처를 입었다. 음모를 꾸민 세드나는 아버지가 잠든 사이 개를 데려왔다. 개는 아버지의 팔과 다리를 갉아먹기 시작했다. 깜짝 놀라 잠에서 깬 아버지는 이 모든 상황을 한스러워하며 자신과 딸, 그리고 개를 저주했다. 그러자 갑자기 땅이 열리면서 세드나와 개, 아버지를 모두 삼켜버렸다.

세드나 신화는 이누이트 부족에 따라 약간씩 다르게 전해진다.[80] 거대한 천둥새thunder bird가 세드나를 유혹하는 버전도 있고, 세드나가 집으로 돌아오지 못하고 바다에 떨어져 그대로 지하세계의 여신이 된 버전도 있다. 하지만 모든 이야기는 세드나의 손가락이 가지각색의 해양포유류로 변모하고, 세드나가 결국 죽은 자들이 사는 지하세계 아디번Adivun으로 내려가 그곳을 통치하는 것으로 귀결된다. 아디번은 이누이트 문화에서 지상과 또 다른 세계로 인식된다. 동부 시베리아의 이누이트는 얼음 땅에서 발견되는 매머드 사체가 아디번에서 튀어나온 쥐들이 추위에 얼어 죽은 것이라고 생각했다.

세드나는 이누이트 문화권에서 최고의 신 중 하나다. 북극의 고독이

세드나를 그린 현대미술
이누이트 경제활동의 근간을 이루는 고래와 물범 등 해양포유류는 여신 세드나의 지체다. 세드나는 이누이트 미술에 자주 등장한다.

만들어낸 젊은 여성의 기구한 운명은 여신 세드나를 공포의 대상이자 숭배의 대상으로 바꾸어놓았다. 세드나의 손가락이며, 춤을 추듯 바다를 헤엄치는 고래도 경외의 대상이 됐다. 고래를 본격적으로 사냥하기 시작한 900년 이후에도, 이누이트는 고래가 신으로부터 잉태된 존재라는 사실을 잊지 않았다. 전부터 세드나의 지체肢體 고래를 사냥하기 시작했지만, 그들이 경외감은 잃지 않았다.

요나의 고래는 향고래

이누이트 문화권에서 고래는 친숙한 존재다. 바다에 나가 고래를 보고 때로는 고래를 잡아 잔치를 벌였기 때문에 일상 속 깊숙이 들어와 있었다. 토테미즘과 애니미즘의 세계관 속에서 고래가 사냥감이자 영적인 존재라는 생각은 모순적이지 않았다. 하지만 유럽인들은 달랐다. 그들에게 고래는 꽤 오랫동안 미지의 존재였다. 고래는 괴물, 혹은 큰 물고기였으며 신과 연결된 영물靈物로 비치기도 했다. 구약성경 〈요나서〉에 나오는 요나와 고래 이야기를 보자.

선지자 요나는 죄에 빠진 도시 아시리아 제국의 수도 니네베에 가서 하나님의 경고를 전하라는 계시를 듣는다. 요나는 명령을 피해 큰 배를 타고 달아나지만, 배를 삼킬 듯한 폭풍우가 몰아친다. 비바람이 갈수록 거칠어지자, 요나는 하나님이 자기 때문에 노했으니 자신을 바다에 던지라고 말한다. 바다에 던져진 요나를 고래가 삼키고 요나는 사흘 밤낮 동안 고래 뱃속에서 기도한다.

"하나님께서 이 몸을 바닷속 깊이 던지셨습니다. …… 헛된 우상을 섬기는 자들은 하나님을 저버리지만, 저만은 이 고마움을 아뢰며 서원한 제물을 드리렵니다. 저를 구해주실 이 야훼 밖에 없습니다."

하나님은 요나의 회개를 받아들이고, 고래는 요나를 밖으로 토해낸다. 요나는 하나님의 명령을 받아들여 니네베에 가서 악에 빠진 도시를 구한다.

재미있는 수수께끼가 있다. 요나는 예루살렘 근처의 항구인 조파(Joppa, 지금의 이스라엘 텔아비브 근처)에서 폭풍우를 만나 바다에 던져졌고, 알렉산드레타(Alexandretta, 지금 시리아 북서부 도시 주변)에서 살아나왔다. 요나가 고래에 먹힌 지점과 고래가 다시 요나를 토해낸 지점이 너무 멀다. 폴 홉트Paul Haupt는 1907년 《요나의 고래Yonah's whale》라는 책에서 두 지점 간의 거리를 감안하면, 요나를 뱃속에 넣고 사흘 동안 두 지점을 완주할 수 있는 고래는 향고래밖에 없다고 주장했다. 시속 5~11킬로미터로 헤엄치는 향고래가 만약 최대 속력으로 하루에 9시간씩 헤엄쳤다면, 조파에서 알렉산드레타까지 갈 수 있다는 것이다.[81]

성경에서 요나를 삼킨 것은 '큰 물고기'로 표현된다. 그리스어에서 'cetus'로 표현되는데, 이는 당시 사용되었던 언어의 용례를 봤을 때 고래만을 지칭하지 않고 상어 같은 큰 물고기를 모두 포함한다. 하지만 신약성경 〈누가복음〉에서 예수는 "요나가 사흘 밤낮을 고래 뱃속에 있었던 것과 같이 나도 사흘 밤낮을 땅 속에 있을 것이다"라고 말해, 큰 물고기를 고래로 받아들이고 있음을 알 수 있다. 1526년 마틴 루터Martin Luther가 성경을 주해하면서 큰 물고기를 고래로 정의해 이 해석이 굳어진 것으로 보

인다.[82]

〈요나서〉에서 '갈대에 휘감기고', '땅은 빗장들을 영영 내려버렸다'는 요나의 언급은 고래 뱃속으로 들어가는 장면을 묘사한 것인데, 갈대는 고래의 수염을, 빗장은 고래의 입을 말하는 듯하다. 고래의 뱃속에 들어가는 것은 땅 밑으로 가는 것이며, 이는 곧 죽음을 의미한다. 예수는 사흘 밤낮을 땅속 죽음의 세계에 있다가 부활했다. 지금도 기독교인들은 '물고기'를 부활의 상징으로 여긴다. '고래 뱃속'의 모티브는 훗날《피노키오의 모험》같은 이야기에서 거듭남과 회심 등으로 형상화된다.

근대 포경이 본격화된 18~19세기 포경선원들은 외로움을 바다에서

〈요나, 고래뱃속에서 나오다〉
피터르 브뤼헐의 둘째 아들 얀 브뤼헐이 1598년 제작했다.

떠도는 풍문이나 이야기를 들으며 달랬다. 고래 뱃속에 갇혔다가 지혜롭게 빠져나온 작살잡이 불리 스프라그Bully Sprague의 이야기는 당시 포경 기록과 문화를 기록한《바다의 니므롯 혹은 미국 포경Nimrod of The Sea or The America Whaling》에 실려 있다. '요나와 고래'의 근대판 버전이라 할 수 있는데, 스프라그는 당시 포경선을 공격하기로 유명했던, 포악한 향고래 '티모르 톰Timor Tom'에게 작살을 던졌다가 잡아먹히고 만다. 스프라그는 으스대며 동료들에게 고래 뱃속에서 탈출한 이야기를 들려준다.

> 고래 위장 속에서 발광하는 해파리 한 마리를 집어들었어. 고래 내장의 생김새를 볼 수 있을 정도로 밝은 놈이었어. 그런데 고래 내장 벽에 크게 쓰인 글자가 보이는 거야. '요나 B.C. 1683'이라는 글귀였어. 내가 어디에 있는지 깨달았지. 나는 입담배를 꺼내 피려고 했어. 근데 그때 갑자기 티모르 톰이 한 번도 담배를 맛본 적이 없었을 거라는 생각이 스쳤어. 잭나이프를 꺼내 입담배를 잘게 잘랐어. 그리고는 입담배를 고래의 입쪽으로 쑤셔넣기 시작했어. …… 고래가 미친듯이 요동을 쳤어. 그러더니 갑자기 지진이 일어난 것처럼 고래 배가 크게 흔들리는 거야. 그리고 나는 잘게 잘려진 오징어 조각들과 함께 밖으로 내던져졌지. 그래서 지금 내가 이 자리에 있는 거야.[83]

네아르코스와 바다 괴물

서양 문화권에서 고래는 알 수 없는 땅속 죽음의 세계처럼, 공포의 대상이자 미지의 존재였다. 고래는 자신의 몸을 보여주지 않았다. 사람이 볼 수 있는 것은 물줄기처럼 솟아오르는 숨기둥뿐이었다. 숨기둥은 곧잘 연기로, 안개로 변모해 외로이 항해하는 배를 습격했다. 고래는 안개를 끌어들이는 괴물로 여겨졌다. 안개는 고래와 함께 왔다. 그것도 아주 잠시, 뿌연 입김을 뿌려놓고 뱃사람들 시야에서 사라질 뿐이었다.

숨기둥은 고래가 머리만 살짝 내밀어 강하고 짧게 숨을 쉴 때 나오는 작은 물방울들이다. 빛에 반사되어 마치 물을 뿜는 것처럼 보였고, 많은 고래들에 둘러싸여 있을 때는 안개처럼 느껴졌다. 이 안개가 뱃사람들을 덮치면 고약한 냄새를 품은 짠 점액질의 물기가 온몸을 적셨다. 어떤 사람들은 고래가 내뿜은 안개가 현기증과 기절, 종국에는 죽음을 불러온다고 믿었다. 작은 물방울 하나라도 몸에 닿으면 온몸에 발진이 난다는 말도 떠돌았다.

기원전 300년경, 알렉산드로스 대왕이 세계 원정을 다닐 때, 네아르코스Nearchus는 대왕이 총애하는 장군이었다. 그는 인도에서 유프라테스까지 항해하면서 대왕의 영토를 넓힌 용맹한 크레타인이었다. 하지만 뭇 뱃사람들처럼 네아르코스에게도 바다 괴물은 두려운 존재였다. 망망대해에서 숨기둥이 솟아오르면, 거대한 습기가 창공을 에워싸고 안개가 몰려와, 항해사는 아무것도 볼 수 없었다. 네아르코스가 이끄는 선단이 고난 끝에 페르시아 만에 들어섰을 때였다. 네아르코스와 병사들은 바다 저 멀리서 숨기둥이 솟아 회오리바람을 일으키는 것을 목격했다.

"바다 괴물이 나타났다!"

두려움에 빠진 병사들은 노를 팽개치고 도망쳤다. 네아르코스는 이 모든 원인이 바닷속에 사는 어떤 괴물 때문이라고 생각했다. 그는 병사들에게는 갑판에 올라가 트럼펫을 불고 북을 치고 소리를 지르라고 지시했다. 배는 숨기둥을 뿜는 괴물 가까이 다가가고 있었다. 네아르코스는 다시 트럼펫을 힘차게 불라고 명령했다. 선단船團은 진용을 갖추어 괴물에 대항하기 시작했다. 물리적인 충돌은 없었지만, 귀가 찢어질 듯 울리는 군악과 병사들의 구령소리를 통해 선단은 바다의 괴생물체와 전투를 벌

〈네아르코스의 잠수종〉
잠수종을 타고 바다에 내려간 알렉산드로스 대왕. 잠수종 위에 고래로 보이는 생물이 있다.

이는 듯했다.

그러자 갑자기 괴물이 바다 밑으로 뛰어들었다. 잠시 정적이 흐르더니 이내 사라져버렸다. 그러나 괴물은 다시 선수에서 솟아올라 숨기둥을 피어올렸다. 하지만 그게 다였다. 이후 괴물은 다시 나타나지 않았다. 괴물과의 전투는 네아르코스의 승리로 끝났다. 이후 그가 괴물과 맞선 이야기는 널리 알려졌고 그리스의 지리학자 스트라보Strabo의 《지리학Geographica》에도 기록됐다. 그때부터 사람들은 바다 괴물, 고래를 피하기 위해 트럼펫을 불었다. 사람들은 괴생명체에 대해 아는 바가 많지 않았다. 수심이 낮은 해안가 가까이에 올 수 없으며, 죽고 난 뒤에는 가죽과 내장이 문드러져 남은 뼈가 해안가에 떠밀려온다는 사실뿐.

네아르코스가 쫓아낸 괴물은 몸통이 40미터에 이른다고 전해진다. 의심없이 이 수치를 받아들인다면, 괴물은 고래 가운데 가장 큰 대왕고래나 참고래였을 것이다.

이 이야기는 헬레니즘 시대의 과학과 인문의 정신을 표상한다고 볼 수 있다. 사실 바다 괴물은 그다지 특별할 것 없는 동물에 지나지 않았음을, 네아르코스의 싱거운 승리를 통해 암시한다. 알렉산드로스 대왕과 함께 바다 밑으로 잠수종(다이빙벨)을 내려보내는 그림도 헬레니즘 시대의 과학 정신을 보여준다. 아리스토텔레스가 처음 묘사한 잠수종을, 그의 제자 알렉산드로스 대왕이 타고 바다를 탐험하는 장면이다. 고래처럼 보이는 생물 아래 잠수종이 있다.

괴물에서 동물로

과학의 발달로 '인간이 자연의 지배자'라는 인식이 생기면서 괴물과 동물 사이를 오가던 고래가 동물로 추락하고 만다. 그리스 로마 시대 사람들이 고래를 다루는 방식을 보면, 신화의 시대에서 과학의 시대로 이행한 모습을 볼 수 있다. 셉티무스 세베루스Septimius Severus 황제 재위 시절(서기 193~211), 고래 한 마리가 테베레 섬Tiber 해안에 좌초했다. 황제의 명령에 따라, 고래 뼈를 이용해 실제 크기로 모델이 제작돼 로마의 원형극장에서 전시됐다.[84] 곰 50마리를 고래의 입속으로 몰아넣는 동물쇼가 진행되기도 했다.

이제 고래는 물안개를 피우는 괴물에서 인간이 대처 가능한 동물이 되었다. 물론 좀처럼 구경하기 힘든 거대한 육체는 고래에게 권능과 신비를 부여했다. 어떤 고래는 신화가 되었다. 적어도 현재까지의 기록에 따르면, '포르피리오스Porphyrios'는 인간이 이름을 처음 붙여준 고래다. '뉴질랜드 잭'과 '티모르 톰' 그리고 영국의 '테이'에 이르기까지, 포르피리오스는 이름을 날린 고래들의 조상이다.

때는 6세기였다. 유스티니아누스 1세(Justinian I, 재위 527~565)가 지중해와 흑해를 돌아다니며 정복 전쟁을 벌이던 시절, 포르피리오스는 동로마 제국의 심장부인 콘스탄티노플과 주변 마을을 50년 동안이나 괴롭혔다. 이 고래는 아시아와 유럽을 연결하는 내해 마르마라 해sea of Marmara 여기저기에서 출몰하며 고깃배를 뒤엎곤 했다. 유스티니아누스 1세는 이 고약한 고래를 잡으려고 별의별 방법을 다 동원했지만, 그때마다 포르피리오스는 유유히 빠져나갔다.

크노소스 궁전의 돌고래 프레스코화
그리스 로마 시대에 대형 고래와 달리 돌고래는 긍정적인 의미를 내포했다. 기원전 2000년 전 세워진 그리스 크레타
섬의 크노소스 궁전에는 율동감 있는 돌고래 프레스코 벽화(일부 복원)가 전해진다.

하루는 포르피리오스가 지금의 흑해 입구에서 돌고래 떼를 쫓고 있었다. 돌고래 떼는 포르피리오스를 피해 해안가로 방향을 잡았는데, 사냥감에 집착한 나머지 포르피리오스는 해안가 너무 가까이 갔다가 갯벌에 좌초하고 말았다. 거대한 몸을 꿈틀거렸지만 검은 진흙탕에 깊이 빠질 뿐이었다. 악명 높은 고래가 종이호랑이가 됐다는 이야기를 전해 듣고 사람들이 해안가로 몰려들었다. 사람들은 갯벌에 파묻혀 옴짝달싹 못하는 포르피리오스를 육지로 끌어올려 죽였다. 몸길이는 15미터, 너비는 5미터였다고 한다.

포르피리오스에 관한 기록은 유스티니아누스 1세와 함께 정복전쟁에 나섰던 장군 플라비우스 벨리사리우스Flavius Belisarius를 수행한 비잔틴의 역사학자 프로코피우스Procopius가 쓴 《전사戰史》에 남아 있다. 프로코피우스는 포르피리오스를 '케토스ketos'라고 불렀다. 케토스는 '바다의 괴물', 즉 고래를 뜻하는 라틴어 '케투스cetus'의 어원이 된다.

포르피리오스에 대해 《모비딕》의 작가 허먼 멜빌이 한 마디 하지 않았을 리 없다. 그는 이 작품에서 뉴질랜드 잭과 티모르 톰 등 유명한 고래를 언급하며, 포르피리오스는 향고래가 틀림없다고 주장했다. 향고래를 숭상하는 그의 '향고래 우선주의'를 감안하면 이해 못할 바는 아니지만, 포르피리오스가 어떤 고래였는지를 정확히 알 수는 없다. 그저 대형 고래 중 하나였으리라 추정할 뿐이다. 돌고래를 쫓아다녔다는 사실을 상기하면, 돌고래를 공격하는 성향을 보이는 범고래일 가능성도 있다.

고래 등에 선 성 브렌단

484년 아일랜드 출신의 수도사 성 브렌단Saint Brendan of Clonfert은 '약속의 땅' 혹은 '에덴동산'을 찾기 위해 젊은 수도사 7명을 이끌고 여행을 떠났다. 성 브렌단 일행은 '코라클coracle'이라고 불리는 버드나무 껍질과 소가죽으로 만든 전통 배를 타고 북대서양으로 망망한 항해에 올랐다. 그런데 코라클은 아일랜드 호수에서나 탈 만한 부실한 배였다. 부활절 아침, 성 브렌단 일행은 미사를 드리기 위해 '매스mass'라고 불리는 버려진 섬에 상륙했다. 이들은 제단을 쌓고 기도를 드렸다. 그리고 아침식사를 준비하려고 불을 지피자 갑자기 섬이 요동치기 시작했다. 놀란 성 브렌단과 수도사들은 섬에서 탈출하기 위해 코라클에 뛰어오른 찰나, 섬이 부스럭거리며 바다로 헤엄쳐갔다.

그건 섬이 아니었다. 수도사들은 섬이 일으킨 파도로 출렁거리는 코라클 안에서, 자신들이 상륙했던 건 섬이 아니라 고래라는 사실을 깨달았다. 고래는 수평선으로 가물가물 사라졌다. 고래 위로는 그들이 땐 장작의 연기가 피어올랐다.

고래에게서 도망친 성 브렌단 일행은 또 다른 섬에 도착했다. 거기에는 말하는 새가 살고 있었다. 성 브렌단이 그날 겪은 일을 이야기하자, 새는 그들에게 다시 그 섬으로 돌아가라고 했다. 고래는 멀리 있지 않았다. 친절하게도 고래는 성 브렌단 일행에게 자신의 등을 다시 내어주었다. 일행은 고래 등에서 미사를 드리고 아침식사를 마쳤다.

고래의 이름은 '재스코니어스Jasconius'였다. 억겁의 시간 동안 바위를 굴리는 시지포스처럼, 자기 꼬리를 물기 위해 '평생을 제자리를 맴도는 형벌을 받은 존재'였다.

　에덴동산을 찾아 떠난 이들의 모험담은 중세시대 가장 인기 있는 이 야기 중 하나였다.[85] 성 브렌단 일행이 맨 처음 아메리카 대륙에 도착한 서 구인이라는 주장도 있지만, 아이슬란드나 스코틀랜드 서해안을 탐험했 을 뿐이라는 해석도 있다. 아무튼 성 브렌단은 훗날 대서양을 건넌 청교 도들의 '믿음의 조상'으로 여겨졌다. 특히 18~19세기 미국 포경업을 주름 잡던 뉴잉글랜드 낸터킷 섬의 선원들은 대부분 독실한 청교도였는데, 역 경을 딛고 미지의 세계를 탐험하는 성 브렌단의 이야기는 이들에게 희망

〈성 브렌단의 항해〉
성 브렌단 일행이 부활절 미사를 올린 섬은 고래 '재스코니어스' 등이었다.

과 용기를 주었다.

6세기경 페르시아 지방에 전해져 내려오는 이야기를 정리한 《아라비안나이트》의 신드바드도 성 브렌단과 비슷한 일을 겪었다. 동인도로 항해하던 중 바람이 멎더니 푸른 섬이 보인다. 신드바드와 선원들은 섬에 내려가 식사를 준비하려고 불을 피웠는데, 갑작스레 섬이 요동쳤다. 섬은 잠자던 고래였던 것이다. 신드바드는 바다에 뜬 장작에 매달려 겨우 목숨을 건진다.

고래를 섬으로 착각했다는 이야기는 동서양 모두에서 쉽게 찾아볼 수 있다. 고래의 거대한 크기가 강조되고 신비로운 괴물 이미지가 투영된 결과다.

스트랜딩과 과학의 발전

1596년 북극해의 스피츠베르겐 섬을 발견한 네덜란드의 빌럼 바렌츠Willem Barrents가 고래의 서식 사실을 보고하고, 영국의 머스코비 상사 Muscovy Company 등이 수백 척의 포경선을 파견하면서 본격적인 상업포경이 시작됐다. 하지만 이때까지만 해도 보통의 유럽인들의 고래에 대한 인식은 그리스 로마 시대의 그것과 크게 다르지 않았다. 고래는 여전히 신비로운 동물이었으며, 민간 구전에서는 괴물로 인식됐다. 사람들이 고래를 볼 수 있는 기회가 거의 없었기 때문이다. 유일한 기회는 고래가 해안가에 좌초(스트랜딩)했을 때뿐이었다.

16~17세기 네덜란드의 화가들은 네덜란드 북부 해안에 좌초된 고래

〈큰 물고기는 작은 물고기를 먹는다〉
해변에 좌초된 물고기(혹은 부정확하게 그린 고래)의 입에서 크고작은 물고기들이 쏟아져 나온다. 약육강식의 세계를 보여준다. 피터르 브뤼헐의 1557년 판화.

〈좌초한 고래〉
네덜란드 해변에 좌초한 향고래를 둘러싼 사람들의 다양한 행동이 숨은 그림 찾기처럼 느껴진다. 야콥 마탐의 1598년 판화.

들을 즐겨 그렸다. 여러 사료들을 종합해보면, 1531년에서 1600년대 말까지 적어도 40번 이상의 스트랜딩이 네덜란드 해안에서 발생한 것으로 추정된다.

스트랜딩은 지역 사회의 흥미진진한 사건이었다. 빌럼 바렌츠가 북극해에서 고래 떼를 발견하고 고래가 '상업적 대상'이 될 수 있음을 어렴풋하게나마 깨달았을 때, 한편에선 바다에서 올라온 '괴생물체'를 구경하기에 급급했다.

1598년 네덜란드 베르크헤이Berkhey에 좌초한 향고래를 핸드리크 골트지우스Hendrick Goltzius, 그리고 야콥 마탐Jacob Matham이 판화로 찍어 보급했다. 고래 구경하러 온 사람들이 해안을 메운 가운데 고래의 체장을 측정하고 고래기름을 받아가는 등 제각각 목적에 따라 행동하는 사람들을 풍속화처럼 보여준다. 지금도 '바다의 로또'라고 불리지만, 그때도 고래는 하늘이 준 선물이었다. 등잔을 밝힐 수 있는 고래기름과 고급 식재료였던 고래고기뿐만 아니라 뼈까지 깎아서 도구로 사용했다. 이누이트 사회와 마찬가지로 16~17세기 유럽 사회에서도 고래가 운 좋게 자기 마을에 좌초하면 마을 사람들은 한동안 풍족하게 지냈다.

마탐의 작품은 과거와 달리 고래의 신체를 비교적 정확하게 묘사하고 있다. 마탐보다 약 40여 년 전 활동했던 플랑드르의 화가 피터르 브뤼헐Pieter Bruegel the Elder이 그린 〈큰 물고기는 작은 물고기를 먹는다〉와 비교해보면, 마탐의 사실적 묘사가 한층 두드러진다. 눈의 위치나 너무 큰 귀 등 향고래와 다른 점도 발견되지만, 이러한 결함에도 불구하고 역사적으로 매우 중요한 그림으로 평가받는다. 이 작품에서 쓰인 화법은 전형적인 고래 스트랜딩 풍경이 되어, 이후 200여 년 동안 많은 고래 그림의 전범이 되었다.

1602년 얀 산레담Jan Saenredam이 베베르비크Beverwick 근처에서 일어난 사건을 묘사한 판화를 보면, 당시의 스트랜딩 풍경을 더 구체적으로 볼 수 있다. 전국에서 고래를 보기 위해 사람들이 몰려오는 가운데 대검으로 고래의 숨구멍을 찌르는 사람, 손수건으로 코를 막고 지켜보는 사람, 이 장면을 그림으로 담는 사람이 있다. 적어도 네덜란드에서만큼은 스트랜딩이 파도를 타고 온 '일확천금'에 그치지 않았다. 스트랜딩은 화가에게 사실적 묘사의 기회를 주었으며, 과학자에게 해부의 기회를 줬고, 시민들에게는 구경거리를 줬다. '바다의 괴물'로 얘기되던 고래가 사실은 괴물이 아니라 한낱 동물에 지나지 않음을 모두가 과학적으로 인식하고 모두가 참여하는 '르네상스적 대사건'이었던 셈이다.

한편 과학의 이면에는 격변하는 시대에 대한 불안이 내재되어 있었다. 그림은 표면적으로 고래를 둘러싼 민속적인 행위를 여러 가닥의 이야기로 매듭을 엮었지만, 무엇보다도 이 그림이 고래 그림의 대표적인 사례로 소개되는 이유는 그림의 윗부분 비네트에 담긴 전형적이고 부정적인 알레고리 때문이다. 화살을 쏘는 죽음의 천사, 월식과 일식의 공동 출현, 모래시계 등은 모두 불운과 재앙의 알레고리로 쓰이는 것들이다.

고래 스트랜딩이 그려진 16~17세기는 격동의 시기였다. 종교개혁과 전쟁이 이어졌고, 아메리카와 아시아, 북극으로 탐험대가 출발했고, 기존의 질서가 붕괴되고 무역과 상업이 발전했다. 스트랜딩 작품 속에 전쟁으로 인한 고통, 미지의 세계에 대한 불안, 새로운 시대에 대한 호기심을 반영한 것이다.

〈위즈칸지에 좌초한 고래〉

얀 산레담의 1602년 판화.

1. 고래 앞에 깃털모자 쓴 사람은 에른스트 카시미르Ernst Casimir 백작으로 '8년 전쟁'의 영웅이었다. 스페인으로부터 독립을 쟁취하기 위해 싸운 네덜란드 장군은 하지만 나약한 귀족 부인처럼 손수건으로 코를 막고 있다. 고래가 좌초한 뒤 시간이 지나면 썩은내가 진동한다.

2. 얀 산레담으로 보이는 화가가 그림을 그리고 있다. 그림 한 쪽에 고래가 좌초된 해 '1602'가 적혀 있는 것도 눈에 띈다. 스트랜딩에서는 화가와 과학자, 관료 그리고 구경꾼들이 몰려들어 저마다 무언가를 했다.

3. 모래시계는 대재앙이 터지기 전까지 얼마 남지 않았다는 상징이다. 암스테르담의 휘장을 건 천사는 죽음의 천사가 겨누는 화살을 피하고 있다. 하늘에서는 월식과 일식이 나타났다.

이민을 갔나?

귀신고래

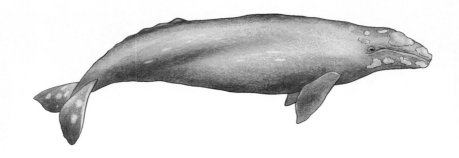

일반명	귀신고래, 쇠고래 Gray whale, Devil Fish
학명	*Eschrichtius robustus* / 귀신고래과 *Eschrichtiidae*
개체수	21,000마리(동부 개체군), 250마리(서부 개체군)
적색목록	최소관심(LC, 동부 개체군), 위급(CR, 서부 개체군)

영국의 고래잡이들은 귀신고래를 '악마의 물고기'라고 불렀다. 포경 보트를 뒤엎는 사나운 존재로 여겼기 때문이다. 하지만 귀신고래야말로 인간에게 괴롭힘을 가장 많이 당한 고래 중 하나다.

북대서양에 존재하던 귀신고래는 17~18세기에 멸종했다. 일부 학자들은 북대서양귀신고래를 인간이 멸종시킨 최초의 고래로 보기도 한다. 문헌에만 존재하는 북대서양귀신고래는 지금까지 우리가 만났던 고래 가운데 가장 신비로운 존재다. 아이슬란드에서는 길이 20여 미터에 이르는 이 거대한 고래를 '샌들라이야Sandlægja'라고 불렀다. 15세기 아이슬란드에 방문한 덴마크의 해부학자 토머스 바르톨린Thomas Bartholin은 이렇게 전한다.[86]

"이 고래는 모래에 조용히 누워 있는

걸 좋아한다. 모래를 던지며 광포하게 굴기 때문에 누구든 가까이 갈 수 없다."

고래가 모래 위에 누웠다는 것은 좌초, 곧 죽음을 의미한다. 그렇다면 샌들라이야는 정말로 고래였을까? 바다사자나 물범을 고래로 착각했을 수도 있다. 2023년과 2024년 미국 플로리다와 뉴잉글랜드 연안에서 귀신고래가 발견되어 일부 언론은 북대서양귀신고래의 현존을 언급하기도 했으나, 과학자들은 베링해에 있던 개체가 북서항로를 통해 대서양에 진입했을 가능성에 무게를 두고 있다.[87]

현존하는 귀신고래는 한 종이다. 북태평양 동부 개체군Eastern North Pacific Population과 북태평양 서부 개체군Western North Pacific Population으로 나뉜다.[88] 두 개체군은 북태평양을 중심으로 각각 동서 대륙 연안을 따라 남북으로 회유한다.

동부 개체군은 5월 말부터 10월 말까지 베링 해 남쪽 러시아와 알래스카 연안에서 먹이 활동을 하며 여름을 난 뒤에는 멕시코 바하칼리포르니아의 따뜻한 바다로 내려가 이듬해 5월까지 새끼를 낳고 기른다. 반면 서부 개체군은 6월부터 11월까지 오호츠크 해 연안과 사할린 섬, 캄차카 반도 동해안에서 여름을 보낸 뒤 남하하여 일본과 남중국해에서 겨울을 난다.

두 개체군 모두 시속 약 7킬로미터밖에 되지 않는 느린 유영 속도와 연안을 따르는 회유 경로 때문에 일찍이 고래잡이들의 주요 타깃이 되었다.

동부 개체군에 대한 상업포경은 1846년 시작됐다. DNA분석상 포경 전에는 최대 9만 6,000마리가 살았던 것으로 추정된다. 1939년 수천 마리 수준까지 감소했다가 최근에는 2만 1,000마리까지 회복되었다. 1994년 미국의 멸종위기종 목록에서도 삭제됐다. 동부 개체군의 귀신고래가 회복된 이유는 빠른 보호조처 때문이었다. 1986년 국제포경위원회의 상업포경 모라토리엄으로 포획 중단된 대부분의 종과 달리 귀신고래는 1946년 국제포경규제협약에 따라 러시아 원주민의 소규모 사냥을 제외하고 완전한 보호를 받았다.

'한국계 귀신고래'라고도 불리는 서부 개체군은 19세기부터 20세기 초반까지 한국의 동해, 오호츠크 해 등에서 일본의 대규모 포경으로 개체수가 250마리 미만으로 떨어졌다. 사할린 섬과 캄차카 반도 등 색이장에서 나타난 고래들을 과학자들이 연구하고 있지만, 번식장으로 내려가는 길목에서 만나기는 매우 힘들다. 한국 동해에서도 1966년 5마리가 잡힌 이후 더는 발견되지 않았다.[89] 일본 동해와 동중국해에서도 매우 드물게 관찰된다.

2011년 사할린 섬에서 발견됐던 서부 개체군의 귀신고래 세 마리가 멕시코 바하칼리포르니아에서 발견돼 학계는 물론, 미디어의 주목을 받기도 했다.[90] 고래가 이민을 간 것일까? 혼혈 집단의 존재, 두 개체군 사이의 문화 전파 등 흥미진진한 추측이 이어졌다. 유전자 분석과 사진 식별 등 연구 결과가 꾸준히 쌓이면서, 사할린 섬과 캄차카 동부 해역이 서부 개체군이 배타적으로 쓰는 색이장이 아니라 동부 개체군도 함께 이용한다는 쪽으로 결론이 모아지고 있다.

궁금한 점은 이 공동의 바다에서 두 개체군이 얼마나 유전적·문화적으로 교류를 할 것이냐 하는 점이다. 여태 과학자들이 명쾌한 답을 찾지 못한 이유는 겨울철 일본과 중국 등의 번식장에서 귀신고래 관찰이 매우 어렵기 때문이다.[91]

멕시코 해안의 귀신고래
귀신고래 동부 개체군은 멕시코 바하칼리포르니아에서 여름을 난다.

2부

작살을 피해서, 살아남기 위해서

인간의 탐욕과 고래(上)

나는 잠시 포경항구 근처에 살았다.

1720년대의 가을에 이 항구는 억센 선원들의 욕설, 북극의 차가운 바람, 썩은 고래의 비릿한 냄새로 가득 찼다. 영국 런던 도심을 가로지르는 템스강 동쪽의 이 항구의 이름은 그린란드 도크Greenland Dock였다. 그린란드로 가는 포경선이 정박하고, 그린란드에서 잡아온 고래기름을 정제했다. 런던에서 가장 오래된 항구이자, 300년 전에는 가장 흥성거렸던 포경항이었다.

세월은 흘렀다. 지금 그린란드 도크는 강 건너편의 런던에서 제일 가는 마천루를 배경으로 정방형의 수원지 같은 모습을 띠고 있다. 사각형의 변을 따라 달리기를 하던 나는 '모비딕'이라는 펍 앞에 멈춰 과거를 상상하곤 했다. 근처 도크랜드 박물관에 전시된 고래 뼈만이 과거를 유일하게 증언했다.

2부는 지구가 최초로 연결된 시대에서 출발한다. 연결고리 중 하나가 고래였다. 어떤 이는 이 시대를 현대 이전에 출현한 '지구화 1.0 시대'로 부르고, 어떤 이는 홀로세가 끝나고 시작한 새로운 지질시대인 '인류세'의 출발점으로 보기도 한다. 이 시대의 중심에 고래가 있었다. 고래를 통해 지구는 갈수록 촘촘히 연결되어 20세기 중반에 이르렀고, 그 시작과 끝에는 인간의 불타는 탐욕과 이에 저항하는 사람들 그리고 왜소한 고래가 있었다. 이 시대 고래는 '바다의 괴수'에서 '경제적 자원'으로 전락해 유린당했다.

4장은 스페인 바스크족과 일본의 상업 포경을 다룬다. 바스크족은 고래가 벼락부자의 지름길이라는 걸 깨달은 최초의 사람들이었다. 이들은 앞바다에 지나다니는 고래를 잡는 데 만족하지 않고, 북미 대륙과 북극으로 사냥터를 넓혀갔다. 자급자족과 지역적 규모의 생산물이었던 고래가 교환가치를 지닌 글로벌 상품으로 거듭나는 순간이었다. 비슷한 시기 출현한 일본의 상업포경도 세계적 맥

락에서 읽어야 할 것이다.

그 뒤, 포경은 유럽 사회의 핵심 비즈니스가 되었다. 한 지역의 고래를 절멸시키면, 다른 지역으로 옮겨갔다. 한 종이 절멸에 가까워지면, 다른 종에 과녁을 겨누었다. 탐험이고 개척이었지만 한편으로 살상이고 착취였다. 지구의 후미진 곳이 노출됐고 식민지가 개척됐으며 글로벌 경제가 확산했다. 북극에서 영국과 네덜란드가 경쟁했고, 낸터킷 섬사람들은 향고래를 잡는 혁신으로 미국 포경 시대를 일구었다. 5장과 6장에서 무르익는 포경 시대를 다룬다.

은폐된 포경 스토리도 있다. 어떤 학자들은 양차 세계대전 이후 1945년에 시작된 '대가속기The Great Acceleration'를 인류세의 출발점으로 본다. 대가속기는 온실가스 농도의 급증, 플라스틱의 대량 생산, 공장식 축산의 출현 등 지구에 남긴 인간의 지문이 폭증하는 시대다. 고래의 경우 과거와 비교할 수 없을 정도로 많은 개체수가 현대화된 선박과 작살, 항공기를 동원한 입체 작전으로 죽어나갔다. 고래 생태계는 '모비딕의 시대'가 아니라 '공장식 포경 시대'에 파탄 났음을 최근 들어 학자들이 확인하고 있다. 포경 산업이 행성적 비즈니스로 진화한 과정을 7장에서 다룬다.

한국 포경의 역사 또한 빼놓을 수 없다. 반구대암각화의 고래를 그린 부족의 수수께끼부터 출발해 고려와 조선의 역사서에 나온 고래의 기록을 살펴보았다. 17세기 조선에 머물렀던 네덜란드의 하멜 일행이 네덜란드제 작살이 꽂힌 고래를 보았다는 증언은 진즉에 이 세계가 고래를 고리로 연결되었음을 보여준다. 20세기 이후 여러 사건에서 한국인의 국가주의적 멘탈리티가 어떻게 포경 옹호론과 고래 보전론에 작용하는지 살펴보는 것은 한국의 특수성을 이해하는 열쇠가 된다.

脊美鯨頭

通矢

脊美鯨

鈎手扳

고래야, 네가 원하는 걸 주었다

고래가 바다 위로 솟구친다. 뭉툭한 몸통과 갈라진 꼬리지느러미를 볼 때, 고래가 분명하다. 긴 배가 고래에 위태롭게 매달려 있다. 고래는 작살에 꽂힌 듯하고, 배에 탄 사람들은 노를 젓고 있다. 울산 반구대암각화의 한 장면이다. 이 그림은 '의도적으로' 고래를 잡는 장면을 놀랄 만큼 사실적으로 포착하고 있다.

구석기 시대에는 목적 의식적인 포경이라고 할 만한 게 없었다. 고래를 직접 사냥할 만한 변변한 무기도 없었다. 고래의 두꺼운 살갗을 뚫을 만큼 예리한 작살도 제작하지 못했다. 특히 보트 같은 작은 배를 발명하기 전까지 고래 사냥은 시작되지 않았을 것이다. 해안가에서 놀던 고래가 썰물을 놓치고 갯벌에 좌초했을 때, 구석기인들은 고래에 다가가 거대한 괴물의 상륙을 신께 감사드리고 잔치를 벌였다.

본격적인 포경은 신석기 시대에 시작된 것으로 추정된다. 하지만 이 때까지도 포경은 해안가 근처에서 길 잃은 대형 고래나 돌고래를 육지 쪽으로 모는 것 외에는 별다른 방법이 없었던 것으로 보인다.

초기 포경의 모습은 신석기 유물로 짐작할 수 있다. 우리나라 반구대암각화의 제작 시기는 약 7,000~5,000년 전 신석기 시대로 거슬러 올라간다. 이것 말고도 노르웨이 북부 해안의 알타Alta 암각화, 러시아 카렐리야공화국의 백해 해안 벨로모르스키Belomorsky 암각화에도 고래가 새겨져 있다. 각각 반구대 암각화보다 조금 늦은 6,000~5,000년 전에 제작된 것으로 보이는데, 자연물인 바위에 그림을 새기는 암각화의 특성상 방사성탄소연대 측정이 불가해 제작 시기를 정확히 알아내기는 쉽지 않다.[92]

　　포경이 대대로 전승된 보편적 전통문화였는지, 아닌지는 예전부터 논쟁이 있어 왔다. 이는 현재 포경 재개 논쟁의 전선에 영향을 미치기 때문이다. 이를테면, 우리나라에서 근대 포경이 시작된 일제강점기 이전에도 포경이 이뤄졌는지 여부에 따라 포경 찬성론의 입지는 강화될 수도, 약화될 수도 있다.

포경 벨트, 북극 문화권

　　포경문화는 범세계적이었을까? 대답하기 쉽지 않다. 하지만 적어도 이렇게 답할 수는 있다. 스트랜딩은 보편적이었으되, 포경은 보편적이지 않았다. 동서양의 모든 문화에서 해안가에서 죽은 고래를 귀하게 여기고 고기를 먹거나 뼈를 사용한 흔적은 어렵지 않게 찾아볼 수 있다. 하지만 의도적으로 고래에 다가가 작살을 꽂고 죽은 고래의 고기와 부산물을 이용하는 행위가 세계 보편적이었던 때는 상업포경이 융성했던 18세기에서 20세기까지로 300여 년에 불과하다.

　　포경문화는 지역적이고 특수했다. 지역적으로는 북극해를 중심으로 유라시아, 아메리카 대륙의 북극권을 따라 원형의 띠를 이룬다. 뒤이어 알래스카에서 뻗어나온 알류샨 열도와 추코트카 반도 등 극동 러시아로 이어진다. 여기에 인도네시아와 유럽의 일부 지역 등에 포경문화가 산발적으로 존재한다.

북극해를 중심으로 원형의 띠를 이뤄 사는 사람들, 즉 이누이트*는 예로부터 가장 적극적으로 고래를 생활과 문화의 중심에 두었다. 사냥을 통해 얻은 고래의 부산물로 일 년을 나면서 포경 경제를 이루었다. 지금도 알래스카 에스키모와 캐나다 북극권과 그린란드의 이누이트는 경제의 일부분으로 포경이 존재한다.

북극에 어떻게 사람이 살게 됐을까? 고고학적 자료를 보면, 최초의 북극 거주민은 유라시아에서 시작해 베링 해를 거쳐 캐나다 북극권을 돌아 그린란드를 향해 동쪽으로 이동했다. 고래가 다른 지역보다 북극에 많기 때문에 해안가에 좌초된 고래도 많았을 것이다. 이들은 고래 사체에서 뼈를 가져와 집의 기둥을 세우고 식기를 제작했지만, 바다에 나가 의도적으로 고래를 잡았다는 고고학적 증거는 없다는 게 일반적인 견해다. 반면, 4,000년 전의 그린란드 사콰크Saqqaq의 유적지에서 기존의 사냥감으로 여겨졌던 물범 외에도 북극고래의 DNA가 다량 발견됐다. 연구자들은 당대인들이 비교적 단순한 배와 작살로도 대형 고래를 사냥했을 수 있었을 것이라며, 미성숙한 기술과 도구로는 대형 고래를 사냥할 수 없다는 전통적 견해를 재검토해야 한다고 주장했다.[93]

북극 원주민의 역사는 기원전 2,500년부터 알래스카 반도와 베링 해

---

* 미국 알래스카 원주민은 스스로를 '에스키모'로 부른다. 하지만 '날고기를 먹는 사람'이라는 뜻의 이 말이 적당치 않다 하여, 캐나다와 그린란드의 원주민들은 스스로를 '인간'이라는 뜻의 '이누이트'로 칭한다. 이 책에서는 이누이트를 사용하되, 미국 원주민을 특정할 경우에만 에스키모로 썼다.

동쪽에서 광범위하게 발달한 문화 집단인 '북극 소도구 문명ASTt, Arctic Small Tool tradition', 기원전 1,500년께부터 기원전 500년까지 캐나다 북부와 그린란드 일대에 퍼진 '도싯문명Dorset Culture'으로 거슬러 올라간다. 북극 소도구 문명 사람들은 간단한 수준의 활과 화살을 만들어 사냥을 했고, 도싯인들은 육상 사냥을 하지 않는 대신 얼음집을 짓고 얼음구멍을 뚫어 물범을 잡았다. 특히, 도싯인들은 세련된 조각품을 만드는 기술자였으나, 그 기술을 고래 잡는 도구를 만드는 데 쓰진 않았다.[94]

전통적인 견해는 두 문명을 거치고서 난 뒤인 900년께 툴레Thule 문명에 이르러서야 포경이 시작됐다는 것이다. 중세 유럽인들에게 '가장 북쪽에 있는 미지의 섬'으로 불렸던 툴레는, 이제 기원전 200년부터 서기 1600년까지 북극권에 퍼졌던 이누이트 문명을 일컫는다. 툴레 문명은 북극권 서쪽에서 시작해 동쪽으로 빠르게 전파되었는데, 12세기쯤 그린란드에 당도한다.

툴레 문명의 이누이트들은 매우 정교하고 전략적인 포경 방식을 터득하고 있었다. 해양포유류의 가죽을 이용해 7~8명이 함께 탈 수 있는 '우미아크umiaq'라는 보트를 개발했고, 회전식 작살과 란스,* 그리고 고래를 뜨게 할 수 있는 부표를 가지고 있었다. 사냥 방법 또한 고도로 전략적이었다. 고래의 회유 경로를 사전에 파악해 바다얼음 사이의 개빙구역으로 나간 뒤, 하나 혹은 하나 이상의 우미아크로 편대를 이뤄 고래를 잡았다.

현재도 북극점을 중심으로 원형으로 분포하는 북극 원주민들은 북

---

* 표적을 향해 던질 때 작살을 사용한다. 반면, 란스는 어느 정도 잡힌 표적을 정교하게 찌를 때 사용한다. 사냥의 초기 단계에서는 작살을 이용해 고래를 제압했고, 최후의 일격은 란스를 이용했다.

극의 바다얼음을 항해해 고래를 잡는다. 하지만 부족에 따라 포경이 경제와 문화에서 얼마나 중심적인 역할을 수행하는지는 조금씩 다르다.

알래스카 에스키모는 크게 두 개의 언어 그룹으로 나뉜다. 먼저 북극해 연안에 사는 이누피아트족은 이누피아트어를 쓴다. 그리고 베링 해 동남쪽 노턴 해협Norton Sound을 기점으로 남쪽 연안에 사는 유픽에스키모족은 유픽어를 쓴다. 거기서 다시 남쪽으로 내려가면 알래스카 남부의 코디악 섬과 프린스 윌리엄 해협에 이르는데, 이곳에 사는 알루틱족Alutiiq도 유픽어 계통이다. 이들은 모두 전통적으로 고래를 잡아왔다.

이 중에서도 이누피아트 부족들에겐 고래 사냥이 마을 공동체의 활동과 분배에 결정적인 역할을 했다. 이들은 고래 말고도 물범이나 바다사자 같은 해양포유류를 잡고 육상에서는 카리부*를 사냥했다. 마을의 건장한 장정이라면 고래 사냥에 나가야 했고, 가장 용감하게 고래를 잡은 이를 명예롭게 여겼다. 고래 사냥이 끝나면 고기는 마을에 공동 분배됐다.

남쪽으로 갈수록 고래가 경제에서 차지하는 비중은 낮아진다. 유픽에스키모나 알루틱족들에게는 경제 활동의 중심이 고래가 아닌 경우도 많다. 고래 말고도 다른 해양포유류를 사냥하거나 물고기를 잡는 어로 행위가 중심인 경우도 있었다.

북극의 포경문화권은 유픽에스키모와 알루틱족이 사는 알래스카 남부에서 분기를 이뤄 각각 동서로 남하한다. 서쪽으로는 알류샨 열도에서 점점이 사는 알류트족으로 이어져 일본 열도에 닿고, 동쪽으로는 북미 대륙의 북서태평양 연안을 따라 분포하는 인디언 부족들로 이어진다. 알류

---

* 북아메리카 북쪽에 서식하는 순록의 일종

샨 열도의 해양 민족인 알류트족은 물범과 해달, 바다사자, 바다코끼리 그리고 지금은 멸종된 바다소와 연어, 가자미 등의 물고기를 잡았다. 물론 고래도 잡았지만 이누피아트처럼 포경이 경제 활동의 중심은 아니었다. 북서태평양 연안의 인디언들도 물고기를 잡으면서 때로 연안 포경을 했다. 이들의 포경문화는 대체로 가까운 지역에 거주하던 알루틱족과 유사했다. 이들 역시 포경이 경제 활동의 중심은 아니었지만, 그와 관련한 제례의식과 문화가 발달했다. 마카 부족은 1920년대까지도 고래 사냥을 벌였던 것으로 알려져 있다.

얼음의 미로에서 던지는 작살

이누이트는 가장 적극적인 고래잡이였다. 툴레 문명에서 기원한 전략적인 포경 기술을 통해 엄혹한 북극의 자연환경 속에서도 이누이트는 삶을 이어갈 수 있었다. 알래스카 북극해 연안에 살았던 이누피아트는 북극고래, 귀신고래, 흰고래, 범고래를 잡았고, 북극고래를 가장 선호했다.

북극고래는 연안 가까이 느리게 헤엄치고 곧잘 수면 위로 모습을 드러냈기 때문에 작살잡이가 큰 수고를 들이지 않고 명중시킬 수 있었다. 게다가 잡힌 북극고래는 몸집이 크고 지방층이 두꺼웠다.[95] 북극고래 한 마리는 15톤의 고기와 9톤의 지방을 가져다주었다. 고기는 식량으로 썼고 지방은 불을 밝히는 기름으로 사용했다. 고래 한 마리를 잡으면 다섯 가족이 한 계절을 날 수 있었다.

고래 사냥은 여러 대의 우미아크가 편대를 이뤄 진행됐다. 우미아크는 해안가에 떠내려온 나무 토막과 동물의 뼈를 묶어 기둥을 세우고 햇볕에 말린 물범이나 암컷 바다코끼리 가죽으로 외벽을 만들었다. 이 가죽 배는 가볍고 튼튼하고 방수 능력이 뛰어났다. 북극의 바다얼음은 깨졌다 얼어붙기를 반복해 하루에도 몇 차례나 바닷길이 바뀌었다. 얼음의 미로를 헤쳐나가는 데 우미아크는 필수적이었다. 이누피아트는 우미아크를 타고 바다얼음 사이를 여우처럼 피해 다녔고, 피할 수 없는 광대한 얼음덩어리가 나오면 우미아크를 들고 얼음 위로 올라가 걸었다. 우미아크는 굉장히 가벼웠기 때문에 사냥꾼들은 체력을 아낄 수 있었다.

보통 우미아크 한 척에는 키잡이와 작살잡이를 포함해 서너 명이 탔다. 원칙적으로 건장한 젊은 남자만 탑승했다. 각 우미아크는 바다얼음 사이의 좁은 개빙 구역으로 나가 고래를 탐색했다. 그러다가 멀리서 숨기둥이 보이면, 조심스레 접근했다. 적당한 거리에 이르러 작살잡이는 작살을 오른쪽 어깨에 올려놓고 고래를 겨누기 시작했다. 키잡이가 우미아크를 고래와 평행하게 위치해놓으면, 작살잡이는 지체없이 작살을 던졌다. 작살은 하늘을 가르며 날아가고, 작살에 매달린 밧줄이 포물선을 그리며 뒤를 따랐다. 작살에 맞은 고래는 바다 속으로 몸을 처박고 몸부림쳤다. 작살에 매달린 밧줄은 배 안에서 소용돌이치며 풀리고, 물범 가죽을 부풀려 만든 부표가 바다에 띄워졌다.

작살잡이는 경험이 풍부해야 한다. 고래가 어디에서 수면 위로 떠오를지 재빨리 감지해야 하고 이를 즉시 동료 선원들에게 알려 배를 그쪽으로 몰게 해야 한다. 주변에 있는 다른 우미아크도 그 신호를 보고 재빨리 고래의 부상 지점으로 향하게 된다. 고래가 떠오를 때까지 그들은 긴장과 고요 그리고 위험 속에서 기다리고 기다린다. 결국 부드러운 물결

에스키모와 고래
알래스카 최북단의 에스키모 마을 카크토비크에서 잡은 북극고래 위에 마을 사람들이 올라가 있다. 북극 원주민은 비교적 덜 파괴적인 방식으로 포경을 지속하고 있다. 일 년마다 마을에 포경 쿼터가 주어지고 작은 보트가 편대를 이뤄 고래를 사냥한다.

4장 고래야, 네가 원하는 걸 주었다

이 치면서 피를 흘리며 신음하는 고래가 또 떠오른다. 두 번째 작살(란스)로 찌르고 찌르고 다시 찌른다. 고래는 고통에 신음하며 다시 잠수하지만 부표는 계속해서 고래를 수면 위로 잡아당긴다. 다시 고래는 수면 위로 끌려 올라온다. 뜨거운 피가 바다에 번진다. 빨간 거품이 고래의 숨구멍에서 끓듯 솟아오르고 결국 고래는 생을 마감한다. 우미아크 한 척으로는 10톤에 이르는 북극고래를 끌고 올 수 없다. 다른 배들까지 합류해 죽은 고래를 마을로 끌고 온다.

고래는 해안가에서 해체돼 마을에 공동 분배됐다. 사냥에 성공한 작살잡이는 고래 등 위로 올라가 첫 칼을 대는 영광을 얻었다. 고기의 가장 많은 부분을 작살잡이 가족이 가져갔다.

이누피아트는 매년 6월 봄철 사냥의 성공을 자축하는 '나루카타크Nalukataq'라는 축제를 열었다. 나루카타크는 물범 가죽 위에서 통통 튀고 노는 '블랭킷 토스blanket toss'로 잘 알려져 있다. 고래고기인 '쿠악quaq'과 지방인 '묵툭muktuk;maktak'을 먹었다. 사냥물의 공동 분배는 이누이트 문화에서 높은 가치다. 이웃 마을 사람들도 함께 축제를 즐기고 물물교환을 하기 위해서, 축제는 마을마다 다른 날 열렸다.

이누이트 마을은 해안가를 중심으로 형성됐다. 고래 사냥은 소수로는 불가능한 협동 작업이었기 때문에 일정 규모 이상의 사람들이 모여 살 수밖에 없었다. 사람들이 합심해 고래를 잡고 이를 공동 분배하는 '고래 마을'이 탄생한 것이다. 고래는 마을에 부를 가져다 주었다. 덕분에 시간과 여유가 생기자 다양한 형태의 정밀한 작살을 발명하게 되었다. 좀더 많은 고래의 노획은 더 많은 식량을 의미했고, 포인트 호프Point Hope, 포인트 배로Point Barrow 등과 같은 거대한 고래 마을의 형성으로 이어졌다. 이런 마을들에 꽤 많은 인구가 집중됐고 안정적인 주거촌이 자리잡았다.

터부와 정화 의식

미국 서부에서 캐나다 북서부에 이르는 북서태평양 원주민 사회에는 정교한 형태의 고래 제례가 발달했다. 이곳에서 고래가 주된 경제원이었던 것은 사실이지만, 그렇다고 고래가 물고기처럼 넘쳐났다고 가정하는 건 오해다. 한 마을의 일 년을 풍요롭게 해주는 고래사냥에 성공하기 위해서는 일단 고래가 마을 연안에 자주 나타나줘야 했다. 고래를 유인하기 위해서는 주술의 힘이 필요했다. 사람들은 고래사냥에 앞서 여러 주술적 의례를 통해 고래를 꾀었다. 고래잡이들은 고래를 흉내 냈다.

북서태평양 연안 올림픽 반도에서 사는 인디언 마카Makah 부족은 고래사냥에 나서기 전에 귀신고래를 흉내 내는 의식을 치렀다. 사냥꾼은 물속으로 뛰어들어 가장 깊은 곳까지 들어갔다. 심장이 터질 정도로 숨을 참은 사냥꾼은 물위로 올라와서 고래가 물을 뿜는 소리를 내면서 물을 내뱉었다. 어찌나 숨을 오래 참았던지 어떤 이는 수면 위로 고개를 내밀 때 귀에서 피가 나기도 했다. 하지만 그런 사람일수록 가장 용감한 전사로 통했다.[96]

대부분 부족들은 사냥에 나서기 전에 몸을 정결히 하는 정화 의식을 행했다. 캐나다 밴쿠버 섬과 북서태평양 연안에 거주해온 누차눌쓰Nuu-chah-nulth 부족은 사냥 한 달 전부터 아내와 잠을 자면 부정탄다고 여겼다. '눗카Nootka'라고 불리기도 하는 이 부족의 고래 사냥꾼 가운데 한 명이라도 터부를 깨면, 사냥은 실패로 돌아가고 선장이 책임을 졌다. 남편이 바다에 나가 있는 동안 아내는 집에서 고래가 오도록 문을 열어두고 조용히 기다렸다. 만약 낯선 사람이 집을 방문하면 사냥은 실패한다고 믿었다. 누차눌쓰 부족의 샤먼은 사당을 짓고 고래 사냥꾼 아내의 배설물을 갖다놓았다. 아내의 배설물이 고래를 해안가로 유인한다고 믿었다.

목욕, 정화 의식에 종종 죽은 사람의 시체가 사용됐다. 누차눌쓰 부족은 죽은 사람을 매개로 고래를 불러모았다. 고래가 죽은 자의 영혼과 대화한다고 믿었기 때문이다. 이 때문에 이들은 종종 무덤을 파서 죽은 송장을 꺼낸 뒤, 고래잡이들의 정화 의식에 사용했다. 마을의 샤먼은 송장의 두개골을 사용해 고래잡이들을 씻겼고, 고래잡이들은 죽은 이의 뼈를 등에 지고 제례 의식에 나타났다. 때로는 고래처럼 만든 인형에 송장을 받쳐두고 기도하기도 했다.

미국 인디언 역사에 관한 논쟁적인 기록인 《북아메리카 인디언》에서도 북서태평양 연안의 고래 제의를 자세하게 묘사하고 있다. 이 책은 1907년에서 1930년까지 차례로 출판됐는데, 저자 에드워드 커티스Edward C. Curtis는 누차눌쓰 부족이 사냥에 나서기 전에 불렀던 노래를 기록했다.

고래여, 나는 당신이 내 옆에 있기를 원하네. 그래서 내가 당신의 심장을 잡고 속일 수 있도록, 그래서 내가 강한 다리를 얻어서 더는 절뚝거리지 않도록. 고래가 다가오면 나는 당신을 찌르며 흥분할 것일세. 고래여, 내가 작살을 던질 때 바다 멀리 도망가선 안 되네. 고래여, 내가 당신을 찌르면 내 작살이 당신의 심장에 다가갔으면 좋겠어. 작살아, 내가 널 던지면, 너는 고래의 심장으로 돌진하게나. 고래여, 내가 당신을 찌르고 당신을 잃을 때, 당신은 나의 작살을 손으로 잡길 원하네. 고래여, 나의 배를 부서뜨리진 말게나. 나는 당신에게 좋을 일을 해주려는 것이야…….

유픽에스키모인 알루틱족은 프린스 윌리엄 해협과 코디악 섬의 복잡한 리아스식 해안 지형을 이용해 고래를 잡았다. 만과 만이 이어지고 좁은 해협이 많았기 때문에 고래가 다니는 길목을 잘 잡는 게 사냥의 성패를 좌우했다.

고래잡이 선장은 고래가 마을 연안으로 오기 한 달 전쯤인 4월에 미리 고립된 사당이나 동굴로 가서 은거생활을 했다. 그리고 여러 제례 의식을 통해 스스로 고래로 바뀌는 상징 행위를 했다. 그들은 별이나 게를 모방한 상징물을 달거나 부적을 이용해서 고래를 잡는 '권능'을 얻었다.

코디악 섬에 사는 알루틱의 일원 코니악Koniag 부족은 고래사냥에 앞서 투구꽃 뿌리를 말려 독을 만들었다. 고래잡이들은 중세 유럽에서 '마법의 약'이라 불린 이 독을 작살의 창 끝에 발랐다. 이들의 포경 방법은 간단했다. 독을 묻힌 작살을 고래에 던지고, 독에 감염돼 죽은 고래가 해안가로 떠밀려오기를 기다렸다.

일단 고래가 작살에 명중되면 부족은 고래가 근처의 해안가로 떠내려오는 데 모든 정신적, 제례적 자원을 집중했다. 선장의 아내는 바깥 출입이 금지됐고 목소리를 낮췄다. 마을로 돌아온 선장은 사당에서 사흘 동안 고립된 생활을 했다. 이 기간 그는 아무것도 먹고 마실 수 없으며 여자도 만나선 안 됐다. 그리고 죽어가는 고래 흉내를 내고 아픈 소리를 내며 쓰러지길 반복했다. 독침을 맞은 고래가 해안가의 마을로 떠밀려 와주길 바라는 기원이었다.[97]

고래에 작살을 던지기까지 과정은 인간의 일이지만, 고래가 죽어 근처의 해안가로 밀려오는 것은 고래의 일이었다. 사냥의 전반부는 솜씨 좋은 작살꾼에, 후반부는 신에 맡기는 수밖에 없었다. 최종적인 포경의 성공률은 매우 제한적이었다. 독침을 이용한 독특한 사냥 방식으로 인해, 고래의 좌초를 기다려야 했기 때문에 알루틱과 북서태평양 연안의 인디언에게는 고래 제례가 발달한 것이다.

누차눌쓰 부족의 고래 제례
누차눌쓰 부족은 고래 사냥에 나서기 전에 손을 씻고 고래를 흉내내는 제례를 치렀다. 고래는 내가 잡은 게 아니라 고래가 작살로 다가와줘야 한다고 믿었다.

포경 경제의 붕괴

고래가 멸종에 이르지 않고 재생산을 계속하는 게 인간에게도 이롭다는 생태적 지혜는 모든 부족에게서 찾아볼 수 있다. 원주민들에게는 고래와 인간이 공동 운명체라는 인식이 있었다. 인간의 형상을 한 이누아Inua, 영혼가 만물에 깃들어 있다고 믿었다. 북극의 이누이트는 고래나 물범을 육지로 끌고 온 뒤, 해체하기에 앞서 입에 깨끗한 물을 뿌려주는 의식을 치른다.[98] 사람들은 고래의 죽음을 애도하고 나서야 축제를 시작했다. 앞뒤를 가리지 않고 고래를 잔혹하게 죽이거나 가져온 고래고기를 마을 사람들과 나누지 않고 독점하는 행위를 터부로 간주했다. 이러한 금기를 어길 경우, 다음 번 사냥에서 고래를 잡지 못한다고 믿었다.

반면 이누이트의 포경이 과도했다는 정황도 있다. 일부 고고학적 증거에 따르면, 특정 지역에서의 이누이트 포경 경제가 일정 기간 존속하다가 결국 붕괴하는 모습을 보인다. 일반적으로 이누이트는 포경이 끝나면 마을을 떠났다. 원인은 여러 가지로 추정된다. 먼저 기후변화로 고래의 이동 패턴이 변화해 마을을 버렸다는 가설이 있다. 두 번째는 수 세기 동안 이어진 남획의 결과라는 것이다. 계속된 사냥으로 인한 개체수의 손실이 재생산 능력을 넘어서서 더는 잡을 고래가 없어졌다는 뜻이다. 아마도 상당수의 이누이트들이 고래가 영원히 남쪽에서 올라올 것이라고 생각한 듯하다.

방사성 연대 측정법을 통해 이누이트 주거지의 생태계 파괴 현상이 확인되기도 했다.[99] 13~17세기 이누이트 부족의 겨울 거주지였던 캐나다 북극권의 서머싯 섬Somerset Island에서는 부족이 정착한 뒤, 마을 주변의 연못의 수질과 생태계가 바뀌었다. 고래 부산물들이 호수에 침전돼 부영양화가 진행되고 조류가 가득 찼다. 결국 이누이트는 400년 동안 살던 마을을 버리고 떠나야만 했다. 이런 호수 생태계의 부영양화는 지금까지도 이어지는 게 확인됐다.

북유럽과 일본의 포경

북유럽의 스칸디나비아인들도 일찍이 고래를 사냥했을 거라고 추정하는 이들이 많다. 다양한 대형 고래와 돌고래가 사는 곳인데다 피오르처럼 바다 길목이 좁아지는 곳에서 수월하게 사냥할 수 있을 것이기 때문이다. 그러나 작살 같은, 고래를 사냥했다는 직접적인 증거는 나오지 않았다.[100] 그래서 선사시대 유적지에서 출토되곤 하는 고래 뼈의 출처도 스트랜딩한 고래로 여겨진다.

그런데 유전자 분석법이 발달하면서 새로운 가설이 제기되었다. 한 연구에서는 북유럽의 다양한 지점에서 발견된 5~8세기의 장난감 뼈 조각의 유전자를 분석한 결과, 북방긴수염고래North Atlantic Right Whale의 뼈가 일관되게 사용된 것이 발견됐다.[101] 만약 당시 사람들이 해안가에 떠밀려온 고래를 이용했다면, 장난감에 사용된 고래 종이 다양했어야 하는데 말이다. 당시 북유럽인들은 고래고기와 수염, 그리고 기름을 사용하기 위해 포경을 했고, 이때 얻은 부산물들로 유럽의 다른 지역과 무역 활동을 벌였을 거라는 추측이다.

일본도 근대 이전부터 포경을 해왔다는 주장이 있다. 이시카와 현에 있는 마와키 신석기 유적지에서 낫돌고래, 참돌고래 등 대량의 돌고래 뼈가 출토됐다. 기원전 3,000~4,000년의 사람들이 돌고래를 쫓는 몰이사냥을 한 것으로 추정된다. 홋카이도 북부 해안 5~14세기의 유적지에서는 고래 뼈와 작살, 포경을 묘사한 작품이 발견되기도 했다. 대형 고래를 목표로 한 본격적인 포경은 마와키 유적이 만들어지고 4,000~5,000년 지난 뒤인 16세기부터였다.

1570년대에 아이치 현 이세 만伊勢湾 일대에서 작살을 던져 고래를 포획하는 '손작살 포경법'이 등장했다. 귀신고래와 혹등고래를 목표로 한 손작살 포경법은 어느 정도 성과를 가져다줬고, 점차 시코쿠와 규슈 등 서쪽의 어촌 마을로 퍼져갔다.[102] 하지만 고래가 추적 중에 도망가고 작살이 명중했는데도 고래가 바닷속으로 사라져버리는 등 성공률은 그다지 높지 않았다.[103]

대규모 포경이 시작된 것은 다음 단계의 포경 기술이 개발되고 나서부터다. 이 기술은 '일본 포경의 성지'로 추앙받거나, 혹은 '돌고래 학살지'로 비난받는 와카야마 현의 작은 어촌 마을 다이지에서 탄생했다. 다이지 어부들은 봄과 가을 두 차례 연안을 회유하는 고래를 잡았다. 요리하라 와다Yorihara Wada는 이곳에서 포경을 가업으로 삼고 있는 사람이었다. 1676년 그는 바다에 그물을 쳐놓고 고래를 몰아 작살로 포살하는 방법을 개발했다.

고래철이 되면 해안가 언덕에 '야마니yamani'라고 불리는 조망대에서 고래를 관찰했다. 조망대에서 고래를 발견하면 깃발 등을 이용해 고래의 종류와 위치를 언덕 아래 어항에서 대기하고 있는 선원들에게 알렸다. 한 마을의 포경 부대는 '대군단'이라 할 만했다. 고물에서 이물까지 13미터,

1857년 그려진 다이지 포경 장면. 포경선 여러 척이 혹등고래를 그물 안으로 몬 뒤, 선단의 선두에서 작살을 던지고 있다.

너비는 2.5미터에 이를 정도로 중형급 이상의 배 20척이 동시에 출항했다. 배마다 선장과 선원이 14명씩 탔다. 배에는 8개의 노가 달렸으며, 작은 돛을 달아 속력을 높이기도 했다.

야마니의 신호에 따라 고래 군단은 재빨리 출항했다. 고래 군단 후미에는 그물을 실은 배가 뒤따랐다. 고래가 있는 지점에 도착하면 20척의 배가 약속된 전략에 따라 움직였다. 마치 개가 양떼를 몰 듯 주변에서 고래들을 포위하면서 한쪽 방향으로 몰았다. 고래는 보통 어미와 새끼로 이뤄진 양육 무리인 경우가 많았다. 이들이 쫓겨 달아나는 곳에는 그물을

다정한 거인

실은 배가 기다리고 있었다. 배는 고래 주변으로 돌면서 그물을 쳤다. 삼으로 얽은 그물은 큰 고래가 몸부림을 쳐도 찢어지지 않을 정도로 질기고 신축성이 있었다. 그물에 완전히 포위된 고래는 점점 헤엄치기 힘든 상황에 빠진다. 나머지 배들은 이제 '고래를 모는 배'에서 '고래를 공격하는 배'로 태세를 바꾸었다. 첫 작살을 고래에 꽂지만, 이것은 고래의 힘을 빼기 위함이다. 결정적인 포살은 좀 더 특이한 방식으로 이뤄졌다. 고래가 얼추 힘이 빠질 때쯤, 한 사람이 바다로 뛰어든다. 그리고 고래에게로 다가가 몸통을 기어오른다. 그리고 말을 타듯 두 다리를 벌리고 고래 등 위에 앉는다. 그의 임무는 두 개의 숨구멍 사이에 작살을 찔러넣어 연결 통로를 만드는 것이다. 그리고 새로 만든 통로에 밧줄을 끼워넣어, 소의 코뚜레를 당기듯 고래의 숨구멍을 결박했다. 고래가 충분히 잠잠해졌을 때, 고래를 두 척의 배 사이에 묶고 긴 작살을 이용해 심장을 찌른다. 고래는 저항하지만 그물에 걸려 있는 상태라 힘을 쓰지 못한다. 고래는 온몸에 상처를 입고 죽어간다.[104]

이런 일본의 포경 방식은 아메리카 인디언들이 고래 등에 올라타 말뚝을 박는다는 구전을 연상시킨다. 아메리카 인디언들이 실제 이 방법을 이용해 포경을 했는지는 확실치 않지만, 일본과 미국 사이에 문화적 유사성이 놀라울 정도다.

다이지에서 개발된 포경법은 포획률이 높지만, 매우 위험했다. 이렇게 해서 한 해 동안 잡은 고래의 수는 13~20마리 정도였다. 상업적 목적으로 시장에 공급할 수 있을 정도는 됐다. 이들은 이누이트나 스칸디나비아인처럼 자급자족적인 포경업자들이 아니었다. 이미 일본도 상업이 발달된 상황이었기 때문에, 이들은 고래의 부산물을 팔기 위해 고래를 잡았던 것이다.

고래 부산물은 버릴 것이 하나도 없었다. 일본 사람들은 고기를 먹고 창자로 국물을 우려냈다. 고래기름은 비누를 만들고 등잔불을 밝히는 데 썼다. 기름에 식초를 섞어 논에 뿌리는 살충제로 쓰기도 했다. 뼈는 으깨서 비료로 썼고, 심장 판막으로 북 가죽을 만들었다.

포경 시대를 연 바스크족

새로운 천년이 시작될 때까지도 북극 문화권의 포경 기술은 초기 수준에서 크게 벗어나지 못했다. 전략적인 협업 체제와 사냥 도구의 진보가 나타났지만, 여전히 포경은 성공의 확률이 실패의 확률에 뒤지는, 생존을 건 투쟁에 가까웠다.

대형 고래의 사냥을 위해서는 좀더 진보된 사냥 도구와 지식, 기술이 필요했다. 프랑스 서안과 스페인의 이베리아 반도 위쪽에 움푹 들어간 곳에 위치한 비스케이 만에는 예로부터 긴수염고래가 자주 출몰하는 곳으로 알려졌다. 여기에 사는 바스크족은 기존의 패러다임을 바꿔 근대 포경 시대의 문을 열었다. 이때부터 포경은 생명의 연결성을 존중하는 지역적이고 자급자족적인 산업에서 세계적인 자원 개발업으로 바뀌기 시작했다.

바스크족은 원래 피레네 산맥의 나바레Navarre 왕국에 사는 목동들이었다. 이들이 하나둘 산에서 내려와 비스케이 만 바닷가에 정착하기 시작했다. 바스크족은 타고난 장사꾼이었다. 이들은 비스케이 만 연안에 긴수염고래가 자주 출몰한다는 사실을 들었고, 이것이 돈이 될 거라는 걸 직감했다. 바스크족은 목동의 양털 조끼를 벗고 비스케이 만 어촌에서 작살을 잡았다.

긴수염고래는 북극고래와 함께 예로부터 인간에게 괴롭힘을 가장 많이 받아온 생명체다. 긴수염고래는 사람의 접근이 쉬운 연안에 살았고, 그것도 아주 느리게 헤엄쳤으며, 작살을 맞은 뒤에도 수면 위로 쉽게 떠올랐다. 이런 세 가지 특성 때문에 긴수염고래는 모든 고래 중 가장 먼저 희생됐다. 역사적으로 살펴보면, 근대 이전에 포경문화가 자리잡은 지역은 긴수염고래나 북극고래처럼 연안에서 잡기 쉬운 고래가 사는 곳이었다.

일반적으로 바스크족의 포경은 11세기에 시작된 것으로 여겨진다. 하지만 일부 학자들은 고래고기의 거래 기록 등을 봤을 때, 바스크족은 그 이전부터 북극의 고래잡이들로부터 기술을 배워 포경을 시작했을 거라고 주장한다.[105]

적어도 12세기경에는 고래 거래가 활발했던 것으로 보이는 여러 문서들이 있다.[106] 프랑스 남서부에서 스페인 북부에 걸쳐 있던 나바레 왕국의 산초왕King Sancho the Wise of Navarre은 1150년 산 세바스티안San Sebastian 시에 상업 거래를 할 수 있는 상품 목록과 이것들에 세금을 부과하기 위해 작성한 문서를 보냈다. 이 문서에는 항상 고래 뼈가 들어 있었다.

바스크족의 포경 증거는 각 도시의 휘장에서도 나타난다. 도시들은 자신의 휘장에 고래의 문양을 포함시켰다. 비아릿츠Biarritz 시에는 1351년 봉인한 도장에서 고래와 보트를 탄 사람이 세겨져 있다. 적어도 바스크 지역의 6개 이상의 도시가 고래 상징을 사용했던 것으로 보인다. 푸엔테라비아, 베르메오Bermeo, 카스트로 우르디알레스Castro-Urdiales의 휘장에서 고래가 보이고, 모트리코는 바다와 고래, 작살과 끈을 잡고 있는 사람으로 휘장이 구성돼 있다. 베이온느Bayonne와 생 장 드 루즈St. Jean de Luz도 프랑스 비스케이 만의 중요한 고래 항구였다.

바다로 뻗어나간 육지의 끝(곶)이나 산에는 고래 조망탑이 있었다. 바스크 사람들은 이를 '비지아vigia'라고 불렀다. 조망탑에 선 남자는 여기서 바다를 유심히 관찰하다가 숨기둥이 솟는 게 보이면 즉각 마을에 신호를 보냈다. 비지아에서 신호를 받은 고래잡이들은 즉각 '찰루파chalupa'라고 불리는 배에 올랐다. 찰루파는 8미터짜리 고래잡이 목선이다. 선장과 작살잡이를 포함해 6명이 찰루파에 타고 고래를 쫓았다. 작살잡이는 철제 작살로 긴수염고래의 측면을 찔렀고, 이어 부표가 떠올랐다. 지쳐가는 고래와 찰루파 선원들의 힘겨운 싸움이 시작됐다.

바스크족의 포경 방식의 기본 골격은 이누이트와 비슷하지만, 포경의 목적은 이누이트와 확연히 달랐다. 이누이트 문화에서 포경은 자급자족적이었고 교역은 극히 제한적이었다. 하지만 바스크족은 달랐다. 비스케이 만에는 프랑스 북부에서 이베리아 반도로 가는 배들이 끊임없이 항해했고, 내륙 쪽으로는 '카미노 데 산티아고Camino de Santiago'라고 불리는 성지순례 길이 유럽의 기독교 신자들을 모으고 있었다. 바스크족은 유럽의 문화가 섞여 흐르는 곳의 지리적·상업적 이점을 놓치지 않았다. 이들은 긴수염고래에서 추출한 지방을 등잔불과 윤활제, 비누의 원료로 만들어 다른 지역 사람들에게 팔았다. 고래수염은 물고기를 잡는 그물로, 고래뼈는 목재를 대신할 건축 재료로 팔았다. 고래고기는 붉은 고기 섭취가 금지된 사순절 단식기간의 금요일에 좋은 대체재로 여겨졌다.

레케이티오Lequeitio 시의 기록에서도 고래와 관련한 사실을 발견할 수 있다. 이 문헌에서는 고래뼈를 세 부분으로 나눠 두 부분은 항구를 수리하는 데 쓰고 한 부분은 교회 건축 자재로 쓰라고 명령하고 있다. 1517년에서 1661년까지 매년 한두 마리의 고래가 잡혔으며, 어떤 해에는 6마리에 이르렀다. 여러 마을과 원양 포획량을 합치면 그 수는 더 많아졌다. 1530년에서 1610년까지 비스케이 만 주변의 대서양에서만 4만 마리의 긴수염고래가 포획됐을 것이라는 추정도 있다.[107]

비스케이 만에서 사라진 고래들

유럽에서 고래의 필요성은 갈수록 커지고 있었다. 바스크족 포경의 전성기였던 16세기에는 유럽인들의 생활 수준이 한참 향상되던 중이었다. 도시에서 비누의 수요가 많아졌고, 공업의 발달로 장인들은 밤 늦게까지 일하기 위해 등잔불이 필요했다. 그때까지 많이 쓰였던 식물성 기름은 비쌌고 작황에 따라 가격의 등락 폭이 심했다. 반면 고래기름은 값 싸고 그을음이 없을 뿐만 아니라 품질도 좋았다. 가뭄이나 홍수 등의 기후 영향을 받지 않고 공급량이 일정해 가격도 일정하게 유지됐다. 고래기름을 필요로 하는 도시는 더욱 늘어났다. 비스케이 만에 비지아의 외침과 찰루파의 출항이 잦아졌고 고래 마을은 갈수록 융성했다.

바스크족의 연안 포경은 19세기까지 지속되었지만 여러 문헌을 살펴보면, 확실히 16세기 중반부터 고래의 수가 급격히 줄어들고 있었다. 결국 레키이티오도 포경을 중단하기에 이른다.

17세기 들어서는 비스케이 만에서 긴수염고래의 브이 자형 꼬리지느러미를 보기 힘들어졌다. 북대서양귀신고래North Atlantic Gray whale의 경우, 바스크족의 연안 및 원양 포경으로 16세기에 아예 멸종했다는 주장도 있다. 귀신고래는 현재 태평양 양안의 두 계군系群만 존재하는데, 미국 뉴잉글랜드, 노스캐롤라이나와 유럽의 영국, 네덜란드 등 대서양 양안에서 잇달아 발견된 고래 뼈와 11세기의 아이슬란드 동물 우화집, 17세기의 영국 머스코비 상사 등의 각종 기록을 볼 때, 과거 이 고래가 대서양에서도 살았음을 알 수 있다.[108] [109] 캐나다 출신의 저명한 생태작가 팔리 모왓은 북대서양귀신고래가 "멸종되기 전까지 바스크족이 가장 선호한 사냥감이었던 사실이 역사에서 망각됐다"고 주장했다.[110][111] 반면, 자연사학자 리처드 엘리스는 지난 200년 동안 인간이 작심이라도 한 듯 대대적인 포경 사업을 펼쳤지만 대형 고래를 한 종도 멸종시키지 못했다며, 바스크족의 포경이 북대서양귀신고래의 멸종에 영향을 미치긴 했지만, 그보다는 질병이나 기후변화를 비롯한 알 수 없는 요소가 더 중요하게 작용했을 거라고 보았다.[112] 모왓의 말이 증명된다면, 북대서양귀신고래는 인간의 남획에 의해 최초로 멸종한 고래가 된다.

레드베이에서 발견된 난파선
바스크족이 캐나다 뉴펀들랜드 해안의 레드리버에 상륙해 포경을 벌인 산 주앙 호의 선체 일부가 1978년 발견돼 복원됐다. 사진은 범선에 딸린 찰루파(보트)를 복원한 모습.

고래가 줄어들자 바스크족은 점점 먼 바다로 나아갔다. 아이슬란드와 페로 제도에 포경 캠프를 차렸다. 사냥한 고래를 고향인 비스케이 만까지 끌고 올 수 없었으므로, 현지에 고래기름을 추출하는 시설을 세웠다. 산업혁명의 기운이 돌면서 고래기름의 수요는 급상승했다.

1978년 가을, 캐나다 뉴펀들랜드의 레드베이Red bay 해안가에서 세 개의 돛대를 지닌 약 27미터 크기의 범선 일부 선체가 발견된다. 1565년 스페인에서 출항해 폭풍으로 조난당한 산 주앙San Juan 호의 잔해였다. 바스크족이 고래를 잡기 위해 대서양을 건넜다는 사실을 보여주는 확실한 증거였다.

바스크족은 레드리버를 포함한 뉴펀들랜드와 래브라도 연안에서 대구와 고래를 잡았다. 14세기에 본격화된 원양 어업 및 포경업은 18세기까지 이어진다. 스페인 자라우즈Zarauz의 선원 마티아스 드 에케베스테Matias de Echeveste는 1545년부터 그가 사망한 1599년까지 지금의 캐나다 뉴펀들랜드로 28번이나 항해했다. 영국 브리스톨에서 배를 구입해 레드리버에 도착한 앤서니 파크허스트Anthony Parkhurst는 1578년 상황을 본국에 전했다. 프랑스 배 150척, 스페인 배 100척, 포르투갈 배 50척이 대구를 잡아 말려서 본국으로 가져갔고, 이중 30~50척은 바스크족의 포경선이라고 했다.[113]

바스크족은 원양에서 긴수염고래와 북극고래를 포획해 유럽에 고래기름을 공급했다. 사람들은 바스크족이 긴수염고래를 사냥하는 모습을 보면서, 포경에 큰돈이 숨겨져 있다는 것을 어렴풋이 깨달았다.

일본에서 요리하라 와다가 '그물로 잡는 포경법'을 고안해 대형 고래의 사냥을 가능케 하면서 상업포경의 시대를 열어젖혔다. 고래에서 큰 돈을 벌 수 있다고 생각한 바스크족도 더 많은 고래를 잡기 위해 먼 바다로 떠났다. 바스크족의 포경은 '고래를 쫓아가는 포경, 최초의 원거리 포경'이라고 할 수 있었다. 자연이 본격적인 자원과 상품이 되어 초기 자본주의를 형성한 역사적 사건이었다. 그렇게 유럽에 고래가 돈이 된다는 소문이 퍼져나갔다.

5장

대학살의 서막

영국의 머스커비 상사는 지독하게 운이 없었다. 중국으로 가는 빠른 길을 찾으려 했지만, 시작부터 실패하기 일쑤였다. 1551년 휴 윌로비 경 Sir. Hugh Willoughby과 리처드 챈슬러Richard Chancellor, 서배스천 캐벗Sebastian Cabot이 공동 설립한 '신대륙에 가는 모험선 회사Company of Merchant Adventurers to New Lands'가 모태인 이 회사는 당시 '캐세이Cathay'라고 불리던 중국에 가는 빠른 길을 찾아 막대한 상업적 차액을 남길 꿈에 부풀어 있었다.

스피츠베르겐을 발견하다

이들이 도박을 건 것은 '북동항로'였다. 서아프리카 연안을 따라 몇 달을 남하해 희망봉을 돌아가지 않고 북극을 가로질러 간다면, 시간과 운송비를 줄여 상업적 이윤을 극대화할 수 있었다.

서배스천 캐벗은 자신의 재산과 아버지의 명성을 이용해 자금을 끌어 모았고, 1553년 5월 10일 윌로비 경과 챈슬러가 이끄는 세 척의 배가 영국 런던에서 출발했다. 탐험대는 스칸디나비아 반도 북쪽 바렌츠 해를 횡단해 러시아 북극권의 외딴 섬 노바야 젬라에 도착했다. 탐험대는 다시 해안가를 따라 스칸디나비아 반도 쪽으로 방향을 돌렸다. 하지만 강력한 폭풍이 해안가로 몰아쳤고, 윌로비 경이 이끄는 배 두 척은 챈슬러가 이끄는 배와 떨어졌다. 윌로비 경이 이끄는 배는 지금의 무르만스크 부근 바르지나 강Varzina River 근처에서 빙산에 갇히고 만다. 불행히도 윌로비 경의 배는 극한의 추위에 대한 대비가 없었다. 납으로 선체를 제작한 배는 따뜻한 바다에 가보지도 못했고, 추위를 견디지 못한 선원들이 전원 사망했다. 이듬해 러시아 어부가 얼어죽은 이들의 시체를 발견했을 때, 윌로비 경은 그의 선실에서 펜을 쥔 채 얼어죽어 있었다. 이들의 비극적인 항해는 본국에까지 알려지게 된다.

영국이 '세계 제국'의 꿈을 꾸고 있을 때, 네덜란드의 실리적인 사업가들도 북동항로의 존재 가능성을 시험하기 시작했다. 네덜란드의 항해사 빌럼 바렌츠도 경쟁에 뛰어들었다. 바렌츠는 이미 두 번이나 북극 항해를 마쳤을 정도로 경륜 있는 탐험가였다. 그는 1596년 세 번째 항해에서 북극해로 올라가 베어 아일랜드Bear Island를 발견하고, 더 나아가 스피츠베르겐 섬Spitzbergen Island에 도착했다. 사실 이 섬은 바렌츠가 처음 발견한 게 아니었다. 휴 윌로비 경이 43년 전인 1553년에 발견했으나 이 섬이 그린란드인 줄 알았을 뿐이다.

스피츠베르겐은 이전에 보았던 북극의 섬과 달랐다. 광막한 설원으로 덮힌 넓은 육지가 있었고, 여기저기서 숨기둥을 뿜는 괴물이 헤엄쳐 다녔다. 바렌츠는 더는 북진하지 않고 본국으로 귀환했다. 탐험에서 돌아온 바렌츠의 선원들은 동토의 섬과 버려진 땅 주변에 셀 수 없이 많은 고래가 살고 있다고 이야기했다. 네덜란드 사람들은 흥분하기 시작했다.[114]

제국주의 열강이 본격적으로 포경 전쟁에 신호탄을 올린 것이다.

북극에서 부는 돈 바람

북극에서 부는 바람에는 '돈 냄새'가 났다. 바렌츠 탐험대의 소문이 유럽 전역으로 퍼져나갔다. 비스케이 만의 '시골뜨기' 바스크족이 고래로 돈을 벌어 아이슬란드와 캐나다 뉴펀들랜드까지 진출했다는 소식도 퍼졌다. 영국은 선수를 쳤다. 퀸 엘리자베스 1세는 머스커비 상사에 전 세계 고래를 포획할 수 있는 독점권—과연 그녀에게 그럴 권한이 있는 지는 모르겠지만—을 주었다.

머스커비 상사는 1607년 헨리 허드슨Henry Hudson에게 북극해 탐사에 나서도록 한다. 스피츠베르겐 섬 주변에서 포경산업의 가능성을 알아보기 위해서였다. 허드슨은 화산이 분출하는 얀마옌 섬Jan Mayen Island을 발견했고, 노르웨이 북쪽 600킬로미터쯤의 바다에 고래가 풍족하다고도 보고했다. 헨리 허드슨이 희망적인 소식을 가지고 영국에 돌아올 즈음엔, 이미 스피츠베르겐 섬 주변에 고래가 많다는 소문이 파다했다. 이어 머스커비 상사는 1611년 첫 고래 탐사대를 스피츠베르겐에 파견한다. 첫 고래 탐사는 매우 성공적이었다. 머스커비 상사는 많은 돈을 벌었다. 이에 고무된 머스커비는 이듬해에 두 척의 포경선을 보낸다. 기존 배를 포경선으로 개조하고, 바스크족 선원을 태워 포경 기술을 전수받았다.

머스커비 상사는 계속해서 매년 북극해에 포경선을 파견했다. 영국 정부가 포경 독점권을 줬기 때문이다. 하지만 이는 참으로 우스꽝스러운 일이 아닐 수 없었다. 이미 여러 나라의 포경선들이 비슷한 시기에 스피츠베르겐에서 포경을 하고 있었기 때문이다. 머스커비는 자신의 독점권을 주장하느라 시간을 허비했다. 때로는 자신의 독점적 사냥터에서 물러나라며 다른 나라 배들을 공격하기도 했다. 머스커비가 첫 항해를 시작한 1611년부터 1600년대 중반까지, 스피츠베르겐 섬과 얀마옌 섬에서는 영국의 포경선은 물론, '허가받지 않은' 네덜란드, 스페인, 독일, 바스크족의 배들도 고래를 잡았다. 특히 영국과 네덜란드, 바스크족이 스피츠베르겐 섬을 중심으로 한 북극해에서 서로 많은 고래를 잡기 위한 경쟁을 벌였다. 그동안 인간의 발길이 거의 닿은 적이 없었던—스피츠베르겐 섬에는 이누이트조차 살지 않았다— 북극해의 외딴 섬들이 포경의 각축장으로 변모했다.

북극해 포경 경쟁이 발발하기 전까지 약 50만 마리의 북극고래가 서식했던 것으로 추정된다. 노련한 포경업자들에게 북극고래는 '느리고 뚱뚱한 통나무' 같은 물고기였다. 비스케이 만에서 바스크족이 잡아왔던 긴수염고래처럼 북극고래는 느리게 헤엄치면서도 그보다 부푼 듯 육중한 몸집을 가지고 있었다. 근육과 살갗 사이의 지방층이 두꺼웠기 때문에 지방을 짜서 나오는 고래기름이 긴수염고래보다 1.5배나 많았다. 수염도 4.25미터로 3미터 이하인 긴수염고래보다 훨씬 길었다. 북극고래는 긴수염고래보다 상품성이 더 뛰어났다.

하지만 북극고래를 얻기 위해서는 대가가 따랐다. 스피츠베르겐과 얀마옌 섬은 유럽인들에게 낯선 곳이었다. 인력이나 물자를 보충할 원주민 마을도 없는 황량한 섬이었다. 포경업자들은 한 달 가까이 항해해야 도착할 수 있었고, 움직이는 바다얼음 때문에 배가 부서지거나 좌초하지 않

베링 해의 긴수염고래 사냥법과 북극해의 다양한 모습
근대 포경 초기에는 연안의 느린 고래를 잡는 바스크족의 긴수염고래 사냥법right whaling이 주를 이뤘다. 비슷한 생태를 가진 북극고래의 몸에서 피가 솟구치고, 포경 모선은 고래수염을 들어올리고, 바다 얼음 위에서 바다코끼리가 쉬고 있다. 작자 및 연대 미상. 1871년 미 의회도서관에 등록되었다.

도록 늘 신경을 곤두세워야 했다. 북극고래의 회유 패턴과 이동 패턴도 알아야 했다. 계절에 따라 북극고래가 몰리는 곳과 그렇지 않은 곳을 구분해야 했으며, 짧은 기간에 최대한 많은 고래를 포획한 뒤 따뜻한 바다로 빠져나와야 했다. 포경은 바다얼음이 걷히는 한여름에 집중됐다. 시기를 맞추지 못하면 자칫 바다얼음에 갇힐 수 있었다.

　　포경업자들은 스피츠베르겐 섬 해안가 여기저기에 포경기지를 건설했다. 작업은 포경선이 연안에서 고래를 잡고, 포경기지로 가져가 고래기름과 수염을 처리하고, 생산물을 본토에 후송하는 세 단계로 진행됐다.

　　사냥은 작살과 란스를 이용했다. 포경선을 중심으로 작은 포경보트 여러 대가 느려터진 북극고래를 추적해 작살을 던졌다. 일단 첫 번째 작살이 꽂히면 선원들은 고래를 쫓으며 싸움을 벌였고, 최종적으로는 기다

스피츠베르겐의 포경기지
스피츠베르겐 섬의 스메렌부르크Smerenburg는 네덜란드 포경업자들이 설치한 포경기지였다. 고래를 잡으면 포경기지로 가져와 해체하고 삶아서 고래기름을 정제했다. 당시 화가들이 동행하지 않고 그림을 그려 정확하지 않지만, 왼쪽의 섬은 얀마엔 섬을 표현한 것으로 보인다.

랗고 뾰족한 란스를 내장 깊숙이 찔러넣고 고래가 죽기를 기다렸다. 1625년 스피츠베르겐 섬에서 포경 장면을 기록한 머스커비 상사의 토머스 에지Thomas Edge는 고래의 최후를 다음과 같이 기록하고 있다.

> 란스에 찔리면 고래는 사납게 몸통을 휘두르고 꼬리를 내리쳤다. 고래는
> 치명적인 상처를 입은 것이다. 고래의 숨구멍에서는 빨간 피가 분수처럼
> 솟았고 강건한 신체는 무너지기 시작했다.[115]

죽은 고래는 포경선으로 인도됐다. 고래를 포경선 옆에 띄운 채, 해체 작업을 시작했다. 고래의 꼬리는 선수 쪽에 머리를 선미 쪽에 위치시켰다. 선원들은 가장 먼저 꼬리지느러미를 자른 뒤 바다에 버렸다. 어떤

배는 꼬리와 등 지느러미를 매달아 범퍼로 썼다. 북극의 뾰족한 바다얼음 조각에 배가 상하지 않게 하기 위해서였다. 그리고 선원들은 고래의 수염을 떼어낸 뒤, 몸을 둘러싸고 있는 지방층을 예리한 칼로 차례차례 떼어냈다. 바다 위의 고래 해체 작업은 이것으로 끝이었다. 고래의 뼈와 고기 등 남은 것들은 모두 바다에 버렸다. 바다얼음 위에서 기다리던 북극곰이나 바닷새들이 남은 고기로 잔치를 벌였다. 고래 지방은 연안의 포경기지로 옮겨졌다. 보통 15~20척이 카르텔을 이뤄 포경기지 한 곳을 운영했다. 포경기지에선 지방을 끓여 기름으로 정제하고, 수염은 50다발씩 묶어 유럽으로 공급했다.

북극의 포경 방식은 매우 낭비적이었다. 500년 전에 포경을 개시한 이누이트가 고래의 모든 부산물을 알뜰하게 이용한 것과 달리 이들은 오직 고래기름과 수염을 얻기 위해 거대한 생명체를 죽였다. 사냥의 성공률 또한 높지 않았다. 고래 두 마리에게 작살을 명중시키면, 란스를 찔러 획득하는 건 한 마리 정도였다. 두 마리 중 한 마리는 피를 흘리며 먼 바다로 도망갔다. 나중엔 두 마리 모두 죽었지만, 인간을 위해 봉사한 것은 한 마리뿐이었다. 1760년에 포경 장면을 목격한 한 기록을 보자.

고래들은 쉽게 작살에 찔려 포경 보트에 결박당했다(작살에는 밧줄이 달려 있다). 하지만 세 마리 중 한 마리는 금세 힘을 되찾고 부활했다. 고래는 작살을 맞고 바다 속 깊이 잠수했다가 바다얼음을 뚫고 솟구쳤다.

선원들이 가장 무서워했던 것은 바다얼음과 추위였다. 북극해의 바다얼음은 시시각각 모양을 바꾸며 배를 조여왔다. 1830년에만 19척의 영국 배가 조난됐다. 포경 과정 중에 부상당한 선원들은 포경기지로 후송됐다. 그러나 상황이 열악하긴 포경기지도 마찬가지였다. 살을 에는 듯한 추위는 멈추지 않았고, 신선 야채류는 조달되지 않았으며, 가져온 고기는 썩거나 얼고 녹기를 반복해 악취를 풍겼다.[116]

포경 경쟁: 영국 대 네덜란드

17세기 초반 본격화된 북극해의 포경업은 날로 번성했다. 북극 포경의 선두에 선 두 나라는 영국과 네덜란드였다. 영국은 네덜란드에 항상 뒤처지기 일쑤였다. 무자비한 포경 경쟁으로 스피츠베르겐의 고래는 확연히 줄어들고 있었다. 네덜란드는 스피츠베르겐 섬과 얀마옌 섬의 해협과 만을 옮겨다니며, 고래 개체수가 줄어들면 지체없이 자리를 떴다. 1699년에서 1708년까지 10년 동안 네덜란드는 북극해에 1,652척의 배를 보내 8,537마리의 고래를 포획했다. 당시 돈으로 250만 파운드에 해당하는 어마어마한 매출을 올렸다.

왕실이 주도해 많은 배를 파견했음에도 영국의 성적은 초라했다. 영국은 1696년 북극 포경을 위해 그린란드 상사Greenland Company를 설립했지만, 막대한 적자를 기록하고 이내 파산했다. 영국이 네덜란드에 비해 북극 포경에 유연하게 대응하지 못한 이유는 두 나라의 철학 차이 때문이었다. 네덜란드가 자유로운 시장경쟁 체제였다면, 영국은 왕이 일부 상사에게 준 독점권을 중시했다. 머스커비 상사와 그린란드 상사, 그리고 그 뒤 남해 상사South Sea Company가 포경 독점권을 행사한 업체들이었다.

현장에서도 비효율적이었다. 네덜란드와 달리 영국의 포경선장은 고정 급료를 받았다. 인센티브가 없었기 때문에 성과도 크게 나지 않았다. 선장이 오히려 작업을 방해하는 경우도 많았다. 배 안에서 계급이 중시되는 문화로 인해 고래에 대해서 가장 잘 아는 작살잡이의 지혜가 무시되기 일쑤였다.

반면 네덜란드의 상인들은 고고한 원칙에 연연하지 않았다. 이들은 새로운 세계에 대한 탐험을 미덕으로 삼았고, 이 과정에서 발견된 자원은 독점적으로 소유할 수 있다는 믿음을 가졌다. 영국 왕실도 포경 독점권을 주는 방식은 효율성이 떨어진다는 것을 깨닫고 나중에 자유경쟁 체제를 도입했으나 그때는 이미 스피츠베르겐 섬에서 점차 고래의 씨가 말라가고 있었다.[117]

스피츠베르겐 섬 주변은 100년 전 바렌츠가 본 고래로 가득 찬 바다가 아니었다. 포경선이 고래들이 다니는 해역을 찾으려면 예전보다 더 많은 수고를 들여야 했다. 더는 연안 중심의 포경에 안주할 수 없었다. 비스케이 만의 바스크족이 했던 것처럼 육지를 기지로 삼아 가까운 바다에서 고래를 잡아 공수하기엔, 이미 연안의 고래가 바닥 난 상황이었다. 포경선은 섬에서 점점 더 먼 바다로 나아갈 수밖에 없었다. 본토에서도 예전보다 이른 늦겨울에 포경선을 출항해야 했다. 좀더 일찍 출발해야 봄철 북극해의 바다얼음이 깨지는 시기에 맞춰 사냥을 개시할 수 있었다. 이때쯤이면 이 지점에 동물 플랑크톤이 풍족해지면서 고래의 색이장으로 변하곤 했다. 고래들은 여기서 플랑크톤을 먹으며 덩치를 키우고 짝짓기를 했다.[118]

네덜란드와 영국의 배들은 기수를 돌려 북극의 미개척지로 향하기

북극의 고래사냥
19세기까지 영국 포경의 중심지였던 킹스턴어폰헐에는 화가들이 모여들어 바다와 선박, 항구 그리고 고래잡이 풍경을 그렸다. 존 워드John Ward는 포경을 묘사한 다수의 작품을 그려 세계적으로 인정을 받았다.

시작했다. 영국은 본격적인 포경을 위해 남해 상사를 설립하고, 1725년 그린란드를 향해 12척의 포경선을 출항시켰다. 1732년까지 남해 상사는 정부가 부과하는 세금을 면제받고 고래를 잡았다.

1719년 네덜란드는 캐나다 북극권의 데이비스 해협Davis Strait에 '정기적이고 집중적인 포경'을 개시했다. 이제 북극은 하얀 눈과 얼음으로 뒤덮인 고래의 천국이 아니었다. 북극해 어디를 가든 포경선이 휩쓸고 간 상처가 남아 있었다.

죽어서도 모욕을 당한 테이 고래

유럽과 미국을 중심으로 산업혁명 이후 자본주의의 맹아가 성장하면서, 상품 경제는 폭발적으로 확산됐다. 상품을 만드는 생산자와 상품을 이용하는 소비자는 구조적으로 분리됐다. 유럽의 도시 전역에서 고래기름으로 자신들의 방을 밝혔지만, 이 불빛에서 얼음나라를 적신 고래의 피와 포경선원들의 사투는 감히 상상하지 못했다. 포경선이 드나드는 포경 도시의 시민들만이 어렴풋이 알고 있을 뿐이었다. 초기 영국의 포경선은 런던의 템즈강에서 출발했다. 런던 중심부 동쪽에 있는 그린란드 독Greenland dock은 그린란드 해로 떠나는 포경선이 드나들어 붙은 이름이다. 포경 항구는 영국 전역으로 퍼진다. 영국 동부 해안의 어업 도시 킹스턴 어폰헐Kingston—upon—Hull과 위트비Whitby, 그리고 스코틀랜드의 라잇Leith, 애버딘Aberdeen 등도 이름 난 포경 도시로 성장했다.

18세기 후반부터 19세기 중반까지는 스코틀랜드의 던디Dundee가 영국의 최대 포경항으로 떠올랐다. 이는 던디의 주요 산업인 황마산업과 연관이 깊다. 황마로 옷을 만드는 데 고래기름이 필요했기 때문이다.

던디는 포경선이 벌어오는 돈으로 흥청거렸다. 북극의 모험담으로 떠들썩한 남자의 도시였다. 던디의 포경선은 당시 한 시즌에 10만~15만 파운드를 벌어들였다. 매년 1월에 던디의 배들은 물범을 사냥하기 위해 캐나다 뉴펀들랜드 연안으로 떠났다. 물범 사냥이 끝나면, 이들은 세인트존스에서 배를 개조해 스피츠베르겐과 그린란드에 이어 새로 고래 사냥터로 떠오른 데이비스 해협으로 옮겨가 고래를 사냥했다. 그리고 매년 가을, 배에 고래기름을 가득 싣고 던디로 금의환향했다. 또한 북극해에서 가져온 다양한 자연사적 사료와 이누이트 유적 등으로 박물관에 많은 선물을 가져다주었다.

1883년 11월의 어느 날이었다. 던디 근처의 테이 삼각주Tay estuary에서 큰 고래가 바다를 헤엄쳐 다닌다는 소문이 퍼졌다. 소문은 거짓이 아니었다. 길이 12미터, 무게 16.5톤에 달하는 혹등고래였다. 적도와 북극, 적도와 남극을 왕복하는 혹등고래가 영국 해안가에 나타난 건 드문 일이었다.

던디의 시민들은 거대한 고래의 출현에 놀랐다. 포경 도시이긴 했지만 뭇 사람들이 살아 있는 고래를 볼 기회는 거의 없었다. 포경 선원들은 '고래를 고향에서 봤다'며 흥분했다. 혹등고래에게는 매우 불행하게도, 던디는 당시 영국의 최대 포경항구였다. 게다가 마침 포경선들이 겨울을 맞아 쉬고 있던 때라, 선원들은 고향에서 몸을 풀고 싶어했다.

마침 북극해에서 돌아와 할 일이 없던 고래잡이들은 고래를 잡아들이기로 했다. 그리고 고래잡이들은 던디 근처의 바다를 샅샅이 뒤졌다. 고래는 필사적으로 맞섰다. 던디의 거의 모든 포경선이 스스로 굴러 들어온 고래를 잡기 위해 열을 올렸고, 고래는 한 달 만인 12월 31일 잡혔다. 그러나 고래는 포경선에 끌려가던 중, 벨 록Bell Rock 등대에서 필사적으로 탈출했다. 하지만 지칠 대로 지친 고래는 일주일 뒤 죽은 채로 떠올랐다. 철제 작살이 여기저기 꽂힌 채였다.

고래는 경매에 올라왔다. 던디의 '그리지 존Greasy John'이라고 불리는 기름 장사 존 우드가 고래를 매수했다. 2,260파운드, 지금 돈으로 1만 1,800파운드(한화 2,000만 원)에 달하는 거액이었다.

존 우드는 고래를 이용해 돈을 벌기로 했다. 관람료는 은화 한 닢이었다. 버팀목을 사용해 고래의 입을 벌리고 그 안에 테이블을 넣은 뒤, 사람

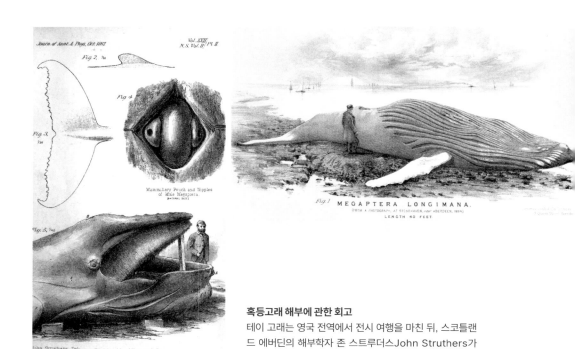

혹등고래 해부에 관한 회고
테이 고래는 영국 전역에서 전시 여행을 마친 뒤, 스코틀랜드 에버딘의 해부학자 존 스트루더스John Struthers가 해부했다. 그가 1889년에 남긴 테이 고래에 대한 그림.

테이 고래
영국 최대의 포경 항구 던디에서 노련한 작살잡이와 한달 넘게 싸움을 하다가 죽은 테이 고래는 영국 전역을 돌며 전시됐다. 현재 던디의 맥메이너스 박물관에 테이의 고래 뼈가 전시돼 있다.

들이 입 속에 들어가 테이블에 앉아 기념사진을 찍도록 했다. 던디는 영국 전역에서 몰려든 인파로 북적였다. 던디로 향하는 특별열차가 편성됐다. 토요일에만 1만 2,000명의 인파가 몰려들어 존 우드가 기념사진을 찍지 못하고 뒤에서 지켜본 사람들에게 사과했다는 신문 기사가 날 정도였다. 포경 도시는 죽은 고래로도 장사를 했다.[119]

비참한 전시 대상이 된 죽은 고래는 영국 투어에 올랐다. 고래를 위해 특별 개조된 화물칸에 올라 애버딘과 리버풀, 맨체스터를 돌며 모욕을 당했다. 다시 던디에 돌아온 고래는 박물관에 기증됐다. 런던과 유럽, 미국의 유수 박물관이 거액을 제시했지만, 존 우드는 고향 박물관에 기증하기로 한 약속을 지켰다고 한다.

6장

고래의 복수

유럽인들이 더 많은 고래를 잡기 위해 북극의 얼음바다 안쪽으로 깊이 들어가고 있을 때, 또 다른 한 무리의 유럽인들은 새로운 땅으로 이주를 하고 있었다. 그곳은 지금의 매사추세츠, 메인, 뉴햄프셔, 버몬트, 코네티컷, 로드아일랜드 등의 북아메리카 대륙의 북대서양 연안으로, 유럽인들이 배를 타고 대서양을 건너면 가장 처음 닿는 육지였다.

1614년 존 스미스John Smith 선장은 이곳을 탐사하고 새로운 잉글랜드, 즉 '뉴잉글랜드'라 불렀다. 1620년 청교도 102명이 메이플라워 호를 타고 뉴잉글랜드에 도착한 이래 새로운 꿈을 찾아 떠나는 사람들로 대서양을 건너는 배가 북적이기 시작했다. 대다수는 경건하고 성실한 청교도였다. 이들은 뉴잉글랜드에 정착지를 건설하고 '새로운 영국 생활'을 꾸려나가기 시작했다.

영국 리버풀의 이름난 목사였던 리처드 매더Richard Mather도 1635년 청교도들을 이끌고 제임스 호에 오른다. 신대륙 뉴잉글랜드에 대한 낯선 기대와 두려움 속에서 그가 가장 먼저 만난 건 머리에 깃털 장식을 한 아메리칸 인디언이 아니었다. 그는 항해 도중 고래를 봤다며 이렇게 일기에 썼다.

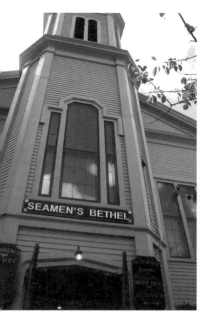

포경 선원들의 교회
허먼 멜빌의 소설《모비딕》에서 나오는 뉴베드포드의 시멘스 처치Seamen's bethel. 먼 바다에 나가기 전 선원들이 들르는 이 교회에서 목사는 배 모양으로 된 설교단에 올라 설교를 한다. 실제 이런 모양이 만들어진 건 소설 출판 이후다.

오후에 우리는 물을 뿜는 거대한 고래를 봤다. 숨기둥은 굴뚝 속에 피어오르는 연기처럼 솟구쳤고, 이어 바다는 하얀 공포로 변했다. 성서 속의 야고보가 말한 그 거대한 생명체였다. 나는 요나가 그 큰 고래 뱃속에 있었던 사실을 의심할 수 없었다.

'개척자'라 불리는 미국 초기 식민주의자들의 마음속 깊은 곳에는 고래가 있었다. 식민주의자들은 대서양을 건너며 무수히 많은 고래를 보았고, 뉴잉글랜드에 정착하고 나서도 바닷가에서 많은 고래를 볼 수 있었다.

뉴잉글랜드 연안은 '고래 천국'이었다. 미국 포경의 역사는 뉴잉글랜드에서 시작돼 뉴잉글랜드에서 끝났다. 이 지역에서의 포경업은 원래 스트랜딩한 고래를 대상으로 한 것이었다. 뉴잉글랜드 연안에 워낙 많은 고래가 살았기 때문에 스트랜딩 횟수도 잦았다. 정착자들은 바닷가에 떠밀려온 고래로 고래기름을 만들었다.

미국 동부 롱아일랜드의 해안가 마을 사우스햄턴Southhampton. 1640년 매사추세츠 주의 린Lynn에서 온 사람들은 이곳에 소규모 정착지를 건설했다. 이들은 스트랜딩한 고래를 공동으로 감시하고 분배하는 체계를 마련한 최초의 식민주의자들로 기록되고 있다. 이들이 만든 고래 감시 체계는 간단했다. 스트랜딩은 폭풍이 지나간 뒤 자주 발생했다. 사우스햄턴 사람들은 폭풍 직후 번을 정해 세 사람씩 해안을 돌며 좌초된 고래가 없는지 살폈다. 책임을 게을리하면 10실링의 벌금을 냈다. 고래가 발견되면, 마을을 네 구역으로 나눠 각각의 대표자들이 고래를 해체해 가져가도록 했다. 고래를 해체하는 사람은 두 배를 갖고, 나머지는 각 구역의 사람들에게도 똑같이 나눠주었다. 이런 규정은 1644년 사우스햄턴 법원에서 결정됐다.[120] 사우스햄턴은 미국 역사상 처음으로 스트랜딩한 고래를 처리해 공동 분배하는 법률을 제정한 곳이었다.

정착자들은 고래가 이렇게 자주 스트랜딩하는 예를 본국에서 보지 못했다. 이들은 이곳이야말로 '고래의 신대륙'이라는 사실을 직감했다. 심지어 뉴잉글랜드의 작은 섬 낸터킷에서는 항구로 고래가 헤엄쳐 들어와 놀 정도였다. 당시 새로운 산업으로 떠오른 '포경업'이 유럽을 휩쓸던 상황에서, 기득권을 버리고 신대륙으로 모험을 감행한 청교도들이 '하늘이 내려준 고래'를 놓칠 리 없었다. 이들은 바닷가에서 고래를 기다리는 대신

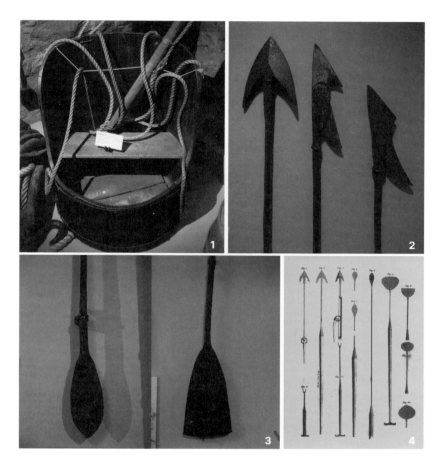

1. 잼 "날씨가 온화한 어느 날 포경선이 다른 포경선을 만나기라도 하면 어떻게 하는가? '잼'이라는 것을 한다. 포경선 외의 다른 배들은 전혀 없는 일이고 그 이름도 알지 못한다." (허먼 멜빌의 《모비딕》) 잼은 포경선 사이의 사교적 방문을 일컫는 말로, 미국 포경선의 독특한 문화였다. 다른 배로 건너가기 위해서 커다란 나무통을 이용했다.

2. 작살 미국 뉴잉글랜드 낸터킷 포경박물관에 전시된 각종 작살들. 작살은 단순한 형태에서 복잡한 형태로 개조됐다. 고래의 몸에 꽂힌 뒤 창끝이 잘 빠지지 않도록 만드는 데 주안점을 뒀다.

3. 란스 고래를 작살로 찌른 포경 선원은 고래와 인내의 싸움을 벌인다. 작살을 놓쳐선 안 됐다. 결국 고래가 지쳐 힘을 쓰지 못한다고 판단할 때, 선원은 최후의 일격으로 '란스'를 찔렀다. 란스는 고래의 숨통을 한 번에 끊을 수 있도록 날카로웠다. 낸터킷 포경박물관의 란스.

4. 작살과 란스를 그린 구조도

직접 노를 들고 바다로 나아갔다.

　미국 최초의 포경은 1640년대 롱아일랜드에서 시작됐다. 처음에는 소박했다. 비스케이 만의 바스크족이 그랬듯이 육지로부터 몇 킬로미터 내에서만 이루어지는 '연안 포경'이었다. 고래가 시야에 들어오면, 청교도들은 작은 포경 보트에 몸을 싣고 고래를 쫓아나섰다. 고래가 워낙 많았기 때문에 뉴잉글랜드에서의 연안 포경은 바닷가 마을을 따라 유행처럼 번졌다. 연안 포경 시대가 막을 내린 17세기 말까지 남쪽의 롱아일랜드에서 북쪽의 메인Maine 주까지 유럽의 정착자들은 인디언 원주민을 고용해 바다로 나아갔다. 원주민에겐 고래기름을 급료로 지급했다.

향고래를 잡으러 먼 바다로 나가다

　뱀처럼 길게 뻗어나온 뉴잉글랜드 케이프코드Cape Cod에서 50킬로미터 떨어진 곳에 모래섬이 있었다. 낸터킷 원주민 말로 '멀리 떨어진 땅'을 뜻하는 섬에 해마다 가을이면 수백 마리의 긴수염고래가 몰려와 이듬해 봄까지 머물렀다.

　1659년 처음 이 섬에 들어온 영국인 정착자들은 울타리를 세우고 농사를 지었다. 하지만 땅은 비옥하지 않았다. 강풍과 파도가 치면 모래가 섬을 뒤덮었다. 섬에서 기댈 게 별로 없었으므로 낸터킷 사람들은 고래로 관심을 돌리기 시작했다. 이들은 케이프코드에서 사람을 데려와 포경 기술을 배우고 연안으로 포경을 떠났다. 포경 보트 한 척에는 6명이 탔다. 정착자 1명이 키를 잡고 왐파와그노 부족 사람 5명이 노를 젓고 작살을 던졌다.

1712년 낸터킷 사람 크리스토퍼 허시Christopher Hussey도 긴수염고래를 찾고 있었다. 그런데 갑자기 북풍이 불었다. 작은 배는 섬에서 점점 멀어져 갔다. 결국 섬에서 멀리 떨어진 곳을 표류했는데, 그는 거기서 거대한 고래 무리를 목격한다. 그런데 그 고래 무리는 지금까지 보아왔던 고래와 달랐다. 비교적 유선형의 몸체를 가진 긴수염고래와 달리 머리가 뭉툭하고 커서 가분수 같았다. 또한 수직으로 물을 뿜는 긴수염고래와 달리 숨기둥이 앞쪽으로 포물선을 그리며 떨어졌다. 여하튼 강풍과 거친 파도에도 불구하고 그는 작살을 던져 고래를 잡을 수 있었다. 이 고래가 미국 포경 역사의 주인공 향고래였다.

미국의 원양 포경은 이 우연한 사건에서 시작됐다고 알려졌다. 1835년 낸터킷 사람 오베드 메이시Obed Macy가 《낸터킷 역사History of Nantucket》에서 전한 이 이야기가 사실이라는 측과 설화라는 측의 의견이 팽팽하게 맞서고 있지만, 원양 포경이 이 즈음 낸터킷에서 시작된 것만은 분명해 보인다. 낸터킷의 고래잡이들은 섬에서 조금씩 멀리 나아가면서 먼 바다에 향고래 무리가 헤엄쳐다니는 걸 알게 됐고, 이윽고 먼바다 고래에 욕심을 내기 시작했다. 사실 이들이 원양 포경으로 방식을 바꾼 이유는 낸터킷 근처의 긴수염고래를 다 잡아버려서 더 이상 잡을 게 없었기 때문이다. 이 무렵 이들은 포경선을 더 크게 만들어 배에 아궁이를 설치하고 가마솥을 걸었다. 따라서 고래 지방을 기름으로 가공하기 위해 낸터킷으로 돌아갈 필요가 없었다. 이들은 연안에서 점차 멀리 나아가 향고래를 잡았고, 향고래가 없으면 더 먼 곳까지 찾아나섰다.

미국 포경의 상징으로 여겨지는 낸터킷 포경선은 세계 각지로 진출했다. 용기백배해 뉴잉글랜드의 먼 바다로 나간 낸터킷 사람들은 아메리카 남부 해안을 거쳐 바하마 제도, 서인도 제도, 멕시코만, 카리브 해로 내려갔다. 그리고 이들의 이동 경로를 따라 고래의 개체수도 급감했다. 그럴 때마다 포경선은 '남쪽으로! 남쪽으로!'를 외쳤다. 원양 포경이 시작된 지 62년 만인 1774년 낸터킷의 포경선들은 브라질의 적도 해역을 지나 남극에 다가서고 있었다.

특히 남아메리카 바다는 미국 포경업자들이 스스로 개척한 '고래의 천국'이었다. 유럽인들은 포경업에 일찌감치 뛰어들었지만, 북극해와 그 주변을 떠나지 않았다. 그때까지만 해도 남아메리카 연안은 포경산업의 미개척지나 마찬가지였다. 여러 문학과 상징 속에서 '세상의 끝'으로 인용되는 남아메리카 최남단의 섬 티에라델푸에고Tierra Del Fuego에서 평화롭게 살던 고래들에게도 청교도의 작살이 날아들었다. 프랑스에서 온 탐험가 라 페루즈La Pérouse는 1786년 다음과 같이 썼다.

바닷가에서 출발해 해협의 절반에 이르는 동안 우리는 고래에 둘러싸여 있었다. 고래들은 방해받지 않고 있다고 느끼고 있는 게 분명했다. 총으로 쏴서 죽일 수 있는 거리의 절반밖에 되지 않은 지점에 있는데도 고래들은 우리 배 때문에 놀라지 않았다. 포경선이 스피츠베르겐과 그린란드에 몰려가 똑같은 일을 일으키기 전까지의 상태처럼 그들은 이 바다의 군주였다. 고래를 잡기에 이보다 더 좋은 장소는 지구에 없을 것이다.

인간을 처음 본 고래들은 인간을 무서워하지 않았던 것 같다. 포경선을 피하지 않다가 동료들이 죽어가는 걸 보면서 '도망과 저항'을 학습했다. 라 페루즈는 며칠 뒤 칠레 연안에서 이렇게 썼다.

긴 밤 동안 우리는 고래에 둘러싸여 있었다. 고래들은 우리 배에 꽤 가까이 헤엄쳤는데, 갑판에서 고래가 뿜는 숨기둥을 비처럼 맞을 정도였다.

포경산업은 점차 '글로벌 비즈니스'가 되어가고 있었다. 항적은 지구한 바퀴를 돌만큼 점차 길어지고, 몇 달의 항해를 마치고 귀환하는 건 짧은 여행 축에 속했다. 선원들은 바다에서 3~4년간 버틸 물과 고기를 배에 실었고, 몇 년을 먹고살 만큼의 고래기름을 가져오겠다고 큰소리치며이별 인사를 했다.

영국과 네덜란드가 북극해와 캐나다 북극권을 주무대로 삼은 것과대조적으로 미국의 포경선은 남반구를 누볐다. 북극해 포경은 긴수염고래를 잡았지만, 미국 포경선은 향고래를 잡는 데 주력했다.

하지만 향고래는 만만찮았다. 포경에 성공하려면 고래를 목격해야 했지만, 향고래는 시야에서 놓치기 일쑤였다. 두 개의 숨기둥을 시원스럽게뿜어 올리는 긴수염고래와 달리 향고래는 약간 왼쪽에 달려 있는 숨구멍에서 숨기둥을 낮게 흘려댔기 때문이다. 게다가 향고래는 포악한 싸움꾼이었다. 걸핏하면 포경선에 시비를 걸었고, 큰 덩치로 포경 보트를 내던졌다. 다른 고래들의 경우 사람에게 피해를 입힐라 치면, 꼬리로 포경 보트를 내리치는 게 전부였다. 하지만 향고래는 꼬리로 내리치고 머리로 박았다. 그래서 고래잡이들은 향고래를 '머리에서 꼬리까지 위험한 존재dangerous both ends'라 불렀다.

소설가 허먼 멜빌이 《모비딕》에서 향고래를 '안티 히어로'로 선정한 이유도 이런 향고래의 포악성 때문이었다. 그는 "향고래는 경우에 따라서 계획적으로 큰 배에 구멍을 뚫고 완전히 파괴해서 침몰시킬 만한 힘과 지혜, 악의를 갖고 있다"고 썼다. 그러면서 멜빌은 낸터킷 출신 폴라드 선장이 이끌었던 난파선 에섹스 호의 이야기를 꺼낸다.

(에섹스 호는 본선에서) 보트를 내려 향고래 떼를 추격했다. 오래지 않아 고래 몇 마리가 상처를 입었다. 그때 보트를 피해 달아나던 거대한 고래 한 마리가 갑자기 무리에서 뛰쳐나오더니 곧장 본선을 향해 돌진했다. 고래의 이마에 일격을 당한 선체는 구멍이 뚫렸고, 십 분도 지나기 전에 배는 옆으로 쓰러져 가라앉고 말았다.[121]

배를 산산조각 낸 고래들

《모비딕》의 소재가 된 '에섹스 호의 비극'은 실제로 벌어진 일이다. 에섹스 호는 1820년 태평양 적도 부근 갈라파고스 제도에서 서쪽으로 1,500해리 떨어진 망망대해에서 향고래의 공격을 받고 산산조각이 났다. 에섹스 호가 난파된 뒤 구조된 일등항해사 오언 체이스Owen Chase가 쓴 책 《포경선 에섹스 호의 난파 이야기》로 이 사건이 널리 알려졌다.

에섹스 호의 침몰 사건은 19세기 널리 알려진 해양 참사 가운데 하나다. 이 사건은 당시 '사람을 공격하는 고래'의 대표적인 사례로 각인되면서, 미지의 바다를 여행하는 포경 선원들에게 내재된 공포의 원형이 되었다.

토머스 니커슨의 에섹스 호 스케치

토머스 니커슨은 에섹스 호의 사관실 급사였다. 그의 노트가 뉴욕 주 펜얀의 어느 집 다락방에서 발견돼 1984년에 낸터킷 역사학회가 한정 부수를 출판했다. 160여 년 만에 이 노트가 공개됨에 따라 일등항해사 오언 체이스의 기록에만 의존했던 당시 상황이 더욱 객관적이고 구체적으로 알려졌다. 첫 장은 고래가 나타난 가운데 선원들이 갑판에서 보트를 내리는 모습이다. 두 번째 장에선 고래의 공격을 받은 뒤 배가 기울어져 있다.

《모비딕》에서는 생략됐지만 고래가 에섹스 호를 덮치기 직전, 선원들은 본선에서 내린 포경 보트를 타고 만만하게 보이는 한 작은 향고래를 몰고 있었다. 선원들이 이 고래를 쫓는 데 시간은 그리 오래 걸리지 않았다. 선원들은 작살을 던져 고래를 찔렀고, 놀란 고래는 꼬리를 휘두르며 요동쳤다. 꼬리가 보트를 세게 내리쳤고, 보트는 부서져 물이 새기 시작했다. 여기까지는 포경 선원들이 자주 겪는 사건이었다. 그다음부터 이상한 일이 벌어졌다.

얼마나 지났을까. 엄청나게 큰 향고래가 본선인 에섹스 호의 좌현 위로 떠올랐다. 본선의 선원들은 고래가 이상하다는 걸 직감했다. 선원들이 보기에 그 향고래는 비정상적으로 컸다. 더 이상한 것은 고래의 행동이었다. 아무리 향고래가 포악하다지만, 자신의 몸집보다 훨씬 큰 포경 본선을 보면 자리를 피하는 게 보통이었다. 하지만 이 놈은 가만히 떠서 에섹스 호를 노려보는 것 같았다. 그리곤 등을 보여줄 듯 말 듯 조용히 뜨면서 물을 뿜어댔다. 고래는 두서너 차례 숨을 쉬고 물속으로 몸을 감추는가 싶더니, 이번엔 30미터도 채 되지 않은 곳에서 불쑥 솟아올랐다. 그때까지만 해도 선원들은 향고래가 자신들을 공격할 줄은 꿈에도 상상하지 못했다.

그런데 향고래가 꼬리를 상하로 내리쳤다. 부서질 듯 강력한 파도가 쳤다. 그리고 놈은 곧장 배로 돌진했다. 하얀 포말의 파도가 뒤를 따랐다. 그때서야 일등항해사 오언 체이스는 키를 돌리라고 사관실 급사 토머스 니커슨에게 소리쳤다. 그러나 때는 이미 늦었다. 괴물은 배의 좌현 닻줄 아래를 정통으로 들이받았다. 에섹스 호는 암초에 정통으로 충돌한 것처럼 덜컹 흔들렸다. 사람들이 나둥그러졌다. 고래는 배 밑바닥을 긁고 우

192
다정한 거인

현에서 솟아올랐다.

고래의 분노는 그것으로 풀리지 않았다. 고래는 배 주변을 왔다갔다 하더니, 배의 좌현 방향에서 떠올라 다시 선체 아래를 들이받았다. 배의 밑바닥이 심하게 부서졌고, 배는 서서히 침몰하기 시작했다.

어쩔 수 없이 선원들은 본선을 포기했다. 20여 명의 선원들은 음식을 챙겨 세 척의 포경 보트에 나눠 타고 망망대해를 헤맸다. 식량과 물이 떨어진 그들은 거북이의 살과 피를 먹고, 죽은 동료의 시체를 나눠 먹었다. 그것마저 떨어지자 제비를 뽑아 동료를 죽인 뒤 그의 주검을 아껴 먹으며 연명했다. 두 달 반 뒤 구조될 당시, 폴라드 선장과 그의 동료들은 배에 가득한 사람 뼈를 쪼개어 척수를 빨아먹고 있었다고 한다.

에섹스 호는 길이 27미터 무게 238톤의 중대형 포경선이었다. 살아남은 선원들은 문제의 향고래가 '길이 24미터에 80톤에 이르는 예전에 본 적이 없을 정도로 큰 고래'라고 증언했지만, 과장됐을 가능성도 없지 않다. 수컷 향고래는 암컷보다 네 배 이상 크지만, 보통 20미터를 넘지 않는다. 그럼에도 향고래가 금세 정신을 차리고 다시 공격할 수 있었던 이유는 배와 정면 충돌을 해도 살아남을 수 있는 독특한 신체적 조건을 갖췄기 때문이다. 몸집의 3분의 1에 달하는 거대한 머리에는 기름(경랍, 鯨蠟)이 든 일종의 빈 공간이 있어서, 충돌로 생기는 충격을 흡수할 수 있다.[122] 그래서 향고래들은 수컷끼리 머리를 처박으면서 서열 경쟁을 벌이기도 한다.

향고래가 작은 포경 보트를 내리치는 일은 자주 있다. 포악한 향고래뿐만 아니라 '느림보' 긴수염고래와 인간의 싸움에서도 흔히 일어나는 사고다. 작살에 맞은 고래가 놀라 몸부림치고 이 과정에서 포경 보트가 전복되거나 사람이 부상당한다. 그래서 포경 보트에서 작살을 던질 때는 이격 거리를 충분히 두는 게 기본이다.

하지만 고래가 포경 본선을 들이박는 경우는 드물었다. 본선에 탄 선원들이 고래를 직접 공격하는 경우도 흔치 않아서 애초부터 분쟁이 발생하지 않았기 때문이다. 다만 고래가 의도적으로 본선에 돌진했음을 보여주는 일부 사례가 있다. 1836년엔 낸터킷 포경선 리디아 호가 향고래 한 마리에게 받혀 침몰했다. 2년 뒤, 투 제너럴 호가 똑같이 당했다. 1850년에는 마사스빈야드 선적의 포경선 포카혼타스 호가 고래에 떠받혔으나 간신히 항구까지 돌아와서 수리를 받기도 했다. 고래가 본선을 들이받는 사건이 반복되면서 선원들은 무자비한 살육을 자행하는 인간들에게 고래가 복수하는 것이라고 생각했다. 자연에 대한 원형적인 공포가 여전히 사람의 마음을 지배하고 있었던 것이다.

1851년 뉴베드포드 선적의 앤 알렉산더 호는 갈라파고스 제도 부근 해역에서 포경 보트를 내려 커다란 수컷 향고래를 공격했다. 그러자 고래는 일등항해사의 보트에 돌격해 종잇장처럼 찢어버렸다. 선장은 본선에서 고래에게 작살을 던졌다. 그러자 고래는 다시 거대한 머리로 뱃머리를 들이받았다. 분을 참지 못한 선장은 다른 포경 보트를 내리라고 명령했지만 선원들은 "선장이 모두 죽이려고 한다"며 두 척의 보트에 나눠타고 달아났다. 다섯 달 후에 다른 포경선이 문제의 고래를 잡았다. 놈의 옆구리에는 작살과 창이 어지럽게 꽂혀 숲을 이루고 있었다. 또 머리에는 배에서 떨어져나온 각종 파편들이 어지럽게 박혀 있었다.[123]

경랍과 용연향

포악성에도 불구하고 미국 포경업자들이 향고래를 고집한 이유가 있다. 향고래의 고래기름은 긴수염고래의 그것보다 훨씬 품질이 좋았다. 연기나 그을음이 적어서 양초의 훌륭한 재료가 됐다.

특히 향고래의 큰 머리에는 '경랍(뇌유)'이라고 불리는 최상급의 기름이 존재했다. 고래기름을 얻기 위해서는 고래 살갗 밑에 있는 지방층을 끓여야 했지만, 경랍은 국자로 떠서 따로 저장하기만 하면 됐다. 낸터킷의 고래잡이들은 경랍을 고래기름과 구분해 '캐스킷casket'이라 불리는 목재 기름통에 따로 넣어서 고향에 돌아가 팔았다. 가마솥에 경랍을 끓인 뒤 목재 압축기로 누르기를 반복해 남은 고체로 최고급 양초를 만들었다.

낸터킷의 고래잡이들에게 복권처럼 딸려오는 선물도 있었다. 용연향 ambergris이다. 수컷 향고래의 위장과 내장에 붙어 있는 용연향은 이집트에서 '신사의 향료'로, 중국에선 최음제로 통했던 향료다. 이탈리아 사람들은 용연향을 초콜릿에 넣었고, 아랍인들은 커피에 넣어 향을 더했다. 워낙 수가 많지 않고 귀하다 보니 상인들은 용연향을 보일 때마다 사들였다가 금에 필적하는 가격에 팔았다.

용연향이 귀했던 이유는 그 누구도 이 신비롭고 매끄러운 담황색 고체가 어디에서 나는지 몰랐기 때문이다. 용연향은 폭풍우가 지나가고 난 뒤 해안가에서 주로 발견됐다. 인간의 지식이 훌쩍 자란 17세기에도 용연향의 기원은 여전히 미스터리였다. 1666년 한 작가는 용연향의 기원에 대한 설만 18개가 있다고 주장했다. 해초의 열매라거나 동인도에 사는 새의 똥, 석유나 유황의 일종, 바다 버섯, 고래의 똥이라는 주장이 있었다. 중국에서는 용연향을 바다에 사는 용이 뱉은 침이 굳어 생긴 것이라고 여기기도 했다. 용연향과 고래의 연관성을 주장한 최초의 인물은 마르코 폴로다. 그는 13세기 후반 《동방견문록》에서 "용연향은 고래와 향고래의 배에서 발견된다"고 말했다.

용연향의 수수께끼는 포경산업이 발달하면서 풀렸다. 고래잡이들은 일부 수컷 향고래의 위장과 내장에서 매끄러운 재질의 고체(결석)를 발견했고, 이윽고 이 고체가 귀족들이 '용연향'이라고 부르는 그 물질임을 알게 되었다. 하지만 용연향은 일 년에만 향고래 수십 마리를 잡는 낸터킷 고래잡이들에게도 귀했다. 모든 향고래가 용연향을 지닌 건 아니었기 때문이다. 낸터킷 포경선은 적어도 하나 이상의 용연향을 가지고 입항했지만 풍족한 정도는 아니었다. 1858년 워치맨 호가 네 개의 통에 360킬로그램의 용연향을 싣고 귀향해 10만 달러를 벌었다는 기록이 전해진다. 이는 포경선 한 척이 일 년 동안 항해해 얻는 수익의 절반에 해당했다.[124]

용연향에서는 오래된 교회의 나무 냄새, 갯벌 냄새, 신선한 흙 냄새, 햇볕을 받은 신선한 해초 냄새가 난다. 향수업계는 용연향을 오랫동안 향기를 지속시키는 고정체로 사용했다. 업계는 미국과 호주 등 주요 국가에서 용연향의 거래나 수출입을 금지하기 전까지 용연향을 '샤넬 넘버5' 같은 고가 제품의 마케팅 수단으로 활용했다.[125] 여전히 용연향은 '바다의 로또'와 같아서 해변에 떠밀려온 담황색 고체를 보고 용연향을 주웠다고 주장하는 이들이 종종 있다. 그러나 아쉽게도 정밀 분석해 보면 용연향이 아닌 경우가 대부분이다.[126]

그렇다고 수수께끼가 완전히 풀린 것은 아니다. 왜 수많은 고래 가운데 유독 향고래 내장에서 이 향기로운 물질이 발견되는 것일까? 과학자

다정한 거인

낸터킷 포경박물관
경랍이 들어 있는 향고래의 머리는 크다. 그 아래 포경 보트가 전시되어 있다. 세계 최고의 포경박물관
중 하나다.

경랍 보관 용기
향고래에서 추출한 경랍은 나무통에 담아 보관했다. 낸터킷에서는 금속 스텐실을 나무통에 부착해 제
품을 표기했다.

들은 향고래의 식습관과 관련되어 있을 것으로 추정한다. 향고래는 소나 사슴처럼 네 개의 위장을 가지고 있다(고래가 말발굽 동물과 같은 조상을 두고 있음을 상기하라). 향고래는 심해로 내려가 오징어류를 많이 먹는데, 대부분은 네 개의 위장을 통과하는 과정에서 소화가 되지만, 촉수 같은 부위가 소장에 달라붙어 검은 결석이 된다. 건강한 향고래는 입으로 결석을 몸 밖으로 배출하는 반면, 약 1퍼센트의 향고래는 죽어서 사체가 분해될 때까지도 결석을 가지고 있다. 이 결석이 떠돌다가 해안가에 떠밀려와 인간의 보물이 되는 것이다.[127]

낸터킷의 몰락

향고래는 저위도의 열대 바다에 많았다. 1835년 찰스 다윈이 갈라파고스 제도에 다다랐을 때, 이미 포경선이 바다를 메우고 있었다. 당시 갈라파고스 제도는 포경선이 식량 조달을 위해(신선한 고기를 먹기 위해 거북이를 잡아갔다) 기항하는 곳이었는데, 주변 바다에서 향고래 사냥을 벌였다. 무리를 지어 다니는 향고래는 한꺼번에 많은 수를 잡을 수 있었다. 사냥에 한 번 크게 성공하면, 배는 고래기름으로 가득 찼다. 다음은 갈라파고스 근처의 향고래를 관찰한 포경일지 가운데 1835년에 작성된 기록이다.

향고래는 집단적 동물이다. 향고래 무리는 두 종류가 있다. 어미와 새끼가 함께 하는 양육 무리가 있고, 아직 어른이 덜 된 수컷들이 모인 무리가 있다. 두 번째 무리는 보통 연령에 따라 모인다. …… 포경선원들은 이 무리들을 '스쿨(school, 물고기 떼를 일컫는 말)'이라고 불렀다. 가끔 엄청나게 많은 개체들이 하나의 무리를 이룰 때도 있다. 한 스쿨이 500~600마리에 이르기도 한다.[128]

향고래 전문가 할 화이트헤드는 1985년 이 해역에서 향고래를 관찰했는데, 과거 포경일지의 묘사가 비교적 정확하다는 것을 알 수 있었다. 향고래 무리는 어미와 새끼가 3~20마리씩 떼로 움직였다. 어미 고래들이 협력해 새끼들을 돌봤고, 오랫동안 해저로 내려가 오징어를 잡아먹을 때는 새끼들을 다른 개체에 넘겨서 지키게 했다. 어미가 오래 잠수하기 위해 꼬리를 치켜 세워 입수하면, 새끼들은 알아서 근처에 있는 다른 고래에게 헤엄쳐갔다.

어린 수컷은 6살쯤 되면 가족을 떠나 높은 위도의 차가운 바다로 찾아간다. 20대가 될 때까지 따뜻한 바다로 돌아가지 않고 혼자, 또는 다른 수컷들과 함께 살아간다. 때로 짝짓기를 하기 위해 저위도의 따뜻한 바다로 내려오지만, 친밀한 애정관계를 쌓지 않고 얼마 뒤 고위도 지역으로 돌아간다. 향고래에게서 집단 생활의 중심은 어미들과 새끼들로 이뤄진 양육 집단이고, 수컷들은 고독하게 외떨어져 살아가는 뜨내기일 뿐이다.

낸터킷의 포경 선원들도 모계 중심의 향고래 사회와 무서울 정도로 닮아 있었다. 고래잡이들은 몇 년 동안 바다 생활을 하다가 고향 낸터킷에 일시 귀환할 뿐이었다. 낸터킷 사람들은 포경에 몸을 바치느라 그들의 사냥감인 향고래와 흡사한 사회관계를 만들어왔다.[129]

원양 포경과 향고래 포경을 개척한 낸터킷의 포경업은 19세기 중반에 접어들면서 침체되고 있었다. 초창기에 약간 귀찮은 정도였던 낸터킷 섬의 모래사장은 포경선이 대형화하면서 커다란 암초처럼 느껴졌다. 대형 포경선은 좌초 위험 때문에 낸터킷 항구에 입항하지 못하고 화물 운반선을 따로 세 내어 고래기름을 항구에 부렸다. 이 때문에 시간과 비용이 많이 들어서 미국 동부의 다른 포경 도시들과 견주어도 경쟁력이 처졌다.

세계적인 포경 경쟁 때문에 고래 자원은 급속하게 감소하고 있었다. 다른 포경업자들은 이미 태평양에 점점이 흩어진 섬 구석구석을 이 잡듯이 헤집고 다녔다. 그러나 낸터킷의 포경업은 기존 어장을 고수하는 데 안주했다. 그렇게 뉴잉글랜드는 물론, 한때 세계 포경업의 중심 도시였던 낸터킷은 점차 시들어갔다.

1846년 초여름, 낸터킷 거리에서 "불이야"라는 비명이 터져나왔다. 오랫동안 비가 오지 않아 도시의 목조 건물들은 바싹 말라 있었다. 불길은 순식간에 메인 스트리트를 거쳐 도시 전체를 불태운 뒤 고래기름 창고들로 번졌다. 이튿날 아침 도시는 폐허로 변해 있었다. 사람들은 '바다의 괴수' 향고래가 기어이 복수했다고 소곤댔다. 이 사건은 낸터킷의 몰락을 재촉했고, 이후 도시는 예전의 활기를 되찾지 못했다.

1859년 펜실베이니아 주 타이터스빌에서 석유가 발견됐다. 뉴잉글랜드의 포경 중심지는 기차가 닿는 바다 건너 뉴베드포드로 옮겨졌다. 뉴베드포드는 낸터킷의 전통을 이어 20세기 초반까지 향고래를 잡았다. 1869년 11월 바크 오크the Bark Oak 호가 출항했다. 하지만 이 배는 돌아오지 못한 채, 1872년 파나마에서 팔리면서 낸터킷의 마지막 포경선으로 기록되었다.[130] [131]

캘리포니아 귀신고래

미국 서부의 식민주의자들도 포경업에 뛰어들기 시작했다. 이들도 캘리포니아와 그 남쪽 바하칼리포르니아 등 북아메리카 서부에서 연안 포경장을 발견했다. 19세기의 포경업자이자 물범 사냥꾼 찰스 스캠몬Charles M. Scammon 선장은 바하칼리포르니아의 한 산호초 바다에서 귀신고래 무리를 발견했다. 귀신고래는 매년 겨울 새끼를 낳고 기르기 위해서 알래스카에서 내려왔다. 잔잔한 산호초 바다에서 새끼를 낳고 키우다가, 다시 차가운 북극의 바다로 올라가 먹이를 즐기며 살을 찌웠다.

귀신고래는 극도로 멀리 떨어진 이곳 산호초 바다까지 온다. 겹겹이 헤엄치고 있어서 마치 한 덩어리 같다. 보트가 고래와 부딪히지 않고 바다를 건너기 힘들 정도다.[132]

오래지 않아 고래들이 누리던 평화가 깨어졌다. 포경업자들은 귀신고래가 알래스카에서 내려오고 올라가는 길목에 지키고 섰다가 작살을 던졌다. 바하칼리포르니아에서 포경이 시작한 건 1846년이었다. 빗자루로 쓸어담듯 귀신고래를 잡았다. 1850년대 초반, 이 지역의 조망탑에서 매년 12월 15일부터 이듬해 2월 1일까지 수천 마리의 고래가 목격됐다. 귀신고래 잡이가 급속도로 팽창해, 2년 뒤에는 50척의 포경선이 바다를 메울 정도였다.

1850년대 중반 캘리포니아와 바하칼리포르니아의 입항이 가능한 모든 만에서 포경이 이뤄지고 있었다. 강도 높게 진행되는 포경은 쉬는 날이 없을 정도였다. 곧 수천 마리가 회유하던 바하칼리포르니아 만에서 귀신고래가 사라졌다. 1872년 이곳을 지나는 귀신고래는 40여 마리로 줄어들어 있었다.

미국 서부 바다가 포경선을 계속 끌어들일 수 있었던 이유 중 하나는 사냥 도구의 발전 때문이다. 19세기 중반에는 폭약 작살이 도입되어 포경이 더욱 손쉬워졌다. 총을 쏘면 폭약 작살이 튀어나갔고, 고래의 몸에 꽂혀 이내 폭발하면서 고래에 치명상을 입혔다. 폭약 작살을 맞은 고래는 즉사하거나 얼마 지나지 않아 죽음에 이르렀다. 선원들은 고래가 가라앉거나 도망가기 전에 빨리 잡아올려야 했다. 하지만 죽음에 이르는 시간이 짧아져서 유실된 고래 수는 더욱 늘어났다. 포경은 갈수록 낭비적으로 흘렀다. 일찍이 찰스 스캐몬은 자기파괴적인 포경에 대해 우려했다.

고래들이 모여서 새끼를 낳고 키우던 큰 만과 산호 바다는 이미 황폐화됐다. 캘리포니아 귀신고래는 죽어가고 있다. 매머드의 뼈는 캘리포니아 은빛 바닷가로 둥둥 흘러들고, 다른 뼈들도 끊어져 시베리아나 베링 해로 흘러든다. 태평양의 멸종동물 안에 귀신고래가 들어가는 데 얼마나 걸릴지 궁금하다.[133]

그렇다고 해서 그가 지속가능한 포경을 진지하게 고민한 것은 아니었다. 고래잡이들은 감성적으로는 고래가 겪는 고통에 대해, 이성적으로는 고래의 멸종 가능성에 대해 의식적으로 외면했다.

자기파괴적 포경

　　새 포경장이 발견되면 고래 자원은 이내 고갈됐다. 19세기 중반까지 650여 척의 미국 포경선이 태평양에서 고래를 잡았다. 여기서 일한 사람만 1만 3,500명이었다. 포경업자는 절박하게 새 포경장을 찾을 수밖에 없었다. 미국의 포경업자들은 유럽인을 따라 북극해에도 발을 내디뎠다. 이들이 1848년 새로 발견한 장소가 베링 해와 그 북쪽인 추크치 해Chukchi Sea였다. 알래스카 에스키모들이 살면서 고래를 잡던 곳이었다. 포경업자들은 향고래에 이어 북극고래도 과녁에 추가했다. 이누이트가 전통적인 방식으로 잡아왔던 북극고래는 양처럼 순했다. 1년 뒤, 포경선 154척이 추크치 해로 몰려들었다.

　　포경업자들은 한 지역의 고래가 소멸되면 이내 다른 곳으로 이동했다. 지구의 고래는 도미노처럼 사라졌다. 비스케이 만에서 북극으로, 뉴잉글랜드에서 파타고니아로, 캘리포니아에서 다시 추크치 해로, 포경선이 출몰하는 곳마다 고래가 사라졌다.

　　그럼에도 당시 포경업자들은 고래가 여전히 많다고 여긴 것 같다. 그들은 고래의 개체수가 감소했다기보다 고래가 다른 곳으로 도망갔다고 생각했다. 절대 자신들의 사냥 때문에 고래의 절대적 개체수가 감소했다고 생각지 않았다. 허먼 멜빌도 당시 포경업자들이 가진 생각의 단면을 드러냈다.

　　이른바 수염고래가 몰려 있던 어장에 그 고래가 나타나지 않게 되었다고 해서 그 종족도 줄어들고 있다고 생각하는 것도 잘못인 것 같다. 그 고래들은 작은 곳에서 큰 곳으로 옮아갔을 뿐이기 때문이다. 어떤 해안에서 고래가 내뿜는 숨기둥이 보이지 않는다면, 다른 외딴 바닷가에서는 낯선 광경을 본 사람들이 놀라고 있을 게 분명하다. 게다가 수염고래는 두 군데에 견고한 요새를 갖고 있다. 그 요새들은 사람의 힘으로는 도저히 함락시킬 수 없다. 완강한 스위스 사람들이 골짜기가 침략당하면 산악으로 후퇴하듯, 수염고래는 대양의 초원이나 습지에서 쫓기면 마지막 보루인 극지의 요새로 퇴각하여 얼음 울타리와 방벽 밑으로 잠수했다가 빙원과 부빙 사이로 떠올라 영원한 12월의 매력적인 울타리 속에서 인간의 추적을 막아낸다. …… 하나의 개체로서는 죽을 운명이지만, 고래라는 종으로서는 불멸의 존재라고 생각한다.[134]

그러나 현실은 달랐다. 1880년에 제작된 포경장 지도를 보면 이미 절반의 장소가 '고갈'로 표시돼 있었다. 하지만 포경선원들은 이럴수록 더욱 무분별해질 수밖에 없었다. 자신의 인생을 바다에 2~3년이나 바친 이들이 빈 손으로 돌아갈 순 없었으니까. 이들은 필사적으로 고래를 수색하고 고래를 포살했다. 한 선장의 말이다.[135]

"그린란드의 폰즈 만Pond's Bay에서 우리는 많은 개체수의 고래를 보았다. 하지만 그들은 대부분 몸집이 작았다. 어떤 포경선들은 새끼 고래들도 많이 잡았다. 하지만 우리 선장은 큰 고래가 아닌 이상 잡지 말게 했다. 선장의 생각은 사냥감을 선정하고 사냥을 개시하기까지 적절한 원칙이었지만, 지금의 모든 포경선은 고래를 보자마자 무조건 포경을 개시한다."

17세기 개체수 낮춰 잡기

　본격적인 근대 상업포경 시대 이전, 즉 17세기의 고래 개체수를 확정 짓는 작업은 한때 정치적으로 매우 민감한 사안이었다. 1980년대 국제포경위원회가 포경을 포괄적으로 금지할 때 '개체수가 회복되면 다시 포경을 재개하자'는 조건을 덧붙였기 때문이다. 이 때문에 일본이나 노르웨이, 아이슬란드 등 포경 찬성국은 17세기 살았던 고래 개체수를 되도록 낮추어 잡으려 했다. 당시 개체수가 적어야 (통계적인) 회복이 빨리 되기 때문이다. '고래 개체수가 회복됐으니, 포경을 재개해도 좋다'는 논리가 힘을 얻는다.

　미국의 과학자 조 로만Joe Roman과 스티브 팔룸비Steve Palumbi는 DNA를 사용하여 과거 고래 개체수를 추정했다.[136] 유전자 다양성은 특정 종의 개체수와 정비례한다. 즉 특정 종의 개체수가 많을수록 DNA의 유전자 다양성은 증가한다. 이들은 DNA의 미토콘드리아를 분석해, 근대 포경이 본격화되기 이전 북대서양에 혹등고래 24만 마리, 참고래 36만 마리, 밍크고래 26만 5,000마리가 살았던 것으로 추정했다. 이는 기존에 알려진 것보다 6~20배 정도 많은 수치였다.

　이러한 방법론이 나오기 전까지만 해도 근대 포경 이전의 개체수는 항해 도중 발견된 고래 수와 특성을 기록하는 로그북log book 같은 역사적 자료에 의존했다. DNA분석을 통해 포경 찬성국의 논리는 힘을 잃었다.

7장

남극에 떠다니는 고래 공장들

1863년 북극해 연안에서 대왕고래가 멀리 유영하고 있었다. 노르웨이 사람 스벤 포윈Svend Foyn, 1809~1894 선장은 갑판에서 대왕고래를 유심히 바라보고 있었다. 지구에서 가장 큰, 이 동물은 보기만 해도 경이로웠다. 고래는 느리게 수면 위로 올라왔다가 사라졌다. 고래를 쫓는 하얀 갈매기 떼가 고래가 어디로 가고 있는지 말해주었다.

선수에는 무게 1톤, 길이 1.2미터에 이르는 작살 대포가 바다를 향하고 있었다. 작살 대포는 범상치 않아 보였다. 작은 포경 보트에 실리지 않고 본선에 장착됐을 뿐만 아니라 증기 에너지를 공급받고 있었기 때문이다.

작살잡이가 대왕고래에 조준점을 맞췄다. '발사' 명령이 떨어지자 작살이 육중하게 날아갔다. 고래는 움찔했고 물방울이 사방으로 튀었다. 작살에 달린 폭약이 고래 내장 안에서 터진 것이다. 고래는 도망치지 못했다. 힘이 없어 잠수도 하지 못했다. 고래는 수면 위아래를 오가며 미친 듯이 요동쳤다. 숨구멍에서 피를 내뿜으며 바다를 빨갛게 적셨다. 하지만 배는 꿈쩍하지 않았다. 그러기를 한참, 고래가 요동을 멈추고 바다 위에 반쯤 떠오르자, '윙' 하는 철제 소음이 귀청을 찔렀다. 작살에 이어진 팽팽

한 철선이 지구 최대의 동물을 끌어당기고 있었다. 증기 에너지를 공급하는 석탄은 불이 날 듯 타고 있었다.[137 138]

대왕고래, 정복당하다

바스크족이 상업포경 시대를 연 이래로, 대왕고래가 이렇게 쉽게 잡히기는 처음이었다. 평균 몸무게 80~150톤, 몸길이 25미터, 한 번 숨기둥을 뿜으면 9미터까지 솟구치는 대왕고래였다. 대왕고래의 혈관은 워낙 커서 송어 한 마리가 들어가 헤엄칠 정도다. 대왕고래는 엄청난 크기 때문에 쉽게 목격됐지만, 포경선에게는 '지붕 위의 닭'이었다. 대왕고래가 꼬리지느러미를 살짝만 내려쳐도 바다에는 해일이 일었다. 작은 포경 보트로는 접근조차 하기 힘들었다. 설사 용감한 작살잡이가 작살을 던져도 두꺼운 살 때문에 제대로 꽂히지 않았으며, 치명상을 입히는 데 성공한다 하더라도 육중한 몸체가 이내 가라앉아 수습할 수 없었다.

그때까지만 해도 인간이 잡을 수 있는 고래는 한정되어 있었다. 긴수염고래와 향고래, 북극고래 정도만 쉽게 잡을 수 있었다. 이유는 간단했다. 이들 고래는 죽으면 곧잘 물에 떠올랐고 작은 포경 보트 위에서도 다루기 어렵지 않았다. 하지만 이른바 '로퀄'이라 불리는 날쌔고 거대한 고래들은 작살에 맞아도 이내 가라앉아서 작은 포경보트로는 끌고 가기가 힘들었다. 하지만 스벤 포윈이 개발한 폭약 작살로 인해 지구상의 모든 생물체가 인간에게 정복된 듯 보였다.

폭약 작살이 처음부터 대중적으로 사용된 건 아니었다. 대부분의 포경선이 본선과 포경 보트, 그리고 손 작살 혹은 작살 총으로 이뤄진 전통적인 포경방법을 고수하고 있을 때, 스벤 포윈과 미국의 고래잡이 토머스 로이Thomas Roy만 19세기 중반부터 폭약 작살을 쓰고 있었다.

1861년 토머스 로이는 작살잡이의 어깨에 싣고 쏠 수 있는 폭약 작살의 특허를 신청했다. 그는 고래가 사정거리 30미터 내에서 이 폭약 작살에 맞으면, 폭약이 피하지방층에서 터져서 8초 만에 죽는다고 선전했다.

원래 스벤 포윈은 북극해에서 물범과 바다사자를 잡아 얻은 모피를 파는 배의 선장이었다. 물범과 바다사자가 보기 힘들어지자, 그는 고래에 눈을 돌렸다. 이미 멸종 위기로 치닫고 있던 긴수염고래와 달리 대왕고래와 참고래는 아직 많이 남아 있다는 데 주목했다. 그는 1862년 포획 대상을 고래로 바꾸고 이듬해에 포경선 스페스 앳 피데스Spes et Fides 호를 건조했다. '희망과 신념'이라는 뜻의 이 배는 혁신적인 기능을 갖췄는데, 약 30미터의 길이에 20마력의 고압 실린더를 채용한 최초의 증기 포경선이었다. 배는 바람에 구애받지 않고 언제나 시속 13킬로미터의 속도로 전진할 수 있었다.

스벤 포윈이 폭약 작살의 특허권을 인정받은 건 로이보다 12년 늦은 1873년이었다. 포윈의 작살은 고래가 죽고 나면 권양기winch를 이용해 사체를 본선으로 직접 끌어올릴 수 있다는 점이 달랐다. 폭약은 작살촉 안에 들어 있었다. 뾰족한 작살촉이 고래의 살갗에 꽂히자마자 폭발하면서 치명상을 입혔다. 게다가 작살은 증기기관에 연결돼 있어서 아무리 무거운 대왕고래라도 증기기관을 이용해 끌어올리면 그만이었다.

《셜록 홈즈》의 작가 아서 코넌 도일은 포경선 희망SS Hope 호의 의사로서 1880년 6개월간 항해에 따라 나섰지만, 그의 배가 잡아온 고래는

폭약 작살과 작살총
노르웨이가 개발한 폭약 작살은 포경선의 모선에서 작살 총을 쏴서 고래를 직접 공격한다. 폭약 작살은 20세기 현대 포경을 열어 젖히며, 수많은 고래를 멸종의 나락으로 몰아넣었다.

단 두 마리에 불과했다. 고래가 워낙 없었기 때문에 바다사자와 물범을 잡아 선원들의 월급을 줬다. 포경업자들은 점차 전통적인 사냥감, 그러니까 긴수염고래나 향고래를 쫓는 건 시간 낭비라는 걸 깨닫기 시작했다.

바다를 떠다니는 공장

스벤 포윈의 폭약 작살은 포경산업에 커다란 혁신을 가져다주었다. 당시 북극 포경은 남획으로 인해 긴수염고래가 현저히 줄어든 상태였다. 하지만 폭약 작살로 인해 새로운 사냥감이 생겼다. 덩치가 크고 쉽게 가라앉아서 사냥할 수 없었던 대왕고래와 참고래를 잡을 수 있게 된 것이다. 폭약 작살은 유럽과 미국에서도 개발되어 전파됐다. 포경산업은 잠시 쇠락하는 기미를 보이는가 싶더니 폭약 작살의 개발로 인해 새로운 부흥기를 맞았다. 앞다퉈 배를 개조하고 새로운 사냥감, 대왕고래와 참고래를 잡으러 바다로 나갔다.

이로써 근대 고래 학살의 시대에도 생명을 보전했던 대왕고래와 두 번째로 큰 참고래에 대한 사냥이 본격화됐다. 노르웨이 포경업자들은 1년에 1,000마리의 참고래를 잡아들였다. 혹등고래도 증기 기관과 폭약 작살의 시대를 비켜가지 못했다. 이들 대형 고래가 멸종 위기에 치닫기까지는 그리 오랜 시간이 걸리지 않았다.

1924년에는 작살로 포획한 고래를 본선으로 쉽게 끌어올릴 수 있는 시설이 발명됐다. 노르웨이 사람 페테르 쇨레Petter Sørlle는 고래를 포획한 뒤, 이를 처리하는 데 시간이 오래 걸리는 점을 불편하게 여겼다. 배의 구조상 고래를 본선 위로 올리는 게 힘들어 고래를 파도가 넘실거리는 바다 위에서 해체해야만 했기 때문이다. 그래서 그는 배의 갑판과 난간을 개조하기 시작했다. 특히 선미에 경사진 입구slipway를 설치했다. 이렇게 하면 죽은 고래를 본선 위로 쉽게 끌어올릴 수 있었다. 이제 바다에 떠 있는 고래의 꼬리를 집어 권양기로 잡아당긴 뒤, 고래를 본선의 선미를 거쳐 갑판 위로 올림으로써, 포경선이 그 자체로 공장 역할을 수행할 수 있게 되었다. 본선의 갑판 위에는 고래를 도살하고 부위를 분류하는 해체장과 지방층을 고래기름으로 변환하는 고압 증기시설이 마련돼 있었다. 이로써 고래 사체의 가공 시간이 비약적으로 빨라졌다. 1850년대 향고래 한 마리를 처리하는 데 사흘 정도 걸리던 것이 1920년대에는 한 시간으로 줄어들었다.

1926년 노르웨이 포경상사 샌데피오르Sandefjord가 포경선 라르센 C.A.Larsen 호를 출항시켰다. 라르센은 압도적이었다. 배의 규모만 1만 3,000톤급으로 거대한 공장이나 마찬가지였다. 선미에는 거대한 문이 달려서

100톤짜리 고래도 거뜬히 끌어당길 수 있었다. 고래는 이제 식품 가공공장에 들어오는 재료에 지나지 않았다. 배에서 도살, 해체, 분류, 정제, 저장 등의 모든 과정이 해결됐다.

포경업자들은 남극을 주목하기 시작했다. 빙하로 뒤덮인 남극은 포경기지를 설치할 만한 땅이 마땅치 않아 당시까지도 미개척지에 가까웠다. 하지만 공장식 포경선은 모든 공정을 배 안에서 처리할 수 있었으므로, 척박한 자연 환경과 긴 항해에서도 안정적이었다. 공장식 포경선의 등장과 함께 남극해는 새로운 포경 어장으로 떠올랐다.[139]

20세기 초, 포경산업은 기술 발전에 힘입어 절정을 향해 달리고 있었다. 1930년대에는 포경선에 디젤 엔진이 도입됐다. 맨 처음 포경선에 디젤 엔진이 장착됐을 때 선원들은 마뜩잖게 생각했다. 디젤 엔진의 소음이 워낙 커서 고래가 도망갈 것이라는 우려에서였다. 선원들의 걱정은 현실로 이어졌다. 디젤 포경선이 고래 어장에 들어가면 금세 고래가 자취를 감췄다. 과거에는 최대한 고래에게 들키지 않고 다가가 회심의 한 방을 쏘는 것으로 지난한 싸움을 시작했다. 바람을 타고 세계를 누빈 전통적인 포경선도, 19세기 후반 증기 기관을 장착한 포경선도 마찬가지였다.

하지만 디젤 포경선은 이들과 비교할 수 없을 정도로 빨랐다. 포경선은 금세 시행착오를 극복하고 고래에 접근하는 법을 깨우쳤다. 방법은 간단했다. 시끄러워 고래가 멀리 도망가면 지칠 때까지 쫓아가는 것이었다. 무거운 고래들은 날쌘 디젤 포경선에 굴복할 수밖에 없었다.

고래가 무거운 몸을 이끌고 이리저리 도망가는 사이에도 공장식 포경선은 발전을 거듭했다. 1926년 라르센이 첫 항해를 시작한 지 40년 만에, 일반적인 포경선의 규모는 1만 9,000톤까지 커졌다. 지금의 대형 카페리 여객선급이다.

근대 포경선과 포경 도시의 상징이던 목재 고래기름통도 철제 기름 탱크에 자리를 내줬다. 배의 가장 높은 곳, 마스트에 올라간 선원이 '고래

포경선 라르센
선내에서 해체와 고기 가공까지 할 수 있었던 공장식 포경선은 포경장 주변에 상륙할 필요가 없었다. 고래 종 다양성의 최후의 보루였던 남극마저 공장식 포경선에 함락되고 말았다.

가 나타났다!'Thar she blows!'라고 외치던 낭만적인 풍경도 사라졌다. 포경선 위로 굉음을 울리며 하늘을 가르는 비행기가 떴다. 고래는 발견되지 않고 수색됐다. 비행기는 바다를 훑고 고래를 찾아 포경선에게 갈 길을 지시했다. 포경선은 바다를 떠다니는 공장이 되었다. 인간이 감히 넘보지 못했던 남극의 고래들도 험난한 삶에 내몰리게 됐다.[140]

제2차 세계대전과 포경

독립전쟁이 미국과 낸터킷 포경에 휴지기를 가져다준 것처럼, 제2차 세계대전은 오대양의 고래들에게 잠깐의 쉬는 시간이 되어주었다. 대부분의 포경선들이 전쟁에 징발됐기 때문이다. 포경선은 2만 톤에 육박할 정도의 크기로 모든 배 가운데 가장 컸기 때문에 군용으로 이용되기 좋은 구조를 갖추고 있었다. 독일에서 포경선은 잠수함을 포격하는 군함으로 개조되었다. 1941년 일본은 대형 포경선에 소형 잠수함을 실었고, 잠수함은 고래를 들어올리는 통로를 통해 진주만 해저로 들어갔다.

전쟁통에 모든 고래가 편안했던 건 아니었다. 캐나다의 자연주의 작가 팔리 모왓Farley Mowat은 1만 마리 이상의 고래가 해상전으로 인해 살육됐다고 주장했다. 왜 그랬을까? 제2차 세계대전에서는 바닷속 전투도 치열했다. 바다 위 군함들은 바닷속 보이지 않는 잠수함을 향해 어뢰를 발사했다. 어뢰는 잠수함을 맞추기도 했지만 엉뚱하게 고래를 때리기도 한 것으로 보인다. 팔리 모왓은 꽤 많은 비율의 어뢰가 잠수함이 아닌 고래에 명중됐다고 주장했다.

"소형 구축함과 코르벳함*을 타고 4년 동안 북대서양을 누빈 캐나다 해군의 한 장군은 자신의 전함이 발사한 표적의 상당수는 잠수함이 아니라 고래라고 말했다. 포탄에 맞은 고래들이 바다에 떠 있는 것을 쉽게 볼수 있었다. 전쟁은 인간뿐만 아니라 고래에게도 치명적이었다."

일부 군함은 고래를 포격 훈련의 과녁으로 썼다. 이런 '생물학적 포격훈련'은 세계대전이 끝난 뒤에도 계속됐다. 미국 해군은 1950년대 후반까지 고래를 구소련 잠수함으로 상정하고 어뢰를 쏴댔다.

전쟁이 끝날 무렵부터 포경선은 다시 시동을 걸고 남극해로 향했다. 1960년대 남극해에서만 매년 5만 마리가량의 고래가 희생됐다. 전쟁 이후 포경선은 더 진보된 신기술로 무장했다. 군사 기술이 남기고 간 유산이었다. 신형 레이더를 장착한 포경선은 안개가 자욱하게 낀 날에도 고래를 향해 작살을 쏴댔다. 수천 년 동안 진행되어온 고래와 인간과의 싸움에서 고래는 가장 낮은 생존율을 기록하고 있었다. 고래는 꼬리 한 번 휘두르지 못하고 죽어갔다. 수색 정찰기와 레이더의 도움을 받은 대형 공장식 포경선은 다시 세계의 대양에 핏빛을 몰고 왔다.

20세기 포경은 남반구에서 더욱 무지막지했다.[141] 남반구에서 포획된 고래의 개체수가 북반구보다 2.5배나 많았다. 특히 1957년에서 1961년까지 남극해를 중심으로 한 남반구에서 28만 마리의 고래가 죽었다. 구소련은 비공개 불법 포경을 계속했다. 나중에 공개된 자료에 따르면, 1948년부터 1971년까지 구소련은 국제포경위원회에 보고하지 않고 고래를

---

* 대잠수함 장비를 갖춘 쾌속함

17만 8,811마리나 몰래 잡아들였다. 총 포획량 53만 마리의 3분의 1에 달하는 수치다.

국제포경위원회의 결성

스벤 포윈의 폭약 작살, 공장식 포경선의 보급과 남극해의 발견은 20세기 현대 포경의 핵심 요소다. 새 포경장을 찾고 고래가 사라지고 다시 새 포경장을 찾는 자기 파괴적인 숨바꼭질이 20세기에도 반복됐다. 오히려 신규 포경장에서 고래의 씨가 마르는 기간이 갈수록 짧아졌다.

고래가 지구 어딘가에 숨어 있을 것이라는 포경업자들의 생각은 점차 소수가 되어 갔다. 지나친 포획이 결국 고래의 재생산을 막아 포경산업 전체를 균열시킬 거라는 두려움 섞인 주장이 표면화하기 시작했다.

1946년 미국 워싱턴에 14개국의 수산업 담당자가 모였다. 노르웨이, 남아프리카공화국, 영국, 미국, 소련, 일본, 네덜란드, 호주, 브라질, 캐나다, 덴마크, 프랑스, 아이슬란드, 뉴질랜드가 테이블에 앉았다. 국제포경위원회IWC, International whaling committee의 첫 번째 회합이었다.

이때까지만 해도 각국의 연안을 벗어난 바다는 누구에게도 독점권이 없었다. 따라서 긴수염고래와 귀신고래 같은 연안 종에 대한 포획권만이 관행적으로 인정받았을 뿐이다. 하지만 대부분 고래는 대양 한가운데서 살았다. 그래서 이들은 이에 관한 이해를 조정해야 했다. 명분은 미래에도 안정적으로 고래를 포획하기 위해 개체수를 관리해야 한다는 것이었다. 이에 따라 경제적 손실을 입지 않고 향후에도 지속적으로 포경이 가능한 최적의 포획량을 설정하려고 했다. 포획량 감소로 인해 경제적 손실을 입지 않는 게 가장 중요한 전제 조건이었다.

포경 쿼터는 대왕고래 단위인 BWUBlue Whale Units로 정했다. 1931년 노르웨이가 도입한 단위로, 모든 고래를 대왕고래로 환산하는 방법이었다. 참고래 두 마리는 대왕고래 한 마리(1BWU)에 해당했다. 혹등고래 두 마리 반이 대왕고래 한 마리가 됐고, 보리고래는 대왕고래 한 마리가 되기 위해서 6마리가 필요했다.

이제 고래는 생명 그 자체가 아닌 자원량으로 평가되는 시대가 도래했다. 다양한 고래가 BWU의 양적 가치로 추락했다. BWU제도는 고래의 남획을 부추겼다. 이 제도가 도입될 즈음, 대왕고래는 이미 눈에 띄는 감소세를 보이고 있었다. 참고래도 멸종 위기로 치닫고 있었다. 따라서 포경 시즌이 시작되면 얼마 남지 않은 고래를 각국의 포경선들이 닥치는 대로 잡아들였다. 잔존 개체수가 적었기 때문에 큰 고래부터 잡는 것이 이익이었고, 경쟁은 더욱 거셌다. 포경선은 1946년 129척에서 1951년 263척으로 5년 만에 두 배 넘게 늘었다.

우리는 고래가 잔혹한 대량 학살을 당했을 때가 19세기 '허먼 멜빌의 시대'라고 막연히 생각하고 있다. 그러나 그것은 이야기가 주는 허상이다. 20세기의 현대 공장식 포경이야말로 고래를 멸종의 나락으로 떨어뜨린 주범이다.[142] 고래의 대다수는 20세기에 사라졌다.

소설 《모비딕》의 주인공인 향고래의 포획 기록을 살펴보면, 1712년부터 1899년까지 두 세기에 걸쳐 30만 마리가 희생됐을 거라고 추정한다. 20세기 들어서 고래잡이는 소형 보트와 작살, 란스를 버리고 디젤 엔진으로 고래를 따라잡는 공장식 포경선에 올라탔다. 20세기 들어서, 1900

년부터 1962년까지 불과 60여 년 만에 30만 마리가 희생됐다. 그리고 1962년부터 1972년까지 불과 10년 만에 다시 30만 마리가 작살났다. 남극해의 대왕고래는 포경 시대 이전 개체수의 1퍼센트만이 살아남은 것으로 추산된다.[143]

지속가능한 포경은 사라지고

사실 북극해의 이누이트와 북서태평양 인디언들은 BWU제도보다 훨씬 자연스러우면서도 지속 가능한 포경 방식을 가지고 있었다. 작은 보트를 타고 고래에게 다가가 작살을 던졌다. 고래를 떠오르게 하는 부표를 이용할 때도 있었다. 무엇보다 필요한 만큼만 잡는 것, 그리고 잡은 고래는 이윤을 위해 팔지 않고 마을 사람들과 함께 나누는 경제적 원칙을 고수했다.

특히 이누이트는 자신들만큼이나 고래도 고통스럽다는 것을 충분히 감안하며 바다에 나갔다. 이 때문에 고래를 위로하는 각종 제례의식이 발달했다. 하지만 이런 전통은 현대 포경문화가 이누이트에게 전래되면서 사라지기 시작했다. 미국과 캐나다, 노르웨이에서 출발한 포경선들은 북극해를 휘저었다. 이누이트도 포경선을 통해 서양의 문물을 받아들였다. 설탕과 차, 담배, 술과 함께 구대륙의 역병이 이들에게 떨어졌다. 젊은 청장년 원주민들은 포경선에 몸을 실었다. 몇 달 동안의 힘든 일을 마치고 이들이 얻는 건 뻣뻣한 가공식품과 사냥총, 그리고 아코디언이었다.

어떤 이누이트들은 카리부의 가죽으로 만든 북 대신 아코디언을 치며 사냥의 성공을 빌기 시작했다. 문화는 빠르게 전파되었다. 포경선이 이누이트를 싣고 수십 수백 킬로미터나 떨어진 외딴 마을들을 누볐기 때문이었다. 서양 문물과 접촉한 원주민의 포경문화는 빠르게 변화해 구석구석으로 퍼져나갔다. 각 부족의 고유의 문화는 서구 문물과 뒤섞였다.

알래스카의 에스키모 마을 포인트 호프 근처에 설치된 근대 포경기지 재버타운Jabbertown에서는, 다른 부족의 노래를 따라 부르는 사람들도 나타났다. 각 부족들의 전통적인 사냥 구역의 경계도 옅어지기 시작했다. 전통적인 고래 사냥 노래도 하나둘 잊혀갔다. '안가콕angakoq'이라 불리던 샤먼도 차츰 지위를 잃었다. 그의 부족적 권능은 포경선과 함께 들어온 과학 문명에 힘을 잃었다. 이누이트 사람들은 더 이상 샤먼을 존경하지 않았다. 1920년대 초반 덴마크 탐험가이자 인류학자인 크누드 라스무센Knud Rasmussen은 한 이누이트에게 다음과 같은 이야기를 들었다.

"안가콕은 이제 많은 것을 알지 못합니다. 많은 말을 하는 것, 그게 그들이 할 수 있는 전부죠. 안가콕에게는 비법이 없어요. …… 내가 전에 '당신이 안가콕이 맞냐'고 물었던 적이 있죠. 그는 더는 꿈을 꾸지 않고 자고 있다고, 태어나서 한 번도 아파본 적이 없다고 대답했습니다. 우리가 사냥총을 가지게 된 이상 우리는 샤먼이나 터부가 필요하지 않게 됐습니다. …… 우리는 샤먼과 함께 부르던 영적인 노래도 잊었어요. 지하의 여신 '세드나'가 땅 위로 올라와 야수들을 비틀어 잡아달라는 기도도 우리는 이제 기억하지 못합니다."[144]

유럽의 대규모 포경이 북극해에 들어올 때부터, 애당초 지속 가능한 이누이트의 포경은 계속되기 힘들었다. 닥치는 대로 거둬들이던 자기파 괴적인 포경선 탓에 이누이트가 잡던 북극고래와 긴수염고래도 보기 힘들어졌다. 젊은 이누이트 장정들은 하나둘 우미아크와 작살을 버리고 유럽과 미국 본토에서 온 큰 배에 오르기 시작했다. 에스키모들은 점차 임노동자화되었다. 북극해의 이누이트 마을은 포경 선원 이누이트들이 가져온 비스킷과 술, 담배 그리고 각종 질병이 나도는 곳으로 변했다. 과거 이누이트에게는 감기라는 질병이 없었다. 바이러스가 번식하기 힘든 환경이었기 때문이다.

베링 해 세인트로렌스 섬St. Lawrence Island에 기근이 닥쳤다. 북극해를 항해하는 한 무역선이 1879년 미국 정부에 보낸 전문에는 다음과 같이 적혀 있었다.

> 올해 가을, 마을 세 곳의 거주민들이 모두 굶어죽었다. 다른 마을 사람들 말로는, 지난 겨울부터 올봄까지 이들은 바다코끼리와 물범, 고래를 잡으러 바다에 나가지 못했다고 한다. 바다얼음이 너무 빨리 녹았고, 남풍이 계속되어 얼음 조각들이 섬을 둘러쌌기 때문이다. 그래서 이들은 꽤 오랫동안 어떤 식량도 얻지 못했다.

당시 문헌들에 따르면 1878년부터 1880년까지 약 3년 동안 세인트로렌스 섬 인구의 3분의 2가 사라졌다고 한다. 1881년에 이 섬에 들어간 인류학자 에드워드 넬슨Edward W. Nelson은 "마을을 둘러싼 툰드라 땅은 송장으로 뒤덮여 있었다. 심지어 집안에도 10여 구의 시체가 그대로 놓여 있었다"고 말했다.

왜 이런 일이 벌어졌을까? 이 섬의 에스키모들은 전통적으로 바다코끼리와 물범, 그리고 고래를 사냥해서 먹고 살았다. 이들에게 해양포유류는 절대적이었다. 그리 크지 않은 섬이라 강에 물고기가 드물었고 순록도 살지 않았다. 다른 에스키모 마을과 달리 고래의 대체재가 없었다.

이 즈음은 유럽의 포경선들이 세인트로렌스 섬 일대의 북극고래와 긴수염고래를 싹쓸이했다. 바다코끼리와 물범도 상아와 모피, 선원들의 식량으로 광범위하게 잡혀나가고 있었다. 사냥이 힘들어진 상태에서 갑작스러운 기상이변이 닥쳤다. 과학자들은 이때 엘니뇨와 라니냐에 따른 일시적인 고온 현상이 발생한 것을 발견했다. 섬 원주민이 바다에 나갈 기회가 줄어들었고, 그나마 나가도 고래를 찾기 힘들었을 것이다. 유럽인들의 대규모 사냥이 대기근의 불을 당긴 것이다. 이때의 대기근으로 섬 인구의 90퍼센트가 굶어 죽었다.[145] 미국 정부는 또다른 아사를 막기 위해 1900년 세인트로렌스 섬에 순록을 도입했다.

에스키모가 영위하던 포경장은 더욱 황폐화됐다. 북극해에서 지속 가능한 포경법으로 잡을 고래가 더는 없었다. 에스키모 마을은 하나둘 포경을 접기 시작했다. 북서태평양 인디언인 마카 부족도 비슷한 시기에 포경을 접었다. 한때 잔잔한 북서태평양 바다에 가득했던 귀신고래가 거의 보이지 않았다. 지속 가능한 전통 포경문화는 종언을 고했다.

해달이 사라진 이유

유라시아와 아메리카 대륙 사이의 베링 해는 그 옛날 '베링기아'라는 다리로 이어져 있었다. 시베리아에 살던 인류가 베링기아를 건너 아메리카 대륙 곳곳으로 흩어졌다. 이 지역은 생태계의 다양성이 풍부하다. 바다사자와 물범, 물개, 해달 등 기각목이 뛰노는 해양포유류의 천국이다.

그런데 언제부터인가 이곳에서 해양포유류의 개체수가 부쩍 줄어들었다. 물개와 해달, 잔점박이물범의 개체수는 깎아지른 듯한 감소 곡선을 그리고 있었다. 이런 기각목의 개체수 감소 현상의 원인은 과학적으로 잘 규명되지 않은 상태였다. 기후변화로 인한 먹이 섭취 조건의 악화나 어선들이 쳐놓은 그물 등 인간 활동에 의한 교란이 원인으로 추정됐을 뿐이다.

그런데 일군의 과학자들이 이 지역 기각목의 개체수 감소의 원인을 거슬러 올라가면 상업포경이 존재한다는 가설을 제시했다.[146] 이들은 고래 중에서 가장 특이한 존재인 범고래의 식습성에 주목했다. 범고래는 고도의 전략적인 협동 사냥을 통해 북극고래, 긴수염고래 등의 대형 고래를 공격해 잡아먹는다. 상당수 고래에게서 범고래 이빨에 긁힌 자국이 발견될 정도다.

적어도 1940년대까지 베링 해에서 알류산 열도에 이르는 베링 해는 광포한 현대 포경의 살육전에서 상대적으로 평화로운 곳이었다. 일본의 포경선이 이곳까지 올라오기는 너무 멀었다. 구소련도 마찬가지고. 하지만 제2차 세계대전이 끝나고 포경선에 신기술이 도입되면서 평화로웠던 바다는 두 나라의 핏빛 어린 각축장으로 바뀌기 시작했다.

국제포경위원회 자료를 분석한 결과, 1949년에서 1969년까지 알류산 열도 주변 370킬로미터 해역과 알래스카 만에서 최소 6만 2,858마리의 고래가 죽었다. 이들의 양(바이오매스)은 180만 톤으로 추정됐다. 포획량은

1960년대 중반까지 정점에 달했다가 이내 급전직하로 떨어졌다. 마지막 해인 1969년에 잡힌 고래는 156마리에 불과했다. 20년 만에 고래의 씨가 말랐다고 해도 과언이 아니다.

과학자들은 이 지역의 연간 고래 포획량에 대한 그래프를 그린 뒤, 잔점박이물범habour seal, 물개fur seal, 그리고 바다사자와 해달의 개체수를

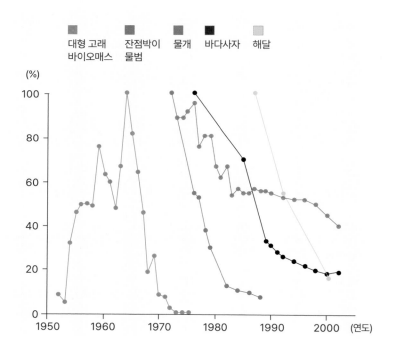

북태평양과 남베링 해의 대형 고래 포획량과 기각목 개체수의 상관 관계
국제포경위원회에 보고된 대형 고래의 포획량. 1960년대 중반 최정점의 포획량과 각 시점의 기각목 개체수를 100으로 놓고 변화를 나타냈다. 대형 고래가 사라지자 기각목 개체들이 차례로 사라졌다.
©Alan Springer et al. (2003) Sequential megafaunal collapse in the North Pacific Ocean: an ongoing legacy of industrial whaling?, *Proceedings of the National Academy of Sciences* 100(21). pp. 12223-12228.

비교했다. 흥미롭게도 고래가 줄어든 뒤, 잔점박이물범, 물개 그리고 바다사자와 해달의 개체수가 차례대로 줄어들었다.

　왜 그랬을까? 과학자들은 둘 사이의 매개 변수를 범고래로 봤다. 범고래의 주요 먹이는 대형 고래다. 그런데 상업포경으로 인해 베링 해와 북태평양 서부의 대형 고래는 멸종 직전으로 치닫고 있었다. 인간이 고래를 찾기 힘들어진 것처럼 범고래도 먹이를 찾기 힘들어진 것이다. 먹이를 바꿔야 할 판이었다. 그래서 범고래는 고래 대신 바다사자, 물범, 해달 등 작은 해양포유류를 잡아먹기 시작했다. 범고래의 사냥 대상이 바뀐 것이다.

　과학자들은 범고래가 예전에 즐겨 먹지 않던 기각목을 잡아먹고 있기 때문에 기각목이 줄어들고 있다고 추정했다. 실제로 기각목의 개체수 감소의 순서를 보면, 범고래가 가장 좋아하는 먹이부터 줄어들기 시작했다. 범고래는 바다사자보다 지방층이 풍부한 잔점박이물범이나 물개를 선호한다. 그다음이 바다사자다. 해달은 크기가 작아 범고래가 가장 나중에 공격하는 사냥감이었다. 대형 고래의 감소와 이에 따른 범고래의 사냥 변화가 결국은 기각목 동물의 감소로 귀결된다는 이들의 가설은 놀라운 진실을 담고 있었다. 바다 생태계의 먹이 사슬 하나가 끊기면 생태계 전체가 요동칠 수 있다는 것이다.

고래의 눈에서 달처럼 빛나는 구슬

제주 함덕 앞바다에 설치된 가두리에서였다. 불법 포획된 남방큰돌고래 금등이가 19년 수족관 생활을 하고 대포와 함께 고향 바다로 돌아가기 전이었다. 금등이는 가두리를 빙빙 돌다가 갑자기 옆으로 몸을 뉘였는데, 그때 나는 금등이의 깊은 눈을 보았다. 검은 눈동자가 나를 또렷이 바라보고 있었고, 나는 눈을 마주쳤다고 확신했다. 깊고 오묘한, 검은 눈동자.

고래의 눈은 시대를 초월한다. 2,000년 전 고구려 사람들도 고래의 청초한 눈망울에 반했다. 밤이면 진주처럼 빛나던 고래의 눈. 《삼국사기》에 두 번이나 나오는 이야기다.

9월의 동해 사람 고주리高朱利가 고래를 바쳤는데 (고래의) 눈이 밤에 빛이 났다. (《삼국사기》 제14권 고구려본기 민중왕편)

여름 4월에 왕은 신성으로 행차했다. 해곡 태수가 고래를 바쳤는데 (고래의) 눈이 밤에 빛이 났다. (《삼국사기》 제17권 고구려본기 서천왕)

다정한 거인

목야유광目夜有光. 왜 고구려 사람들은 고래의 눈이 빛난다고 했을까? 두 문헌 사이에는 상당한 시간차가 존재하는데, 이런 표현이 계속 나타나는 것은 당시 사람들이 이런 표현을 관용어구처럼 썼을 가능성이 크다. 중국 진나라의 최표가 엮은 《고금주古今注》에서도 비슷한 표현이 등장한다.

"경어鯨魚란 해어海魚이다. 큰 것은 길이가 천리千里이고 적은 것은 십수장十數丈이다. 한 번에 수만 마리의 새끼를 낳는다. 5, 6월에 해안에서 새끼를 낳으며 7, 8월에 이르러 그 새끼를 거느리고 대해 속으로 들어간다. 파도를 치면서 나아가는 소리가 뇌성 같고 뿜어내는 물방울은 비를 내리게 한다. 수족은 두려워서 모두 도망하여 숨으며 감히 대적하는 것이 없다. 그 암컷은 '예鯢'라 하며 큰 것은 역시 천리이다. 눈은 명월주明月珠가 된다."

달빛처럼 빛나는 구슬, 명월주는 유럽에서 고래 부산물이 가장 먼저 왕에 올려졌던 것처럼 고구려에서도 왕에게 진상되었다. 그렇다고 진짓상을 위한 것은 아니었으리라. 고래 연구자 김장근 박사는 '플라스틱처럼 두꺼운 고래의 눈에 고래기름을 부어 불을 밝히는 데 썼을 것'이라고 추정한다.[147] 그렇게 하면 고래의 눈에서 밝은 빛이 난다. 말 그대로 '달처럼 빛나는 구슬'이 된다.

한민족 포경의 수수께끼

한민족韓民族이 옛날부터 포경을 해왔는지는 미스터리다. 포경 재개를 주장하는 쪽에서는 우리 민족이 대대로 포경을 해왔다고 주장한다. 반면 포경을 반대하는 쪽에서는 우리나라 포경의 역사가 그리 길지 않으며 근대의 부산물일 뿐이라고 반박한다.

한국 포경의 역사는 별다른 사건이 눈에 띄지 않는 그린란드의 그것과 비슷하다. 한 친구가 그린란드에 대한 책을 썼는데, 그는 우스갯소리로 이렇게 적었다. '아주아주 오랜 옛날 그린란드에 사람이 들어가 살았다. 그리고 오랜 시간이 흘렀다. 아무 일도 없었다. 또 오랜 시간이 흘렀다. 아무 일도 없었다.' 그의 표현을 빌리자면, 우리나라 포경의 역사는 다음과 같다. 울산시 울주군 대곡천 절벽에 선사시대 사람들이 고래 잡는 그림을 새겼다. 요즈음 사람들이 '반구대암각화'라고 부르는 것이다. 그리고 시간이 흘렀다. 아무 일도 없었다(포경 증거가 추가로 나오지 않았다). 또 시간이 흘렀다. 아무 일도 없었다. 그리고 일제강점기가 시작됐다. 사람들이 포경을 시작했다.

울산시 울주군 대곡리에는 능선을 따라 굽이쳐 도는 냇가가 있다. 바다에서 불과 30킬로미터 밖에 떨어지지 않았지만, 첩첩산중이라 냇물소리가 메아리치듯 울린다. 대곡천이라 불리는 이 냇가는 '반구대' 절벽을 휘돌아 태화강에 합류한다.

1970년 동국대 불교 유적 조사단이 인근에서 천전리 암각화를 발견한 뒤였다. 이듬해 이들은 주민들에게 '저 아래에도 호랑이 그림이 있다'는 얘기를 듣고 대곡천에 배를 띄워 절벽에 접근한다. 조사단은 크게 놀랄 수밖에 없었다. 높이 4미터, 너비 10미터의 절벽에 호랑이와 사슴, 멧돼지 그리고 사냥하고 배를 타는 사람 등 수백 점의 조형물이 새겨져 있었던 것이다. 세계적으로도 인류학적 가치를 인정받는 '반구대암각화'를 발견한 순간이었다.

반구대암각화는 인류 최초로 포경 활동을 그린 작품으로 인정받는다. 총 353점의 표현물 중 202점이 동물이고, 이 가운데 57점이 고래다. 새끼를 업고 가는 고래, 몸을 비틀고 있는 고래, 작살이 박힌 채 배에 쫓기는 고래 등 모습도 다양하다. 일부 고래는 종을 구분할 수 있을 정도로 명확한 생물학적 특징을 담고 있었다. 연구자들은 8점의 도상을 북방긴수염고래, 귀신고래, 향고래, 범고래, 참돌고래, 흑범고래, 혹은 들쇠고래 등으로 추정하고 있다.[148]

암각화에 새겨진 6척의 배 가운데 5척은 고래사냥과 관련이 있다. 두

울주 반구대암각화
울산 반구대암각화에 새겨진 353점의 표현물 중 202점이 동물이고, 이 가운데 57점이 고래다.

척의 배가 한 마리의 고래를 잡는가 하면, 작살로 보이는 줄이 고래에 박혀 있고, 작살을 맞은 고래를 떠오르게 하기 위한 부구float도 확인할 수 있다. 열 명 가까이 탄 배는 선수와 선미가 치켜올라간 형태로, 거친 파도를 뚫고 꽤 먼바다까지 갈 수 있는 것으로 보인다.[149]

'반구대암각화를 언제, 누가 제작했을까'를 두고 학계에서 논쟁을 벌였다. '신석기 시대론'(기원전 3000~5500년)과 '청동기—초기 철기 시대론'(기원전 300~서기 100년)이 맞섰다.[150] 신석기 시대론에 따른다면, 반구대암각화는 인류 최초의 포경을 보여주는 기록이 된다.

하지만 학계의 주류는 신석기 시대에 반구대암각화가 제작됐다는 주장을 미심쩍어 했다. 주변 신석기 유적지에서 포경 도구가 출토된 적이 없으며(물론 청동기 유적지에서도 마찬가지다), 신석기 시대 기술로는 먼 바다를 나갈 수 있는 외양선外洋船을 제작하기 힘들다는 이유에서였다. 그래서 교과서에도 반구대암각화를 청동기 시대의 작품으로 표시한 경우가 많았다.[151]

그런데 2010년 부산 황성동 신석기 유적에서 골촉骨鏃*이 박힌 고래뼈 2점이 출토되면서, 논쟁 구도가 단번에 뒤집어진다. 사슴 뼈로 제작된 이 골촉의 방사능 탄소 연대를 측정해보니, 무려 5,500년 전의 것이었다. 반구대암각화는 다섯 차례로 나뉘어 제작됐는데, 고래 그림이 많이 새겨진 네 번째 단계의 제작 시기에 겹쳤다.[152]

2005년 경남 창녕군 비봉리 신석기 유적에서 발견된 8,000년 된 통나무 배의 파편도 신석기 시대론에 무게를 더했다. 신석기인들이 선체 4

---

* 동물 뼈로 만든 화살촉.

미터가 넘는 이 배를 타고 고래를 사냥했을 것이라는 추정이다. 통나무를 군데군데 불에 태워 배의 안정성을 기했고, 남부지방 신석기 유적지에서 일본에서만 나는 흑요석 활촉이 발견되는 것을 보면, 신석기 시대에 이미 먼 바다를 항해하는 기술이 있었고 외양선 제작도 가능했을 것이라는 주장이다. 아울러 골촉이나 돌촉보다 날카로운 흑요석 작살을 이용해 대형 고래를 사냥했다는 추정도 가능하다.

포경은 선사시대 이후 한국의 민족적 전통일까? 그리고 이누이트처럼 배를 타고 먼 바다에 나가 적극적으로 고래를 잡았을까? 여전히 신석기인들이 포경을 했다고 단언하기에는 애매한 측면이 있다. 무엇보다 한국 역사에서 반구대암각화를 제외하곤 포경을 했다는 변변한 기록이 하나도 남아 있지 않기 때문이다. 그리고 부산 동삼동 등 주변 신석기 유적에서도 작살이나 부구 등 포경 도구가 출토된 적이 없다. 황성동 고래 뼈에 꽂힌 골촉에 대해서도 청동기 시대론자들은 물론 일부 신석기 시대론자도 작살 던지기를 통해 골촉이 고래 뼈에 박혔다는 것은 무리한 추정이라 할 수 있고, 좌초한 고래를 해체하거나 이와 관련한 제의 과정에서 만들어졌을 것이라 추정하기도 한다. 또 한 가지 의문을 가져볼 수 있는데, '과연 선사시대 사람들이 고래를 잡을 필요가 있었을까?' 하는 점이다. 부산 동삼동 유적지를 보자. 이곳은 바다에 면해 있지만 육상과 해양 자원이 풍부하다. 사람들은 육지에서 사슴과 멧돼지를 어렵지 않게 얻을 수 있었다. 앞바다 조도에 가서 해양포유류를 잡거나 배를 이용해 근해나 외해로 진출해 다양한 물고기를 잡을 수도 있었다. 이렇게 풍요로운 생태적 환경에서 위험을 감수하고 고래를 잡기 위해 특별한 시도를 할 필요는 없었을 것이다. 경제적 측면이 아니라 문화적·종교적 차원에서 고래 포획

에 나섰을 수도 있다. 이 경우 높은 획득 비용이나 위험 감수 등은 큰 변수가 아니다.[153]

사라진 반구대 부족

오히려 질문을 바꿔 보는 건 어떨까? '한민족이 전통적으로 포경을 해왔는가?'라는 민족적 정체성에 중심을 둔 질문 말고 '암각화를 남긴 수수께끼의 반구대 부족은 누구인가?' 그리고 '그들은 어디서 왔으며, 왜 갑자기 사라졌는가?'로 말이다.

반구대는 바다에서 꽤 떨어진 산속 깊은 곳에 있다. 왜 이런 곳에 포경 암각화가 그려졌는지 수수께끼다. 과거에는 해수면이 지금보다 높아 반구대가 강 하류에 있었고, 신석기인들이 바다로 접근하는 게 훨씬 수월하지 않았을까?

약 1만 1,700년 전에 시작된 홀로세의 해수면에 대한 두 가지 가설이 있다. 첫째는 해수면이 홀로세 중기인 7,000년 전까지 급격히 상승했다가 그 뒤로 조금씩 뒤로 물러나 현재의 해수면 높이가 되었다는 것이다. 둘째는 홀로세 중기 이후에도 해수면이 느린 속도지만 꾸준히 상승했다는 것이다. 만약, 첫 번째 가설이 맞다면 포경문화의 갑작스러운 실종이 설명된다.[154] 강 하류 어귀에서 출발해 고래를 잡으러 다녔던 반구대 부족은 7,000년 전부터 점차 해수면이 낮아지자 배를 타고 바다에 나갈 수 없게 됐다. 마침 농경 부족들이 이주해 주류를 이루면서 반구대 부족은 점차 그들의 문화에 동화한다. 그리고 잠시 반짝였던 신석기 포경문화는 그렇게 사라진다.

　물론 기후변화 가설로 설명하기 힘든 부분도 있다. 반구대 동쪽 일대가 바다였다면 주변 유적에서 해양 화석이 출토되어야 한다. 반구대의 해발 고도는 50미터, 대곡천이 태화강에 합류하는 사연리의 해발 고도는 20미터다. 여전히 바다에서 너무 멀다.

　반구대암각화에 천착해온 고고미술사학자 이하우는 반구대암각화의 '피리를 부는 사람'이 사실은 손을 들어 '수신호를 하는 사람'이라며, 반구대 부족이 주변에서 거주하는 이들이 아니라 매년 고래 회유철에 맞춰 사냥을 하기 위해 여러 지역에서 모인 사람들이라는 의견을 제시했다.[155] 신석기 시대에는 아직 수렵이 중심이었고, 수렵 경제에서는 넓은 공간에 흩어져서 사는 게 유리하다. 여러 지역에서 방언을 쓰는 사람들이 고래를 잡는 과정에서 언어적 소통 문제를 해결하기 위해 수신호를 썼다는 것이다. 일부 연구자는 통나무 배는 고래 사냥에 적절치 않고, 암각화의 배도 곡선을 가진 '우미아크'로 보인다며, 오호츠크 해와 캄차카 반도의 북쪽 원주민이 회유하는 고래를 따라 내려온 것이라는 가설을 제시하기도 했다. 이렇게 보면, 반구대암각화는 알류샨 열도에서 포경을 북서태평양에서 북극해로, 다시 알류샨 열도로 이어지는 환태평양 포경문화권의 자장에 있다고 볼 수 있다.

　물론 반구대암각화가 '한반도 선사인의 포경신화'로 과장됐다고 지적하는 비판론자도 있다.[156] 이러한 신화는 서구 국가의 압력에 못 이겨 우리나라가 포경을 포기했고, 민족 전통의 회복 차원에서도 포경 재개가 필요하다는 포경 찬성론의 '망탈리테(mentalités, 오랜 기간에 걸쳐 형성된 집단적 사고방식)'를 구성한다. 신석기 시대의 포경은 사람들이 먼 바다에 나가 의도적

235
8장 고래의 눈에서 달처럼 빛나는 구슬

이고 적극적인 포경을 벌였다기보다는 바다에서 육지 쪽으로 움푹 들어간 강 하구와 만에서 좌초하거나 길 잃은 고래를 잡는 수동적인 포경, 혹은 득경捕鯨의 형태를 띠었을 가능성이 크다는 게 세계 고고학계의 일반적인 인식이다.[157] 대형 고래를 잡을 수 있을 정도로 진보된 신석기 포경 도구는 충분히 발견되지 않았다. 반구대암각화를 통해 신석기 시대의 적극적 포경설을 인정받으려면 이 명제를 넘어서야 한다. 암각화는 어쩔 수 없이 '간접적인 증거'이기 때문이다.

원나라에 바친 기름

포경의 기록은 없지만 스트랜딩한 고래에 관한 기록은 많다. 그만큼 고래가 많았기 때문이다. 하지만 일제강점기를 거쳐 1980년대까지 한반도 연안의 고래가 포경으로 싹쓸이 당했기 때문에 현재 우리가 스트랜딩을 접할 기회는 거의 없다. 《삼국사기》를 보면 신라와 백제에서는 고래를 '큰 물고기大魚'라고 불렀다. 바다에서 큰 물고기가 나왔다는 기록이 여럿 있는데, 여기서 큰 물고기는 고래일 가능성이 크다.

15년(416) 봄 3월에 동해 바닷가에서 큰 물고기를 잡았는데, 뿔이 달렸고 그 크기는 수레에 가득 찰 정도였다. 《삼국사기》 제3권 신라본기 실성 이사금왕)

19년(659) 5월에 서울王都 서남쪽의 사비하에 큰 물고기가 나와 죽었는데 길이가 세 장丈이나 되었다. 《삼국사기》 제28권 백제본기 의자왕)

삼국시대에 고래의 현현은 비일상적인 사건이었다. 세세하게 역사서에 서술될 정도이니 말이다. 이 기록으로 사람들이 고래를 직접 포획했다고 주장하긴 어렵다. 오히려 스트랜딩이 괴이한 사건으로 인식되고 고래가 알 수 없는 괴생물체로 묘사되었다는 점에서, 포경 기술이 전수되지 않고 있음을 강력히 시사한다. 고려시대 원종 14년(1273)에는 원나라 사신이 방한해 고래기름을 가져가기도 했다.

> 계유년 12월에 다루가치達魯花赤가 중서성(中書省·관서의 명칭)의 첩(牒·관문서)를 가지고 동계(東界·함경도)와 경상도에 가서 신루지蜃樓脂를 구했는데, 신루지는 경어유(鯨魚油·고래기름)를 이른다. 《고려사》

원나라에서 따로 고래기름을 구하러 동해까지 올 정도이니, 고래기름을 상시적으로 저장하는 곳이 있지 않았을까? 고래기름 채취가 성행했던 건 아닐까? 고로 일상적으로 고래를 잡았던 건 아닐까? 우리나라에서 전통적으로 포경이 이뤄졌다고 주장하는 이들은 이 기록과 추론에 가장 크게 기댔다. 한국 포경사 연구의 선구자 고 박구병 교수도 그래서 고려시대 포경의 가능성을 조심스레 제기했다.[158]

과거 고래 자원이 풍부했을 때는 동해안 지방에서 고래의 표착이나 좌초가 자주 일어났던 것으로 보이므로, 이때 획득한 고래를 이용하여 고래기름을 채유하고 있었을 것은 의심할 여지가 없다. 그러므로 원이 구하려고 하였던 신루지가 그렇게 해서 채취한 고래기름이었을지 모른다. 그러나 포경이 계획적으로 행해지고 있을 때 수시로 고래기름을 획득할 수 있는 것이다. 이러한 점을 고려할 때 고려시대에도 고래를 잡고 있었을 가능성이 크다고 볼 수 있고, 원에서 그것을 알고 있었기 때문에 이곳에서 고래기름을 입수하려고 했다고 볼 수 있을 것이다.

조선시대에도 고래에 관한 기록이 여럿 나온다. 연산군은 1505년 전라도의 바다에 면한 고을들에 고래를 생포하라고 명했다. 그러나 고래 잡기가 그리 쉽지는 않았던 모양이다. 고래를 잡는 기술이 없었기 때문이다.

왕이 전라도의 바다에 면한 고을들에 명하여 고래를 사로잡게 하였는데, 부안 현감 원근례元近禮가 잡기를 자청해 바닷섬에 드나들었으나 두어 달이 되어도 잡지 못해 고을 일을 많이 그르쳤다. 이에 감사 성세순成世純이 임금에게 아뢰어 (원근례를) 파직하였다. 《연산군일기》

또 조선시대 태종 5년(1405) 12월에는 한강에 고래가 나타났다.

큰 물고기 여섯 마리가 바다에서 밀물潮水을 타고 양천포로 들어왔다. 양천포에 사는 백성들이 잡아 죽였는데, 그 소리가 소 우는 것 같았다. 비늘이 없고 몸 빛깔은 까맸고 입은 눈가에 있고 코는 목덜미 위에 있었다. 현령이 이에 관한 말을 듣고 그 고기를 떼어다가 갑사(甲士·오위 가운데 중위인 의흥위에 속한 군사)에게 나눠주었다. 《태종실록》

당시에는 바다의 짠물이 서울까지 올라왔으므로, 길 잃은 고래가 한강에 나타난 것이 이상할 리 없다. 광해군 때 이수광이 지은 《지봉유설》

에도 한강에 고래가 나타난 것이 적혀 있다. 1564년에 '큰 물고기'가 출현했는데, 생김새는 돼지 같았고, 빛깔은 희고, 길이는 1장(丈·약 3미터)이었고, 뇌 뒤에 구멍이 있었는데, 사람들도 그 이름을 몰랐다고 하면서 이를 '해돈'이라고 불렀다는 것이다. 일제강점기에도 한강 인도교 근처에 길이 10미터가량의 보리고래가 좌초한 기록이 전해지고, 길이 6척이나 되는 고래를 용산 공터에서 사람들에게 돈을 받고 구경시켰다는 기록도 있다.

한강에서 고래를 볼 수 없게 된 이유는 1987년 한강에 신곡수중보가 생겼기 때문이다. 1988년 서울올림픽을 앞둔 정부는 한강종합개발계획을 세우고 한강에 유람선을 띄우기 위해 보를 설치해 물을 채웠다. 신곡수중보로 한강의 물길이 막히면서 생태계가 단절됐다.

국어학자 김선주는 고래 기록을 가지고 흥미로운 분석을 했다.[159] 고래를 잡는다는 뜻이 '득경得鯨'과 '포경捕鯨' 두 가지가 있는데, 둘의 횟수를 역사 기록에서 세어본 것이다. 19세기 중반까지 모두 21차례의 고래 기록이 나오는데, 이 가운데 포경이라고 표현된 건 단 두 번으로, 1820년 처음 나타났다. 나머지는 모두 득경이었다.

득경과 포경은 무슨 차이가 있을까. 득경은 고래가 얕은 바다로 표류해 제대로 움직이지 못하거나 스트랜딩한 개체를 쉽게 얻었을 때 쓰이는 말이었을 것이다. 반면 포경은 작살을 던져 의도적으로 포획한 것을 이른다. 실학자들의 기록에도 포경에 대한 기록은 없다. 서유구는 1820년《임원십육지林園十六志》에서 당시 일본에서 유행하는 포경법에 대해 쓰며, 조선에 대해서는 다음과 같이 덧붙였다.

살피건대 우리나라 어민漁戶들은 포경을 할 수 없다. 다만 혼자 죽어 모래밭에 떠오른 것이 있으면 관官에서 반드시 많은 사람을 동원하여 칼과 도끼로 수염과 피육을 베어낸다. 말에 싣고 사람이 날라 며칠이 걸려도 끝나지 않는다. 큰 고래 한 마리를 얻으면 그 값이 천금에 이른다. 그러나 이익이 모두 관에 돌아가고 어민은 얻는 게 없으므로 고래 잡는 법을 배우지 않는다.

당시는 일본의 근대 포경산업이 막 발원해 꽃을 피워내고 있던 즈음이었다. 조선인들도 일본의 포경산업에 대해 익히 들어 알고 있었다. 하지만 이를 곧바로 수용하지는 않았던 것 같다. 정약전도 《자산어보》에서 흑산도에 '해돈'이 많지만 사람들이 잡을 줄을 모른다고 썼다. 여러 실학자의 문헌과 한문학에서도 일본에선 포경이 활발했으되, 조선에서는 포경이 이뤄지지 않았음을 거듭 확인할 수 있다.[160] 다만 예외적인 기록이 있다. 1692년 네덜란드인 니콜라스 비첸Nicolaas Witsen이 지은 《동과 북 타르타리아》라는 책이다.

1653년에 코레아에서 붙잡힌 네덜란드인들은 고래에서 발견한 작살을 보고 이 고래는 해협을 거쳐 이곳에 회유한 것일 거라고 생각했다. 코레아에서 네덜란드에서 만든 작살이 발견됐다는 것을 확인하기 위해 나는 코레아에 13년 동안 붙잡혀 있었던 로테르담 출신의 베네딕토우스 크레루크와 이 작살에 대해 이야기했다. 그는 당시 코레아에서 본 고래 몸에서 네덜란드제 작살이 끄집어내진 것을 목격했으며 그것이 네덜란드 제품인 것을 인정했다고 말하였다. ⋯⋯ 그는 코레아 사람은 이 고래를 잡기 위한 특별한 배와 용구를 지니고 있다고 했다. 또 그는 노바야 젬라와 스

피츠베르겐 사이에는 물고기가 유영할 정도로 개빙구開氷區가 있음에 틀림없다고 단정했다.[161]

이 책은 비첸이 한때 조선에 체류했던 헨드릭 하멜Hendrick Hamel 일행과 네덜란드에서 만나 썼다. 그는 조선 사람들도 고래를 잡기 위한 특별한 배와 어구를 지녔다며 포경이 이뤄지고 있다고 했다. 반면《하멜 표류기》에서는 작살에 꽂힌 고래 이야기가 나오지만, 조선에서는 고래잡이를 하지 않는다고 나온다. 박구병은 이 기록을 근거로 들어 조선시대에 포경이 이뤄졌다고 주장했으나, 너무 예외적인 사례라서 신빙성이 낮다고 할 수 있다.

오히려 네덜란드제 작살이 꽂힌 고래가 조선의 바다에서 발견됐다는 이야기가 흥미롭다. 당시 네덜란드는 북극해와 그린란드에서 북극고래 포경을 하고 있었다. 그렇다면 이 고래는 작살을 맞고 베링 해를 지나 한반도까지 내려왔다는 이야기인데, 일반적인 회유 경로에서 한참 벗어나 있다. 길을 잃어도 한참 잃은 것이다. 당시에는 '작살을 맞은 고래가 바다를 헤엄쳐 다닌다'는 이야기가 많았다. 실제 그런 사례가 있긴 했지만, 과장되어 퍼졌을 것으로 보인다. 물론 가능성이 아예 없는 건 아니다. 1997년 흰고래 한 마리가 부산 다대포에서 발견된 적이 있다. 북극에서 사는 이 고래 또한 길을 잃어 머나먼 온대 바다까지 내려왔을 것이다.

일본 제국주의에 쓰러진 고래들

러시아와 일본, 미국 등 제국주의 열강은 19세기 중반부터 조선 왕실의 허락 없이 동해에 진출해 고래를 잡기 시작했다. 주민들이 '이양선'으로 배척했던 배들의 상당수가 포경선이었다.

가장 활발한 활동을 한 것은 헨리 휴고 카이절링크 백작의 러시아 태평양포경회사다. 그는 스벤 포윈이 개발한 최신 노르웨이제 작살 대포를 싣고 동해에서 고래를 쫓아다녔다. 태평양포경회사는 함경도와 강원도에서 참고래를 잡아 러시아, 일본의 포경항으로 가져가서 해체해 팔았다. 어떤 때는 울산만에 정박해 고래를 해체하기도 했다. 지방 관리는 우리 영토에 무단 상륙한 이들을 쫓아내려 했기 때문에, 조선인과 포경선 사이에는 마찰이 잦았다.

그러나 위정척사파의 저항은 오래 가지 못했다. 1899년 러시아는 조선과 협정을 맺고 울산 구정포*의 길이 700피트(213미터) 너비 350피트(152미터)의 땅을 조차했다. 조선이 외국에 내준 최초의 포경기지였다. 러시아는 이 땅의 사용료로 조선인 김세환에게 1,500냥을 지급했다.

이후 한반도에서의 포경 이권은 러일전쟁을 중심으로 러시아와 일본 양국의 정치적 함수에 따라 움직였다. 러시아 다음은 일본이었다. 1900년 일본원양회사는 조선 왕실에 경상도, 강원도, 함경도에서 해안선 3리 이내에서 고래잡이를 할 수 있는 권리를 부여받았다. 이어 일본공사관은 조선 왕실에 공문을 보냈다. 일본에도 러시아와 마찬가지로 포경기지를 조

---

* 울산 장생포의 옛이름.

차해달라는 요구였다. 러일전쟁에서 승리한 일본은 곧바로 구정포 등 구 러시아 기지를 포함한 8곳을 자신들의 포경기지로 확보했다.

일제강점기는 조선 민중에게나 고래에게나 고초의 시간이었다. 근대 포경이 일찍이 발달한 북쪽 지방에서 남쪽으로 회유하는 고래에게 한반 도 연해는 평안한 대피처였을 것이다. 하지만 조선의 땅이 일본에 넘어가 면서 고래의 평화도 깨졌다. 일본은 동해와 서해에서 작살을 쏘아대면서 고래의 씨를 말렸다. 1925년 1월 28일 〈동아일보〉를 보면, 벌써 남획에 따 른 개체수 감소 현상이 나타난 것을 알 수 있다.

> 조선 연해의 포경 사업은 총독부에서 동양포경회사가 일수포획권一手捕
> 獲權을 득하고, 조선 근해에 부유하는 고래鯨를 포획하는 바, 대정大正 13
> 년(1925) 포경 수는 근히 70두에 불과하여 근년에 없는 불어중不漁中이다.
> 물론 불어이었던 것은 고래의 출현이 희소한 이유이나, 근시 포경술이
> 비상히 발달하여 해상에서 고래를 발견하면 포砲 일발一發로 위태롭게
> (殆히) 도망시키는 일은 없다. 그러므로 고래도 근년에는 반도 연해에는
> 자태를 보이지 아니하게 되었다.

일제강점기 한반도 연안의 고래 중 최대 희생자는 참고래였다. 한반 도 연안에서 잡히는 가장 큰 고래였으므로 당연했다. 참고래는 일본에서 '나가스쿠지라長須鯨'라고 불렸다. 그래서 지금도 울산 사람들은 참고래를 일본말의 한자어를 따라 '장수경'이라고 부른다. 한반도 연안에서 매년 보통 100여 마리, 많은 해에는 200마리 이상을 잡았다. 이러니 참고래가 남아날 리 있겠는가. 대만에서 사할린에 이르는 동아시아 바다에선 1914

일제강점기 한반도 고래 포획 개체수

연도	참고래	귀신고래	향고래	보리고래	긴수염고래	대왕고래
1911	182(974)	118(121)	0(163)	0(375)	0(2)	1(243)
1912	136(743)	188(193)	0(107)	0(236)	0(3)	1(236)
1913	151(839)	121(131)	0(77)	1(361)	0(1)	0(58)
1914	168(1040)	139(155)	0(304)	0(239)	0(1)	0(125)
1915	204(817)	130(139)	0(252)	0(723)	1(7)	0(57)
1916	129(739)	77(78)	0(391)	0(419)	0(8)	0(75)
1917	151(745)	66(66)	1(195)	0(581)	0(3)	0(75)
1918	127(700)	102(104)	0(588)	0(739)	0(2)	0(24)
1919	179(522)	46(46)	0(461)	0(532)	0(5)	2(53)
1920	146(443)	66(68)	0(251)	0(389)	0(4)	0(37)
1921	143(470)	76(78)	0(301)	0(474)	0(6)	0(53)
1922	151(394)	38(40)	0(567)	1(390)	0(4)	1(36)
1923	133(434)	27(27)	0(370)	0(492)	0(7)	1(35)
1924	84(342)	16(17)	0(247)	0(642)	0(4)	0(28)
1925	126(411)	10(10)	0(354)	0(491)	0(9)	0(31)
1926	127(408)	10(11)	0(495)	0(563)	0(7)	0(29)
1927	226(455)	9(10)	0(443)	0(551)	0(9)	0(10)
1928	204(417)	9(9)	0(650)	0(309)	0(5)	1(16)
1929	129(386)	11(12)	0(606)	0(364)	0(5)	2(16)
1930	196(400)	30(30)	0(753)	0(411)	0(5)	3(56)
1931	159(337)	10(10)	0(283)	0(418)	0(8)	3(20)
1932	143(270)	7(7)	0(268)	2(370)	0(14)	0(17)
1933	165(289)	1(1)	0(331)	0(337)	0(3)	0(7)
1934	105(283)	0(0)	0(416)	0(313)	0(2)	0(24)
1935	139(273)	0(0)	0(479)	0(380)	0(2)	0(21)
1936	132(241)	0(0)	1(549)	0(348)	0(4)	0(3)
1937	209(300)	0(0)	1(640)	0(435)	0(5)	3(12)
1938	170(294)	0(0)	0(797)	0(553)	0(0)	0(5)
1939	131(241)	0(0)	0(1286)	0(657)	0(0)	0(10)
1940	113(252)	0(0)	0(1306)	0(429)	0(0)	0(15)
1941	128(360)	0(1)	0(1298)	0(255)	0(5)	0(26)
1942	163(419)	0(1)	0(426)	0(255)	0(5)	0(11)
1943	113(315)	0(0)	0(727)	0(352)	0(13)	0(15)
1944	163(374)	0(0)	0(961)	0(735)	0(1)	2(4)

* 괄호 안은 일본 열도와 당시 일본의 식민지였던 사할린, 대만, 관동 주 연해에서 잡힌 포획량을 모두 합한 개체수.
* 출처: 〈포경통계집〉(일본포경협회)에 실린 통계를 《한반도 연해포경사》(박구병)에서 재인용.

다정한 거인

년 포획 개체수가 1,040마리로 정점을 찍었다. 그러나 '참고래 잔치'는 그리 오래 가지 않았다. 1920년 443마리로 떨어졌고, 해방 직전까지 연간 200~300마리를 잡는 데 그쳤다.

귀신고래만큼 불행한 고래도 없다. 귀신고래는 다른 고래와 달리 사람을 무서워하지 않는다. 포경선에도 친근하게 다가왔고 고래뛰기도 즐겨했다. 그래서 북대서양귀신고래는 근대 포경이 시작되자마자 멸종했다. 태평양에 사는 북태평양 귀신고래도 급속도로 개체수가 줄었다. 바하 칼리포르니아에서 북미 대륙 서부 연안을 따라 북극권에서 오가는 캘리포니아 회유군은 20세기 초반 씨가 마르기 시작했다. 과학자들은 귀신고래의 절멸을 아쉬워했다.

하지만 북태평양 반대쪽, 북극권에서 한국과 남중국해를 오가는 또 다른 회유군(한국계 귀신고래)은 여전히 남아 있다. 훗날 영화 〈인디애나 존스〉의 모델로 널리 알려진 미국의 탐험가이자 미국자연사박물관장을 지낸 로이 채프먼 앤드류스Roy Chapman Andrews는 미국자연사박물관 관장을 설득하여 '캘리포니아에서 멸종된 것으로 추정되는 귀신고래를 관찰하기 위하여' 한국행을 허락받았고, 1912년 울산의 포경기지에서 1년간 머물면서 귀신고래를 연구했다.[162] [163] 그리고 일본 동양포경회사의 도움을 받아 그는 귀신고래 23마리의 신체 크기와 특징을 기록했다. 그는 고래 부속물의 일부만 비료로 사용하고 나머지는 거의 다 버리는 미국과 유럽의 고래 소비가 굉장한 낭비라고 생각했다. 그는 "다른 나라의 고래는 1,000달러의 값어치인데, 일본에서는 (식용으로 쓰기 때문에) 4,000달러의 가치가 있다"면서, 훗날 자연사박물관에 명사들을 불러 '고래고기 오찬'을 벌이기도 했다.[164]

1. 귀신고래를 끌어올리는 포경선
1914년 울산의 포경선원들이 꼬리지느러미를 묶어 귀신고래를 배 위로 건져 올리고 있다.

2. 귀신고래 수염
울산 장생포항에 위판된 귀신고래. 긴 수염이 보인다.

3. 100년 전의 한국계 귀신고래 연구자
로이 채프먼 앤드류스는 미국자연사박물관을 설득하여 멸종으로 치닫고 있는 귀신고래를 연구하기 위해 울산 장생포에 와서 일 년을 머문다. 이때 그는 한국계 귀신고래에 관한 많은 자료를 남겼다. 앤드류스가 1934년 미국자연사박물관 긴수염고래 골격 앞에서 찍은 사진.

다정한 거인

그가 기록한 한국계 귀신고래도 '선배 귀신고래'의 전철을 밟았다. 1912년 한반도에서 188마리 잡힌 귀신고래는 1920년대 중반에 이르자 포획 두수가 10마리 미만으로 떨어졌다. 1933년을 마지막으로 귀신고래는 더 이상 잡히지 않았다.[165]

포경선들은 애초부터 동해를 중심으로 포경장을 형성했다. 경상도의 울산과 거제도, 강원도 장전, 함경도 북청을 거점으로 삼았다. 1920년대에는 포경장의 중심이 전라도로 넘어간다. 흑산도와 황해도는 1920년대 중반부터 고래 포획량이 경상도 지방을 앞서기도 했다. 물론 울산 장생포를 중심으로 한 경상도 연해 어장의 중요성은 여전히 컸으나 포획 두수에 있어서 황해도와 전남의 포획 두수에 못 미치는 해가 적지 않았다. 1928년에는 전남에서만 113두가 잡혀, 전국 포획 두수(233두)의 절반 가까이 이르기도 했다.

고래는 해방되지 않았다

조선은 해방됐으나 고래는 해방되지 않았다. 1945년 8월 15일 광복 직후, 미 군정청은 '1945년 8월 9일 이전의 모든 어업권은 무효이며, 이에 관계한 선박, 기자재 등의 적산 재산을 몰수한다'는 포고령을 발표했다. 하지만 이미 일본 포경선 선주들은 각종 기자재를 모두 포경선에 싣고 일본으로 떠난 뒤였다.

일본 포경 회사에 고용된 한국인 노동자 300명과 한국인 자본가들은 국내에서 포경업을 개시하려는 움직임을 보이기 시작했다. 일본수산

주식회사의 포경부에서 근무했던 20대의 김옥창 등은 일본해양어업통제주식회사에서 노르웨이식 포경 목선 두 척을 매입하고 선원들을 규합했다. 주변에서는 "고래잡이가 얼마나 어려운 일인지도 모르고 무식한 뱃놈들이 젊은 놈 말만 듣고 미쳐서 돌아다니고 있다"는 말이 돌았다고 한다. 1946년 4월 16일 장생포 앞바다에 범고래가 회유하고 있다는 보고가 올라왔다. 제7정해호는 첫 조업에 나가 범고래 한 마리를 잡았다. 한국인 소유의 배가 처음으로 잡은 고래였다.[166]

김옥창의 조선포경주식회사에 이어 이영조의 대동포경주식회사가 설립되는 등 국내 자본에 의한 포경이 본격화되었다. 한국전쟁 때 임시수도 부산에 몰린 피난민들에게 고래고기는 구세주와 같이 반가운 존재였다. 전쟁으로 고기가 부족했던 시절, 피난민들은 돈이 생기면 고래고기를 사다 김치찌개를 끓여 먹었고, 때론 친구들끼리 어울려 연탄불에 구운 고래고기를 안주로 소주잔을 나누었다. 전쟁에도 불구하고 포경업은 전성기를 맞았다. 1955년에는 최고 199마리를 포획했고, 포경선과 개인사업자도 증가했다.[167] 1965년에는 한일 기본조약이 조인되고 그해 12월 한일어업협정이 발효되면서 고래고기의 일본 수출길도 열렸다. 울산 장생포는 국내의 대표적인 포경항구로 떠올랐다. 1975년 10월 28일 〈한국일보〉는 당시 풍경을 다음과 같이 전한다.

'붕―붕―붕' 길고 짧은 고동 소리가 항구에 메아리 친다. 오색기가 찬란히 나부끼는 고랫배가 큰 놈을 잡았다는 '신호의 고동'이다. 부둣가는 순식간에 인파로 가득차고 청룡도 같은 칼날이 달린 7척 해부도를 휘두를 인부들이 처리장으로 달려간다. 환호 속에 닻을 내린 고랫배 선원들은 마치 개선장군처럼 선주의 환영을 받고 갯마을은 잔칫날 같이 부산해진다.

포경기지 울산 장생포 일항내에는 여기저기 거대한 원유탱크가 도사리고 등 뒤에는 정유공장, 삼양제당 등 대소 공장들이 빽빽이 들어 차 항구는 공업화 바람에 찌들어가도 고래의 크기에 따라 웃음이 일고 지는 바다의 낭만은 아직도 여전하다. 지금은 서해 군산 앞바다 어청도가 봄철 한때 기지이기는 하나 포경량은 20퍼센트에 불과하고 80퍼센트가 입항 처리되는 장생포는 사실상 한국의 유일한 포경선의 기지인 셈이다. …… 우리 해역에도 나타나는 참고래는 가장 일반적인 큰 고래로서 표준 체장 20미터, 해방 후의 기록으로는 74척(22.4미터)이 최대, 근래의 것으로는 지난 73년 7월 23일 독도 근해에서 9발의 작살을 쏘아 잡은 길이 22미터, 높이 3미터, 무게 45톤짜리 큰 고래, 그러나 안타깝게도 예인에 하루가 더 걸려 부패한 탓으로 시가 700만 원짜리 고래가 300만 원에 팔렸다. 가장 많이 잡히는 것은 밍크고래로 큰 놈이 28척(9미터) 내외, 값도 참고래가 200만~700만 원인데 밍크는 30만~200만 원. 그래서 포경선은 참고래가 아니면 신호의 고동도 불지 않고 대어기도 달지 않는다. …… 70년대에 와서 이렇게 생산량이 배가한 것은 포경 기술의 발달에 기인한다고 제5진양호(98톤·14노트) 선장 방기만 씨(40)는 설명한다.

7~8노트 속력에 불과해 18노트 고래를 따라가지 못하던 목선은 대부분 철선으로 바뀌고, 육안과 작살에만 의존하던 것이 지금은 어군 탐지기에 소나까지 갖추고 있다. 고래는 발견하면 기진맥진할 때까지 추격하여 20~30미터 거리에서 작살을 쏜다. 소나는 추격전에서 수중으로 음파를 발사, 고래가 오래 잠수해 있지 못하게 하는 결정적인 무기가 된다.

8장 고래의 눈에서 달처럼 빛나는 구슬

남양군도에 많은 향고래는 1,000미터 해저를 한 시간 이상이나 잠수한 다지만 보통 고래는 5~10분 정도. 음파를 발사하면 청각이 예민한 고래는 물위로 솟아오르게 마련이다. 그래서 예전에는 열 마리를 발견, 한두 마리 잡기가 어렵던 포획율이 지금은 일고여덟 마리까지 잡는다.

일제강점기 이후 데드라인으로 치닫던 고래 멸종의 시계는 멈추지 않았다. 포경선은 갈수록 최신식 기술과 기계로 무장했다. 하지만 대형 고래는 이에 반비례해 점점 눈에 띄지 않고 있었다. 한반도 연근해의 최고 인기종인 참고래는 1960년대 초반까지 50마리 이상 잡히다가 후반에 이르러 포획량이 20~30마리로 급감했다. 1972년에는 한 마리 잡혔고, 1980년에는 네 마리가 잡혔다가 아예 종적을 감추었다.

1933년 이후 보이지 않았던 귀신고래는 1958년 7마리로 반가운 포획 신고를 했다. 하지만 1966년 5마리를 끝으로 더는 잡히지 않았다. 목격담만 드문드문 이어졌을 뿐이다. 마지막 귀신고래가 잡히고 17년이 지난 1981년 11월, 월간잡지《마당》은 현상금 100만 원을 걸기도 했다.

한국 귀신고래의 사진은 살아 있는 고래를 찍은 것이든, 죽은 고래를 찍은 것이든 문제가 되지 않지만, 81년 10월 29일 이후에 찍은 것에 한합니다. 귀신고래를 찍을 수 있는 요령을 알려드리겠습니다. 귀신고래는 등지느러미를 갖고 있지 않습니다. 큰 고래 가운데 등지느러미를 갖고 있지 않은 고래는 흑고래, 북극고래 정도로서 모두 한국 연안에서 멀리 떨어진 바다에서 살고 있으므로, 등지느러미가 없는 큰 고래는 일단 귀신고래로 추정할 수 있습니다.

지금껏 현상금을 타간 사람은 없다. '고래 도시'를 꿈꾸는 울산 시민들은 지금도 귀신고래를 애타게 기다리지만, 월동지인 오호츠크 해에서만 관찰할 수 있다.

참고래와 귀신고래의 빈 자리를 채운 건 밍크고래였다. 밍크고래도 대형 고래로 쳤지만, 그동안은 크기가 작아 잡지 않았었다. 허풍선이 마인크Meincke 선장이 큰 고래로 속인 작은 고래가 밍크고래 아니었던가.

큰 고래가 사라지자 밍크고래가 사냥감의 다수를 차지하기 시작했다. 워낙 잡을 고래가 없었기 때문이다. 1960년대에는 연간 300~400마리가 잡혔고 1977년에 1,033마리가 잡히는 등 밍크고래의 대학살이 시작됐다. 1970년대 말이 절정이었다. 매년 1,000마리 안팎의 밍크고래가 포경선에 실려 장생포에 들어왔다.

멸종위기의 구렁텅이로 빠져들고 있던 밍크고래를 가까스로 구한 것은 국제포경위원회IWC였다. 한국은 1978년 국제포경위원회에 정식 가입했다. 국제포경위원회는 가입국이 비가입국으로부터 고래 부산물을 수입할 수 없도록 했기 때문에, 한국은 최대 판로인 일본 시장을 잃지 않으려면 가입할 수밖에 없었다. 또한 미국이 국제포경위원회 결정사항 위반국에 대해서 미국 수역 내에서 어업 쿼터를 50퍼센트 삭감하고 수입 금지 조처를 내리도록 하는 등 통상 압력도 작용했다. 한국은 미국 수역인 베링 해에서 명태 등을 잡고 있었다.

국제포경위원회는 가입국에게 한 해 잡을 수 있는 고래의 종과 포획량 쿼터를 정해 내려보냈다. 이에 따라 한국은 가입 이듬해인 1979년부터 브라이드고래와 밍크고래만 잡을 수 있었다. 1980~84년 밍크고래 쿼터량은 3,643마리였고 연간 쿼터는 940마리였다.[168]

그리고 1982년 모든 종류의 대형 고래 포획을 금지하는 역사적인 '상업포경 모라토리엄(중단)'이 국제포경위원회에서 통과된다. 일찍이 국제포경위원회에 가입한 일본은 '과학포경scientific whaling'이라는 꼼수를 썼고, 뒤늦게 가입한 한국은 중단 조처를 따랐다. 동해와 서해, 남해 등 한반도 연근해에서도 1986년 모든 종류의 고래 포획이 전면적으로 중단됐다.*

---

* 국제포경위원회의 '상업포경 모라토리엄'에 대한 내용은 9장을 참고하라.

고래들 4

불법 포경의 벼랑 끝에 밀리다
한국 밍크고래

일반명	밍크고래, 멸치고래 Common Minke whale
	남극밍크고래 Antarctic Minke whale
학명	*Balaenoptera acutorostrata*, *Balaenoptera bonaerenis*
	/ 수염고래과 *Balaenopteridae*
개체수	밍크고래—지역별 상이, 남극밍크고래—51만 마리
적색목록	밍크고래—최소관심(LC), 남극밍크고래—위기(NT)

노르웨이의 한 선장이 엄청나게 큰 대왕고래를 잡았다고 허풍을 떨곤 했다. 선장의 말을 듣고 사람들이 고래를 보러 몰려가면, 고래 크기는 언제나 보잘것없었다. 허풍선이로 악명 높은 이 선장의 이름은 마인크였다. 그래서 작은 고래에 '밍크고래'라는 이름이 붙었다.

밍크고래는 꼬마긴수염고래Pygmy right whale를 제외하면 수염고래 중 가장 작다. 길이는 7~10미터, 무게는 5~15톤 정도다. 로퀄의 일종이므로, 목에서 배 아래까지 50~70개의 흥선(주름)이 있고, 등에는 짧은 지느러미가 솟아 있다. 밍크고래는 적도의 열대 바다를 제외한 지구의 모든 바다에서 발견된다.

분류학적으로 밍크고래와 남극밍크고래 두 종으로 나뉜다. 북대서양과 서그린란드, 캐나다와 미국 동부 연안 등에 18만 2,000마리, 오호츠크 해와 북태평양 서부 등에 2만 2,000마리의 밍크고래가 사는 걸로 추정된다. 상업포경의 영향을 덜 받은 남극밍크고래의 개체수 추정치는 51만 5,000마리다.[169]

밍크고래는 멋진 고래뛰기를 보여주는 혹등고래 같은 매력이 없다. 도약할 때 몸통이 수면 위로 솟아오르지 않고, 잠수할 때도 꼬리지느러미가 바다 속에 숨어 있다. 우리나라 울산의 고래관찰 투어에 종종 모습을 드러내지만, 시각적 카리스마가 없는 게 아쉬울 따름이다. 보통 회유기인 4~6월, 9~10월에 가장 자주 관찰되지만, 적은 수는 연중 관찰되고 있어 생활사가 다른 다수의 개체군이 섞여 있을 거라는 추측, 그리고 한반도 근처에서 정주하는 개체군이 있을 거라는 추측이 있다. 보통 1~3마리가 함께 관찰된다. 밍크고래를 해체하면 위장에는 멸치가 가득해 북한에서는 '멸치고래'라고 부른다.

작고 볼품없는 몸 덕분에 19~20세기 고래 학살의 시대에도 비교적 평온한 삶을 살았다. 포경업자들은 밍크고래 20마리에 대왕고래 한 마리1BWU를 쳤다. 밍크고래 여러 마리를 잡느니, 대왕고래 같은 큰 고래 한 마리를 잡는 게 나았다. 밍크고래가 포경업자들의 표적이 된 건, 큰 고래의 씨가 말랐던 20세기 중반부터다. 밍크고래 사냥터는 한국과 일본 그리고 중국, 캐나다, 노르웨이 등의 연안이었다. 먼 바다에 나가지 못하는 중소형 포경선들이 밍크고래를 박리다매식으로 잡아 팔았다. 한국에서도 상업포경 모라토리엄이 개시되기 전까지 밍크고래는 최대 사냥감이었고, 1977년 한 해에만 1,033마리나 잡았을 정도다.[170]

밍크고래는 현재 상업적으로 포획돼 대량 판매되는 유일한 고래다. 노르웨이와 아이슬란드, 일본은 모라토리엄 대열에서 이탈해 밍크고래를 포획한다. 우리나라에서도 불법 포경이 사그라들지 않고 있다. 그물에 우연히 걸려 죽는 혼획도 문제다. 이들 고래가 마리당 수천만 원에 고래고기 시장으로 공급된다.

한국과 일본 바다의 밍크고래 계군은 전통적으로 J개체군J stock과 O개체군 O stock으로 나뉜다. 따뜻한 태평양 바다에서 겨울을 난 뒤 여름을 맞아 일본 동쪽 바다를 통해 오호츠크 해로 직접 올라가는 O개체군과 달리 대한해협을 통과해 동해를 거쳐 올라가는 J개체군은 어업 밀도가 높은 지역을 지나가기 때문에 그렇잖아도 적은 개체수가 더 줄어들 가능성이 높다.

해양포유류학자 스콧 베이커는 2000년 인위적 폐사를 줄이는 광범위한 노력을 시행하지 않으면 향후 50년 내에 J개체군은 감소하여 사라질 것이라고 전망했다.[171] 고래연구센터의 2015년 연구에서는 밍크고래 J개체군의 존속을 위한 연간 최소 혼획(포획 포함) 개체수PBR, Potential Biological Removal를 53마리로 봤다. 이보다 적게 죽어야 밍크고래가 존속할 수 있다는 것이다.

하지만 한국에서 밍크고래 혼획 개체수는 2020년 75마리, 2021년 62마리, 2022년 57마리 등 매년 50마리를 상회한다.[172] 당장은 밍크고래가 심심찮게 발견되고 있어 지역적 절멸에 대한 우려가 적지만, 적어도 수치만 봐선 귀신고래에 이어 밍크고래도 곧 한국 바다에서 볼 수 없음을 시사한다.

환경단체에서는 밍크고래를 해양생물보호종으로 지정하라고 요구한다. 보호종으로 지정되면 혼획된 사체를 고래고기로 팔 수 없기 때문에 '의도적 혼획'을 예방할 수 있다.

9장

고래의 노래

밤하늘에 오로라가 떴다. 분명히 오로라였다. 의심할 여지 없이 확실했다. 마을은 초저녁부터 흐릿한 안개에 뒤덮여 있었다. 안개는 저 멀리 브룩스 산맥에서 타고 내려오더니, 언젠가부터 마을과 바다를 휘감고 있었다. 배를 타고 얼음 바다에 나간 사람들은 저 멀리서 노란 불빛을 보내기만 할 뿐 아무런 소식도 전하지 않고 있었다.

알래스카 북극해의 에스키모 마을 카크토비크Kaktovik. 고래를 잡았다며 흥분한 목소리가 무선 라디오에서 울린 건 저녁 6시 넘어서였다. 아침 7시에 배를 타고 나갔으니, 11시간 동안 얼음 바다를 헤치고서야 고래를 잡은 것이다. 떠나기 전 마을 사람들은 고래 사냥에 큰 기대를 하지 않는 눈치였다. 그랬다. 지난 봄에도 빈손이었고, 지난해에도 아무 일 없었다는 듯이 배에서 내리지 않았던가.

사냥에 참가한 사람들은 마을 장정과 소년 소녀들, 51명이었다. 마을 인구라고 해봐야 250명이 전부니, 성인 여성 빼고 웬만한 젊은 사람들은 다 고래잡이에 나선 셈이다. 사람들은 한 배에 예닐곱 명씩 모두 8대에 나눠 타고 마을을 출발했다. 배는 우람한 '포경선'이 아니었다. 초라한 야마하 엔진을 단, 한강 수상 보트보다 약간 커 보이는 보트였다.

8척의 보트는 두 팀으로 나뉘어 보퍼트 해Beufort Sea를 수색했다. 한 팀은 마을을 중심으로 서쪽을, 다른 한 팀은 동쪽을 맡았다. 각각의 팀은 우두머리 배를 중심으로 모였다 흩어지길 반복하고, 누군가 고래를 발견하면 모두 그 고래 주변으로 모이기로 약속되어 있었다.

에스키모는 폭약 작살을 사용한다. 폭약 작살이 고래에 정통으로 꽂히면 고래의 내장이 터진다. 이내 고래는 몸부림치는데, 이때부터 생사를 건 싸움이 시작된다. 다시 말하지만 에스키모들은 '공장식 포경선단'을 꾸리지 않았다. 수십 톤이나 되는 고래에 비해 초라하기 그지없는 보트로 적이 기진맥진할 때까지 버텨야 한다.

보퍼트 해의 에스키모들이 잡는 고래는 대개 북극고래다. 북극고래는 피하 지방이 두꺼워서 예로부터 음식과 등불의 재료로 선호되었다. 특히 지방층을 고르게 썬 묵툭은 인기가 높다. 에스키모는 묵툭을 날것으로 간장에 찍어 먹거나 참치처럼 살짝 얼려 먹기도 하고 끓는 물에 쪄 먹기도 한다.

무엇보다 북극고래는 사냥이 쉬웠다. 북극고래는 무리를 지어 이동한다. 젊은 고래들이 맨 앞에 서고 새끼를 밴 암컷이 그 뒤를 따른다. 성숙한 수컷 큰 고래들은 후미를 형성하며 뒷길을 챙긴다. 이렇게 몰려다니는 무리 중 한 마리에 작살을 꽂으면, 북극고래는 물위에 쉽게 떠올라 수습이 쉬웠다. 더욱이 얼음이 얼지 않는 해안가를 따라 이동했으므로 접근이 편했다. 주로 베링 해와 캐나다 메켄지 강 삼각주를 오갔는데, 북극고래를 발견한 해안가 마을 사람들은 작살을 들고 나서면서 옆 마을 사람에게도 고래가 찾아왔다는 소식을 알렸다. 그렇게 '고래 소식'은 차례차례 해안가를 따라 전해졌다.

북극고래는 추크치 해에서 겨울을 나고 메켄지 강 근처의 보퍼트 해에서 여름을 난다. 카크토비크를 통과하는 시기는 각각 5~6월과 9~10월이고, 이때 마을 사람들은 사냥을 나간다.

고래와 오로라

나는 해안가에서 마을 사람들과 함께 포경선단의 '금의환향錦衣還鄕'을 기다리고 있었다. 몇 척의 배가 밝힌 불이 저 멀리 얼음 바다 너머로 보였다. 그런데 몇 시간 전부터 반짝이는 불빛이 도통 가까워질 기미가 보이지 않았다. 시계는 벌써 밤 12시를 가리키고 있었다. 한 에스키모 할머니가 말했다. "무거운 북극고래를 끌고 오다가 얼음의 미로에 갇힌 게 틀림없어. 저러다 얼음 바다에 아예 갇혀버리면 안 되는데. 무사히 와줘야 할 텐데."

북극해의 얼음 바다는 귀신처럼 움직인다. 아침에 바닷가에 나가면 거친 얼음 조각이 앞을 채우고 있다가도, 점심 때가 되면 저 멀리 후퇴해 수평선에서 은빛을 반짝였다. 얼음 조각은 수시로 모였다 흩어지고 전진과 후퇴를 거듭했다.

사위가 어두워져 모닥불을 피울 때까지만 해도, 난 하늘을 뒤덮은 게 흐린 안개일 거라고 생각했다. 고래를 잡은 배는 오지 않고 하릴없이 안개만 쳐다보고 있노라니, 안개의 희뿌연 빛이 아주 천천히 빛깔을 담기 시작했다. 아마 하늘을 계속 바라보지 않았더라면, 색깔의 변화를 감지하지 못했을 것이다. 처음에는 안개의 빛이 녹색이었다가, 언젠가부터 붉은 색이 되어 있었다. 그리고 누구나 알아볼 수 있는 찬란한 안개가 되어 미친 듯이 마을과 바다를 휘감았다. 에스키모 전설에 따르면, 오로라는 세상에 사는 누군가가 죽었을 때 그 영혼이 하늘로 올라가 추는 춤이라고 했다. 얼음의 미로에서 잡힌 고래의 영혼일까?

이튿날 해안가에 길이 15미터의 북극고래가 부려졌다. 마을 사람들이 하나둘 해안가로 기어나왔다. 아이들이 고래의 등 위에 올라가 기념사진을 찍었다. 초등학교와 중학교엔 휴교령이 내려졌다. 해안가에는 임시식당이 차려졌다. 고래의 급소에 작살을 명중시킨 셸던 브라우어가 둥근칼을 들고 고래를 잘랐다. 고래의 검은 피부는 바둑판처럼 일정하게 잘려 부글부글 끓는 물이 담긴 솥단지로 향했다. 묵묵이 요리되어 나올 참이었다. 고래는 산처럼 누워 있었고 마을 축제가 시작됐다.

인터넷과 휴대전화가 터지는 세상에 에스키모는 왜 북극고래를 잡을까? 적어도 돈을 벌기 위해선 아니다. 1986년 상업포경이 중단됐지만, 에스키모에겐 '생계유지적 사냥subsistence hunting'이 예외적으로 허용됐다. 이 경우에도 고래를 사거나 팔아선 안 된다. 미국 정부는 에스키모 마을마다 연간 사냥 쿼터를 주고, 이를 초과한 고래잡이는 금지한다. 카크토비크 마을이 잡을 수 있는 고래는 연간 세 마리. 폭약 작살을 제외하곤 현대식 포경 도구를 쓰는 것도 아니니, 고래잡이는 위험 대비 산출이 너무 작은 활동이다.

그래도 지금껏 북극고래의 이동은 에스키모 사회가 돌아가는 주요한 축을 이룬다. 사냥 자체만 놓고 보면 봄철과 가을철에 각각 한 달 동안 이뤄진다. 하지만 사냥과 관련된 여러 활동은 일 년 내내 계속된다. 에스키모는 고래 사냥철이 아닐 때는 물범과 바다코끼리를 잡는다. 이들의 가죽을 북극의 건조한 바람에 말리고 카리부 힘줄로 꿰매 전통적인 고래잡이 배 '우미아크'를 만든다. 우미아크는 워낙 가벼워서 항해하다가 항해가 어려워지면 종종 바다얼음 위로 올라가 들고 걸어갈 수도 있다. 지금도 추운 봄 사냥철에는 우미아크를 사용한다.

에스키모는 고래 사냥철이 가까워지면, 고래잡이 장비를 손질하고 배를 점검한다. 바다 얼음에 갈라지거나 금 간 데가 없는지 바닷길과 얼음길을 살펴본다. 북극고래가 어디쯤 왔는지도 확인한다. 북극 해안가에 늘어서 있는 다른 마을들과 연락하여 북극고래가 언제쯤 당도할지 가늠한다.[173]

북극고래 사냥이 매번 성공하는 건 아니다. 카크토비크 사람들은 대개 마을에 할당된 사냥 쿼터를 채우지 못한다. 쿼터를 다 채우려는 욕심도 없다. 술과 담배를 얻기 위해 미국과 러시아의 공장식 포경선을 탔던 에스키모는 이제 그들의 문화적 전통을 지키기 위해서 고래를 잡는다. 북극고래도 과거에 견줘 비교적 평안히 알래스카 해안가를 헤엄치고 있다. 1921년 북극고래의 상업적 포경이 사실상 중단될 무렵, 북극고래의 개체수는 3,000마리 미만으로 떨어졌으나, 지금은 다시 회복되어 최소 5만 마리로 추정된다.[174]

우주로 날아간 향고래

에스키모와 북극고래가 과거 '세드나 시대'의 평화를 되찾은 건 그리 오래되지 않았다. 포경 열풍은 두 차례의 세계대전 이후 식었다. 이때부터 화석연료가 대중화되면서 고래기름의 필요성이 부쩍 줄어들었다. 대규모 발전소가 공급하는 전기가 가정으로 전송됐고, 발전소에는 석유와 석탄이 공급됐다. 제2차 세계대전 이후 포경산업은 위기를 맞아 새로운 판로를 뚫어야 했다.

20세기 포경산업을 위기에서 구출한 건 미국과 구소련의 냉전이었다. 1950년대부터 미국과 소련은 우주개발 경쟁에 들어갔다. 누가 먼저 인공위성을 띄우는가, 누가 먼저 달에 착륙하는가가 국력의 바로미터였다. 우주선의 첨단 기기에는 차가운 온도에서 얼지 않는 윤활유가 필요했다. 미국 항공우주국NASA은 향고래기름이 적합하다는 걸 발견했다. 항공우주국은 우주선의 로켓 엔진과 첨단 부속품에 고래기름을 도포했다.

불과 200년 전만 해도 향고래는 등불용 기름과 양초를 만들기 위해 경쟁적으로 포획되는 대상이었다. 그러나 이제 향고래기름은 우주라는 미지의 공간을 탐사하는 데 꼭 필요한 물건이 되었다. 향고래기름을 정제해 만들어진 윤활유는 미국과 소련의 우주경쟁이 가속화하면서 불티나게 팔렸다. 고래기름값은 5배 이상 뛰었고, 다시 포경선은 향고래를 잡으러 바다를 이 잡듯이 뒤졌다.

향고래는 1963~64년 시즌에 2만 9,255마리가 포획되는 등 보이는 대로 잡혀나갔다. 정점에 오른 향고래 포획량은 1981~82년까지 매년 2만 마리 수준을 유지했다.[175] 모비딕의 시대, 낸터킷의 포경업자들이 경쟁적으로 잡던 시절보다 훨씬 더 많은 향고래가 죽어나갔다.

20세기 후반, 미국은 향고래기름을 대체할 군사용 윤활유를 개발하고 나서야 포경을 중단하자는 환경단체 의견에 반대하지 않게 되었다. 반면 미사일과 각종 군사 기계를 고래기름에 의지한 구소련은 '포경 모라토리엄'을 주저했다. 지금도 미국과 유럽이 제작하는 일부 우주탐사 차량에는 고래기름이 쓰인다. 60억 년 전에 출발한 별빛을 관찰하는 허블 망원경에도 이제까지 지구의 바다를 누볐던 고래의 유전자가 쓰이고 있다.[176]

고래 자원을 '지속가능한' 방식으로 이용하기 위해 국제포경위원회 체제는 지속되고 있었다. 국제포경위원회는 1946년부터 BWU 단위로 매년 나라별로 포획량을 제한했다. 하지만 위원회의 이런 규제는 현실에서 큰 효과를 발휘하지 못했다. 대왕고래 한 마리를 1BWU로 기준 삼고, 1BWU에 참고래 두 마리, 혹등고래 두 마리 반, 보리고래 여섯 마리로 치는 셈법은 결과적으로 좀 더 큰 고래의 포획을 부추겼다. 포경업자 입장에서는 힘을 들여 보리고래를 여섯 마리를 잡으니, 대왕고래 한 마리를 한 번에 잡는 게 편했다.

결과는 뻔했다. 제2차 세계대전 동안의 포경 휴지기 직후, 대왕고래를 포함한 모든 고래의 포획량이 급증했다. 모든 고래 가운데 대왕고래가 가장 먼저 습격을 당했다. 그다음엔 참고래가, 다음엔 혹등고래와 보리고래에 대한 포획이 집중됐다. 선원들은 큰 고래부터 잡고 그다음엔 작은 고래에 작살을 던졌다.

참고래는 제2차 세계대전 직전 약 3만 마리까지 잡혔다가 전쟁 때 급감했다. 종전 뒤 포경이 재개되면서 금세 예전의 포획량을 회복했다. 참고래는 1960년대 중반까지 매년 평균 2만~3만 마리가 잡혔다. 혹등고래, 보리고래, 향고래도 같은 패턴을 보였다. 포획량은 고래의 크기가 큰 순서대로 차례로 정점에 올랐다. 참고래 다음은 혹등고래와 보리고래로 이어지는 식이었다.

큰 고래들을 쓰러뜨리고 난 뒤, 결국 작살은 밍크고래를 향했다. 사

다정한 거인

실 밍크고래는 상업포경이 시작된 이래 수백 년 동안 평화로운 나날을 보내고 있었다. 밍크고래의 몸집은 5톤에서 10톤 정도로, 대형 고래 가운데 가장 작았다. 이 때문에 밍크고래는 그동안 고래 학살의 시대를 비켜갈 수 있었던 것이다. 하지만 다른 대형 고래의 개체수가 서서히 바닥을 드러내자 포경선들은 밍크고래에도 눈을 돌렸다.

밍크고래를 잡기 위해 업자들은 포경선을 개조했다. 밍크고래 포획에는 일본이 가장 적극적이었다. 90밀리미터 작살총은 밍크고래를 단 한 번에 죽일 수 있었다. 어떤 포경업자들은 밍크고래 포획용으로 작살총을 개조해 포경보트에 장착했다. 일본 포경선에 포획된 밍크고래는 애완견 사료로 가공돼 미국과 유럽에 수출됐다. 화장품과 마가린의 원료로도 이용됐다. 밍크고래 스무 마리는 대왕고래 한 마리1BWU였다. 당시 포경업자들이 얼마나 고래를 갈구했는지, 그래서 얼마나 많은 고래들이 희생됐는지를 보여준다.[177]

변화의 바람

분위기는 서서히 바뀌고 있었다. 고래에 관한 자연 다큐멘터리와 고래의 모습을 촬영한 사진가들의 작품은 고래가 바다에서 잡는 어족 자원이 아니라 아름다움과 경이로움을 지닌 지적 생명체라는 사실을 전파했다.

1964년 9월, 미국 NBC에서 첫 전파를 탄 〈플리퍼Flipper〉는 기념비적인 작품이었다. 한 가족과 어린이, 그리고 돌고래 플리퍼의 모험과 우정을 그린 이 텔레비전 시리즈는 미국에서 유명세를 탔다. 텔레비전에서 살아 있는 고래의 모습을 본 사람들은 고래를 상품이 아닌 동물로 여기기 시작했다. 등잔불을 밝히는 기름이나 코르셋의 뼈대가 아닌 바다에서 헤엄치고 인간과 교감하는 고래의 형상을 상상하게 됐다.

이 무렵, 사람들은 우주에서 찍은 지구 사진을 볼 수 있었다. 아폴로 8호가 1969년 찍은 '지구돋이Earthrise'는 작고 소중한 지구와 그 안의 사람과 동식물, 바다와 구름이 운명공동체라는 사실을 직관적으로 보여줬다. 1972년 아폴로 17호가 찍은 '블루마블The Blue Marble'은 우리가 장엄하면서도 연약한 세계에 살고 있다는 사실을 깨닫게 해주었다. 그 푸른 구슬에 고래가 살고 있었다.

1967년 해양포유류 음향학자 로저 페인은 '혹등고래의 노래'를 발견하여 이제 막 부상하기 시작한 소비자본주의 문화 속에서 고래의 이미지를 바꾸는 데 큰 역할을 했다. 그가 "활기차고 끊이지 않는 소리의 강"이라고 묘사한 고래의 노래는 음악의 형태를 띠고 있었다. 그는 논문을 쓰는 데 그치지 않았다. 1970년 혹등고래 세 마리의 중창, 한 마리의 독창 등을 실은 음반 〈혹등고래의 노래〉를 제작해 10만 장 넘게 팔았다. 1979년 《내셔널지오그래픽》은 잡지와 함께 이 음반을 배포해 1,050만 명이 혹등고래의 노래를 들을 수 있게 만들었다.

1977년 보이저 호는 혹등고래의 노래를 싣고 우주로 떠났다. 외계인이 발견하여 들으리라는 상상을 하면서, 인간이 55개 언어의 인사말과 함께 넣은 것은 혹등고래의 노래였다. 지금 태양계를 벗어나 항해하고 있는 보이저 호를 발견한 외계인들은 인간 말고도 다른 생명체의 존재를 알아볼 수 있을지 모른다.

우주에서 바라본 예쁘고 연약한 지구의 모습과 지구에서 우주로 떠난 신비로운 혹등고래의 노래는 많은 이들에게 지구의 모든 생명이 소중하며 서로 의지하고 있다는 방증으로 받아들여졌다. 고래는 특별했다. 고래는 평화를 대변하는 상징이 되어갔다. 고래 보호 운동에 뛰어든 환경단체를 격려하고 동참하는 사람들도 많아지기 시작했다.

이런 분위기는 국제정치 무대에서도 감지됐다. 미국과 영국이 서서히 포경장에서 발을 떼기 시작했다. 이제 잡을 수 있는 고래도 얼마 남지 않았다는 걸 깨달은 그들은 먼저 짐을 싸서 바다에서 떠날 채비를 했다. 1980년 미국과 영국 등 과거 고래기름으로 영화를 누렸던 나라들은 이미 '비포경국'이 되어 있었다. 국제포경위원회도 비포경국과 포경국으로 편을 나누어 신경전을 벌였다.

1980년 영국 브라이튼에서 열린 연차총회에서 미국 대표단은 상업포경을 전면적으로 중단하는 개정안을 제출한다. 그동안 매년 포경 시즌마다 나라별로 쿼터를 주는 방식을 전면적으로 포기하는 안이었다. 이 개정안이 통과되려면 먼저 국제포경위 산하 전문위원회인 기술위원회의 검토를 거쳐야 했다. 기술위원회는 격론 끝에 미국의 제안을 표결에 부쳤고, 찬성 14표, 반대 9표로 중단을 결정했다. 그리고 본회의 의결이 남아 있었다. 본회의에서는 규정상 4분의 3 이상의 찬성표가 필요했다. 미국과 영국, 네덜란드는 포경 중단 쪽에 힘을 실어 포경국들에 압력을 가했다. 회의장 바깥에서는 환경단체 활동가들이 결과를 기다렸다. 본회의 투표 결과, 찬성 13표, 반대 9표가 나왔다. 찬성이 4분의 3에는 미치지 못했다. 미국이 주도한 상업포경 중단 협약은 실패했지만, 이때부터 세계는 국제포경위원회를 주목하기 시작했다.

1981년에는 미국이 영국과 합세해 회의장에 들어갔다. 그러나 이들이 들고 나온 협약안은 이전과 크게 다를 바 없었다. 비상업적인 포경을 제외하고 모든 고래를 포획하거나 죽이거나 처리해선 안 된다는 것이었다. 기술위원회에서는 찬성 14표, 반대 8표, 기권 4표로 채택되었다. 그러나 본회의에서는 또다시 4분의 3의 벽을 넘지 못하고 협약안은 좌절됐다.

두 차례의 상업포경 중단 시도는 좌절됐지만, 분위기는 점차 무르익고 있었다. 포경업자를 비롯해 이들을 대변하는 정부 기구, 그리고 세계적인 환경단체와 고래를 연구하는 과학자들은 국제포경위원회를 중심으로 치열한 로비전을 벌였다. 포경 중단이 눈앞에 성큼 다가온 것이다.

이러한 변화가 미국의 적극적인 외교 때문만은 아니다. 오랜 시간을 거쳐 국제포경위원회의 인적 구성원이 달라졌기 때문이다. 특히 국제포경위원회 산하 과학위원회는 포경 쿼터를 정하는 데 결정적인 역할을 했다. 포경 중단의 향방은 이들의 '머리'에서 나왔다. 왜냐하면 일본과 구소련 등의 포경 국가들은 외형적이로나마 '과학적 조사 결과 아직 고래 자원량이 많으며 이에 따라 아직도 지속가능한 포경이 가능하다'는 논리를 구사했기 때문이다. 1960년대까지만 해도 과학위원회에는 산업계의 이익을 대변하는 과학자들이 주류를 차지했다. 이런 인적 편중이 1970년대 들어 깨지기 시작해, 과학위원회 과학자들 사이에 고래자원량을 두고 찬반 양론으로 부딪히는 일이 잦아졌다. 1961년부터 국제포경위원회서 활동한 과학자 시드니 홀트Sydney Holt가 신진 세력을 대표하는 인물이었다. 그는 이렇게 말했다.[178]

상업포경은 예나 지금이나 생물학적으로 최적의 선을 지키면서 지속가능한 방식으로 유지될 수 있는 산업이 아니다. 포경은 본질적으로 광업과 마찬가지로 자원을 추출하는 산업이다. 사냥감 고래의 매장층이 고갈되어 더는 추가적 채굴이 경제적이지 않다면, 포경산업은 포획을 중단하고 다른 장소와 종으로 목표를 이동한다.

특히, 포경에 비판적인 과학자들이 내놓은 연구 결과는 그간의 데이터가 얼마나 부실했는지를 드러냈다. 다수 회원국들이 좀더 많은 포경 쿼터를 얻기 위해 데이터 제출을 기피하거나 불리한 정보를 내놓지 않았다는 사실이 밝혀지기 시작했다. 이로써 산업계에 편향적이었던 자원량 연구조사가 조금씩 균형을 되찾기 시작했다.

국제포경위원회를 주도하는 세력의 판도도 변했다. 미국과 영국 등은 비포경국을 위원회에 끌어들이기 위해 외교전을 펼쳤고, 비포경국이 갈수록 수적인 우위를 점하게 됐다. 1980년 스위스와 오만이 가입했다. 1981년 중국을 비롯한 8개국이 회원국 도장을 찍었다. 이들은 모두 비포경국으로, 대부분 상업포경 모라토리엄에 찬성표를 던졌다.

위원회 밖에서는 미국이 활발히 움직였다. 미국은 국제포경위원회 규약을 국내법 체계 안으로 포함시키기 시작했다. 이것은 포경 국가들에 대한 압력으로 작용했다. 이미 포경산업에서 거의 손을 뗀 미국으로선 손해 볼 게 없었다.

미국 연방의회는 1971년 펠리 수정법the Pelly Amendment을 통과시켰다. 이 법은 국제포경위 규약을 포함한 국제 어장 보전 프로그램의 효율성을 저하하는 행위를 한 나라의 수산물에 대해 수입 금지 조처를 할 수 있도록 하는 내용을 담고 있었다. 펠리 수정법은 몇몇 나라에게 분명한 압력으로 작용했다.

국제포경위원회 비가입국으로서 동해에서 고래를 잡던 우리나라도 예외는 아니었다. 1978년 한국에서 20개 포경업체의 불법 포획량이 약간 늘어난 사실이 발견됐다. 한국에서 포획된 고래는 대부분 일본으로 수출됐다. 미국은 일본 정부에 국제포경위원회에서 공인되지 않은 한국산 고래고기에 대해 금수 조처를 요구했다. 한국과 일본, 미국 사이에 미묘한 긴장감이 조성됐다. 결국 한국이 국제포경위원회에 가입하는 것으로 무역 분쟁은 마무리됐다. 펠리 수정법은 이런 식으로 다른 나라에도 영향

에펠탑에 뜬 고래
1970~80년대는 고래 보호 운동의 전성기였다. 세계 환경단체는 반포경 전선으로 모였고, 런던과 파리 등 주요 도시에서는 상업포경을 중단하라는 캠페인이 진행됐다. 1978년 프랑스 파리에 에펠탑에 뜬 고래 애드벌룬.

다정한 거인

을 미쳤다. 우리나라뿐만 아니라 페루와 칠레도 국제포경위원회의 문을 열었다.

　미국은 한발 더 나아갔다. 1979년 팩우드—맥너슨 수정법the Packwood—Magnuson Amendment을 통해, 미국 내 200마일 안에서 미국 정부의 허가를 받고 조업하는 나라가 국제포경위원회의 규정을 어길 경우 어획 허가량을 최대 50퍼센트 줄일 수 있도록 했다. 미국의 이런 조처는 베링 해 등 미국에 딸린 어장에서 명태 조업 등으로 고수익을 올리던 한국과 일본 등 여러 나라들에게 위기의식을 느끼게 했다. 갈수록 줄어드는 자원량으로 조만간 폐업할지도 모르는 포경업 때문에 어업권을 포기할 수는 없었다. 미국의 이런 조처는 국제포경위원회의 권한을 크게 강화시켰다.

　1982년 6월 26일에서 7월 24일까지 영국 브라이튼에서 제34차 국제포경위원회 연차총회가 예정돼 있었다. 또 한 번의 투표전이 일어날 판이었다. 이번에는 인도양의 작은 섬나라 세이셸이 총대를 메고 상업포경을 중단하는 협약안을 제출했다.

　이 시기 영국 런던의 하이드파크에는 시민들이 모여들었다. 환경단체 '지구의 벗Friends of Earth'이 개최한 이 집회에서 시민들은 '고래를 구하자'는 피켓을 들고 노래 부르며 함께 걸었다. 이 단체의 창립자인 찰스 세크릿Charles Secrett이 역사상 최대의 '동물권 옹호 집회'라고 칭한 이 행사가 끝나갈 즈음, 하이드파크는 인파로 떠내려갈 지경이었다. 이날 하이드파크에는 2만 명이라는 기록적인 인파가 몰렸다.

상업포경, 막을 내리다

　역사적인 날이 다가왔다. 1982년 7월 23일, 국제포경위원회 제34차 총회 본회의가 열렸던 작은 휴양도시, 브라이튼은 긴장으로 가득 차 있었다. 회의장은 브라이튼에서 가장 아름다운 풍경을 자랑하는 리젠시 워터프런트의 메트로폴호텔에 설치됐다. 메트로폴호텔은 생일 케익 같은 모습의 건축물로 바다로 이어져 있었다. 세계에서 몰려든 환경단체는 바다 쪽에 진을 치고 호텔을 지켜보고 있었다. 바다에는 '그린피스'가 파견한 두 척의 배가 진주했다. 세달레 호the Cedarlea와 시리우스 호the Serius는 메트로폴호텔을 바라보며 침묵 시위를 벌였다.

　"1986년 연안 포경과 1985~86년 원양 포경의 포획 가능한 상업포경 쿼터는 0으로 한다. 이 조항은 최상의 과학적 권고에 따라 검토될 것이다. 그리고 1990년 첫 번째 국제포경위원회 회의에서 이 결정으로 인한 고래 자원량 등에 대한 영향을 평가해 이 조항의 수정을 논하고 새 쿼터를 정한다."

　이 제안은 지난 두 차례의 총회처럼 기술위원회에서 무리 없이 통과됐고, 본회의에 올라 다시 4분의 3 시험대에 섰다. 결과는 찬성 25표, 반대 7표, 기권 5표였다. 가까스로 4분의 3을 넘겼다. 통과였다.

　미국과 영국 등 옛 포경국가와 대부분의 나라가 3년의 적응 기간을 두고 1985~86년 시즌부터 전면적으로 포경을 금지한다는 조항에 찬성표를 던졌다. 포경국가인 스페인도 찬성 투표를 했다. 반대한 나라는 일

고래의 첫 번째 승리
1982년 7월 23일 영국의 남부 항구 도시 브라이튼에서 열린 국제포경위원회에서 상업포경 모라토리엄 안이 통과되자, 그린피스 회원들이 환영 현수막을 들고 있다.

회의장 바깥의 시위대들
시위대는 바다 쪽에서 국제포경위원회 회의장인 메트로폴호텔을 바라보고 진을 쳤다.

본과 구소련, 노르웨이, 아이슬란드 등 당시까지도 포경을 포기하지 않는 나라들이었다. 브라질, 페루, 한국도 반대 표를 던졌다. 중국과 칠레, 필리핀, 남아프리카공화국, 스위스는 기권했다.

이로써 15세기 스페인 바스크족이 본격적으로 개시한 상업포경은 약 500년 만에 막을 내렸다. 이제 고래는 더 이상 이윤 축적의 도구가 아니게 되었다. 필요에 따라 잡아 검소하게 사용하는 '생계적 사냥'만 남게 되었다. 미국 에스키모의 북극고래, 구소련 시베리아 원주민의 귀신고래, 그린란드 원주민의 흰고래 포획 등 원주민들의 사냥만 국제포경위의 연간 쿼터를 지키는 수준에서 지속하도록 했다.

호텔 밖에선 환호성이 터졌다. 도로를 채운 참가자들은 펄쩍 뛰며 기뻐했고, 환경단체는 일제히 환영 성명을 발표했다. 인간 의식의 진보가 고래를 구했다는 자부심이 얼굴에 비쳤다. 도로에선 회의 기간 내내 환경론자들의 마스코트였던 고래 인형을 사람들이 흔들었다. '고래를 구하자'라는 피켓 대신 새로운 피켓이 달렸다. '고래는 구출됐다 —1982년 브라이튼에서.'[179][180]

무엇이 고래를 구출했을까? 인간들의 현명한 지혜도, 지구를 사랑하는 마음도 아니었다. 그저 부족해진 자원량으로 인해 포획 비용이 상승했기 때문에 작살을 던지지 않은 것뿐이다.

영국 유니버시티칼리지의 환경경제학자 데이비드 피어스David Pearce 등이 비교적 객관적인 데이터가 기록되기 시작한 1860년대부터 상업포경 모라토리엄 시행 직전인 1980년대 전반까지 조사한 결과, 고래 포획량은 두 차례의 세계대전으로 부침을 겪으면서도 1960년대 초반까지 증가하는 경향을 보였다.[181] 큰 고래에 이어 작은 고래의 포획량이 차례로 증가하는 현상도 관찰됐다.

거대한 덩치 때문에 포경업자들이 가장 선호했던 대왕고래는 1930~31
년 시즌에 2만 9,500마리가 잡힌 뒤 포획량이 서서히 줄어 1960년대 들
어선 그 수가 미미해졌다. 다음은 대왕고래 다음으로 큰 참고래였다. 참고
래는 제2차 세계대전 직전에 3만 마리가 잡혔고 1960년대까지 2만~3만
마리 수준을 보이다가 이내 감소했다. 혹등고래와 보리고래, 향고래, 밍크
고래도 똑같이 포획량이 피크에 이르렀다가 감소하는 경향을 보였다.

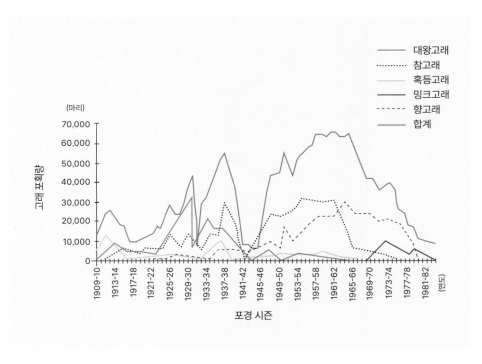

1909~10년 시즌부터 1983~84년 시즌까지 고래 포획량
Viktoria Schneider and David Pearce (2003) What saved the whales? An economic
analysis of 20th century whaling, *Biodiversity and Conservation* 13(3): pp.543-562.

1960년대 중반부터 본격적으로 줄어든 개체수와 고래 생산품의 대체물 증가, 그리고 환경보호 인식의 확산 때문이라고 연구팀은 밝혔다. 그러나 이 가운데 가장 큰 요인은 경제성이었다. 우선 고래 개체수가 현저히 감소함에 따라 포경산업의 효율성은 떨어질 수밖에 없었다. 고래 찾기는 갈수록 힘들어졌고 포경선 연료비와 선원들의 급료가 부담스러워졌다. 투입 비용 대비 산출 이익이 떨어지는 상황에서 포경업계에 남아 있을 이유가 없었다. 포경업자들은 하나둘 포경선을 내다팔았다. 주요 포경국 가운데 미국은 가장 먼저 포경산업에서 철수한 축에 속한다.

경제성장과 기술개발도 포경산업의 쇠퇴를 이끌었다. 고래기름 대신 쓸 수 있는 윤활유 등 대체재가 속속 개발됐다. 위험 부담을 안고 바다에 나아가는 1차 산업으로는 안정적인 이윤을 확보할 수 없었다. 포경산업은 더 이상 황금알을 낳는 거위가 아니었다.

또 빼놓을 수 없는 요인 중 하나가 환경보호 의식의 성장이다. 1960년대 무분별한 남획으로 인한 남극 고래 개체군의 붕괴는 언론의 집중적인 조명을 받으며 시민들을 자극했다. 고래를 보호하는 환경단체도 성장했다. 그린피스와 지구의 벗은 세계적인 고래보호 운동을 대중화하는 데 성공했다. 이들의 여론전은 정부를 움직였다.

가장 외로운 '52헤르츠 고래'
참고래 혼종

일반명	참고래 Fin whale
학명	*Balaenoptera physalus* / 수염고래과 *Balaenopteridae*
개체수	10만 마리 이상
적색목록	취약(VU)

지구에 홀로 남은 고래가 있다. 이 고래는 52헤르츠로 말하고 노래한다. 대왕고래는 10~40헤르츠를 쓰고, 참고래는 20헤르츠로 발성한다. 이 고래는 겨울에는 북태평양 중저위도에서 머물다가 여름에는 알래스카 앞바다에서 산다. 대왕고래와 참고래의 회유 경로에 있지만, 그의 말을 다른 고래는 알아듣지 못한다.

'52헤르츠 고래'라 불리는 이 고래의 소리는 1989년 미국 캘리포니아 연안의 해군기지에서 처음 포착됐다. 소련 잠수함을 탐지하던 소나에 이상한 소리가 포착됐다. 지금까지 알려진 고래 종의 주파수가 아니었다.

미국 우즈홀해양연구소의 윌리엄 왓킨스William Watkins는 10년 넘게 고래의 소리를 쫓았다. 그의 연구는 생전에 발표되지 못하고 사후 이듬해 학술지 《심해연구》에 출판됐다.

"이토록 방대한 바다에서 단 한 마리에서 나오는 소리라는 걸 받아들이기 아마 어려울 것이다. 그럼에도 신중하고 통합적인 연중 모니터링 결과에 따르면, 어디건 언제건 딱 한 개체에서 나오는 것으로 나타났다."

52헤르츠 고래 이야기는 많은 이들에게 영감을 줬다. 잔혹한 고래 학살의 시대, 동종의 동료는 전멸하고 홀로 남은 고래. 불러도 불러도 답을 받지 못하는, 지구에서 가장 외로운 고래. 다수의 다큐멘터리가 그를 주목했고, 한국 아이돌 그룹 방탄소년단의 노래에도 등장한다.

'지구에서 가장 외로운 고래'라는 낭만적인 이야기 말고도 52헤르츠 고래에 대한 냉정한 추정도 있다. 그 중 하나는 이 고래가 이 지역 참고래와 대왕고래 사이의 혼종이며, 두 종 중 하나의 무리에서 살고 있으리라는 추정이다.

〈세상에서 가장 외로운 고래: 52헤르츠 고래를 찾아서〉(2021)의 감독 조슈아 제먼이 이끄는 '52헤르츠 고래 탐사 팀'에서 연구 작업을 진행한 존 힐드브랜드 John Hildebrand 박사도 두 고래의 혼종이라는 데 무게를 둔다.[182] 그는 최근 이 지역 대왕고래의 발성 주파수가 낮아지는 가운데, 52헤르츠의 발성 주파수 또한 낮아지고 있다고 밝혔다. 52헤르츠 고래가 참고래 무리에 속해 있을 수도 있다. 회유 경로만 보면 대왕고래와 비슷하지만, 회유 시기까지 감안하면 참고래에 더 가깝다.

참고래는 대왕고래에 이어 두 번째로 큰 고래다. 몸길이 23~26미터, 무게 40~80톤에 달하며, 열대 지방을 제외한 전 세계 바다에서 발견되는 코스모폴리탄 종이다.

큰 덩치인데도 불구하고 빠르게 헤엄치기 때문에 포경선의 작살을 피할 수 있었다. 하지만 공장식 포경선과 폭약 작살이 등장한 20세기 이후 이미 줄어든 대왕고래를 대체하는 최우선 타깃이 되면서 개체수가 현격히 줄었다. 참고래는 현대 포경이 절정에 달한 1935~70년 사이에 매년 평균 3만 마리가 희생됐다.[183]

1986년 상업포경 모라토리엄 시행 뒤에도 참고래의 희생은 계속됐다. 과학을 빙자한 일본의 남극 포경, 국제포경위원회를 탈퇴하고 개시한 아이슬란드의 포경, 서그린란드의 원주민 포경을 통해 매해 수십 마리 이상의 참고래가 사라졌다. 현재 개체수는 북대서양 7만 마리, 북태평양 5만 마리, 남반구 2만 5,000마리 등 14만 마리 이상으로 추정된다.[184]

참고래는 어미와 새끼 관계 정도가 사회적 유대의 대부분일 정도로 고립된 생활을 하지만, 가끔씩 대왕고래나 혹등고래와 어울린다는 사실이 보고되었다. 참고래 500~1,000마리당 한 마리씩 대왕고래와의 혼종이 있다는 연구 결과가 있다.[185]

3부

살아 있는 고래가 돈을 버는 시대

인간의 탐욕과 고래(下)

i n t r o

범고래가 솟구쳤다. 거대한 몸집이 매끈한 곡선을 이루며 떨어졌다. 가까웠다. 정말 가까웠다. 나와 전혀 다른, 거대한 생명체를 마주한 경이로운 순간이었다.

냉정히 말하면 범고래의 행동과 이를 유인하는 조련사의 먹이 주기의 연속 동작일 뿐이었다. 범고래는 점프를 하고 생선을 받아먹고, 물을 뿜고 생선을 받아먹었다. 그럼에도 이 '샤무쇼'라는 불리는 시월드 올랜도의 범고래쇼는 조건반사를 이용한 동물쇼 이상이었다. 정원 5,500석의 대형 스타디움 중앙에 설치된 대형 LCD에서는 북서태평양의 온대우림과 바다가 펼쳐졌고, '하나의 바다'라는 제목의 특별 제작된 주제가에 맞춰 조련사와 범고래가 한몸처럼 군무를 보여주었다. 얼핏 보면, 범고래가 출연하는 야생보전 캠페인처럼 느껴졌다.

나는 일주일 간격으로 세계 최대의 범고래 수족관과 세계 최대의 야생 범고래 관찰지를 돌아보는 여행 일정을 짰다. 다음 목적지는 북서태평양 세일리시 해였다. 불과 50여 년 전까지만 해도 미국 전역에 야생 범고래를 공급하던 곳.

여름 해는 수평선 아래로 지고, 바람이 그친 바다는 잔잔했다. 범고래가 몸을 수직으로 세우고 머리를 수면 위로 내밀었다. 한참을 그렇게 가만히 있었다. 누구니? 고요한 바다에서 왜들 시끄럽게 구니?

우리는 고래관찰 선박을 타고 있었다. 자신을 생물학자이자 자연주의자라고 소개한 선장은 범고래가 바다 밖을 둘러보는 '스파이호핑spyhopping'을 하고 있다고 알려주었다. 집에 가서 찾아보니, 선장은 하와이 범고래의 사냥과 관련한 논문에 공저자로 자신의 이름을 올려놓았다.

살육의 시대는 끝났다. 그러나 고래를 이용해 돈을 버는 자본주의의 작동은 멈추지 않았다. 죽은 고기 대신 살아 있는 고래가 돈을 버는 시대가 되었다. 3부에서는 상업포경이 대단원의 막을 내린 때부터 시작해 고래관광과 돌고래 전시·공연 산업이 세계로 퍼진 시대를 다룬다.

400년 이상 계속된 상업포경 시대는 1986년 국제포경위원회의 상업포경 모라토리엄으로 실질적인 막을 내렸다. 여전히 과학조사를 명분으로 고래를 잡는 일본과 불법 포경이 근절되지 않는 한국 등이 있지만, 고래 보호와 야생 보전은 거스를 수 없는 시대적 대세가 되었다.

무엇이 이런 변화를 이끌었을까? 보이저 호에 실려 우주로 향한 혹등고래의 노래, 〈플리퍼〉 같은 대중매체 콘텐츠 그리고 역설적이지만 수족관에서 전파된 돌고래의 친근하고 다정한 이미지 등 '다정한 거인'의 힘이 컸다. 고래의 개체수 급감은 포경산업 이윤율의 하락과 선발 포경국가들의 시장 철수로 이어졌다는 점도 놓치지 말아야 할 대목이다. 앞의 9장에서 이를 다뤘다.

고래는 적어도 살육의 위기에서 벗어났다. 10장과 11장에서는 각각 '착한 관광'과 '나쁜 관광'으로 대변되는 고래관광과 돌고래수족관을 다룬다. '포경 대신 고래관광을!'이라고 외친 환경운동가, 과학자, 기업가 등은 고래관광을 대중적으로 확산한 삼각편대였다. 미국 뉴잉글랜드에서 반포경 운동을 자양분으로 성장해 퍼진 고래관광은 지금도 포경을 계속하는 아이슬란드에서 '소비자 행동주의'의 명맥을 잇고 있다.

반포경 운동은 2000년대 돌고래 해방운동으로 이어져 다시 꽃을 피웠다. 캐나다와 프랑스, 한국 등 여러 나라가 법률 제·개정을 통해 돌고래수족관을 폐지하는 쪽으로 방향을 틀었다. 이 과정에서 범고래 '케이코'와 '틸리쿰' 그리고 한국의 남방큰돌고래 '제돌이'는 수족관 산업의 본질을 폭로하고 대중의 행동을 이끈 운동의 주역이었다.

한국의 돌고래 야생방사를 다루는 것도 놓치지 않아야 한다. 정부와 시민단체 주도로 남방큰돌고래 8마리를 바다로 돌려보낸 한국은 돌고래 보전·복지의 선진국으로 거듭났다. 그러나 세 마리의 죽음으로 끝난 것으로 추정되는 최근 두 차례의 방사는 다음과 같은 질문을 제기한다. 우리는 야생방사 실적주의에 빠지지 않았는가? 동물 중심의 방사였는가? 이 질문에 명쾌하게 답할 수 있을 때, 돌고래 해방운동은 한 단계 전진할 것이다.

10장

포경이냐 관광이냐

미국 매사추세츠 주의 케이프코드. 끊어질듯 말듯 뱀처럼 긴 곶의 끝에 프로빈스타운Province town이라는 예쁜 도시가 있다. 프로빈스타운은 사구의 끝에 점처럼 박힌 도시다. 이 도시에서 조금만 걸어가면 실낱처럼 이어지던 사구가 소멸하고 대서양이 펼쳐진다. 모래가 소멸하는 곳에 이 작은 도시가 있다. 모래는 소멸하면서 종종 하늘을 뒤덮었다. 한밤중 자동차가 타운에 가까워지자, 모래폭풍sand storm을 주의하라는 도로 표지판이 눈에 띄었다. 나는 미국에서 가장 생태적이고 정치적인 고래관찰로 이름 높은 프로빈스타운으로 달리는 길이었다. 내일까지도 모래폭풍이 그치질 않는다면? 결국 자동차의 문을 닫기 힘들 정도로 바람이 몰아치더니, 항구의 배도 높은 파도로 모두 발이 묶였다. 바람을 타고 위력을 회복한 모래는, 세상의 끝을 무채색으로 뒤덮었다. 마치 세상의 끝에서 마지막 저항을 하듯이.

　프로빈스타운은 200년 전 미국 포경 시대의 위력이 남아 있는 포경 항구 중 하나였다. 낸터킷이 바로 바다 건너에 있고 뉴베드포드 또한 하루 뱃길이었기에, 두 도시에서 배를 타지 못한 뱃사람들은 이 도시로 건너와 작살을 잡았다. 미국 포경 시대가 끝나자 이 도시도 쇠락의 길을 걸었다. 지금은 서너 시간 떨어진 보스턴 사람들이 휴가를 보내러 온다. 진부한 기념품 가게와 와인 바 그리고 부티크가 좁은 골목을 채우면서 이곳은 히피들의 휴양 도시가 됐다. 그리고 히피들이 이곳에서 꼭 한 번은 체험하는 게 고래관찰whale watching이다. 미국의 작가 마이클 커닝햄은 이렇게 말한다.[186]

> "고래관찰은 도박이다. 멀리서 물위로 떠오르는 고래 한두 마리만 보고 올 수도 있고, 멀리 미니 분수를 뿜는 아몬드 형태를 어렴풋이 보는 것이 전부일 수도 있다."

프로빈스타운 선착장에 유서 깊은 고래관찰 투어 회사 '돌핀 플릿The Dolphin Fleet'이 있다. 1975년 뉴잉글랜드에서 처음으로 고래관찰을 시작한 이 회사는 미국의 정치·경제 중심지에 사는 사람들에게 고래관찰이 무엇인지 가르쳐주었다. 가게에 들어가면 고래관찰이 싸구려 체험 관광이 아니라는 사실을 알 수 있다. 관광객을 이끌고 수행해 얻은 고래 생태 데이터베이스가 쌓여 있고, 일본의 과학포경 금지를 위해 미국 정부가 압력을 가하도록 백악관에 이메일을 보내라는 리플릿도 있다.

정치적으로 성장한 관광

고래관찰은 정치적으로 성장해왔다. '포경 대신 고래관찰을!'이라는 이들의 캐치프레이즈는 고통받는 고래들의 바리케이드가 되어왔다. 이들은 포경으로 얻는 수익보다 고래관찰로 얻는 수익이 더 많다는 점을 강조한다. 포경 시대의 향수를 간직한 옛 포경 도시에 고래관광이 경제적 부흥을 가져다줄 거라는 미래지향적인 청사진을 제시함으로서 주민을 설득하는 데 성공했다.

아이슬란드의 옛 포경도시 후사비크에서 여행자를 끌어모으고 있는 고래관찰 투어가 바로 그런 경우다. 인구 2,500명의 후사비크에는 한 해 수십 만명의 관광객이 방문한다. 차가운 북태평양의 외딴 이 마을에 관광객들이 찾아오는 이유는 단 하나, 스캴판디 만Skjalfandi Bay에서 살아 있는 고래를 볼 수 있기 때문이다.

배의 마스트에는 고래관찰 조사요원이 망원경을 들고 먼 바다를 바라본다. 관광객들은 배의 고물과 이물 갑판에 흩어져 잡담을 나누고 있다. 갑자기 흥분한 선장의 목소리가 갑판을 울린다. "3시 방향!" 관광객들은 오른쪽 갑판에 매달린다. 고래의 꼬리가 바닷속으로 빠진다. 고래의 모습을 누군가는 보고, 나머지는 두리번거린다. "1시 방향!" 선장의 고함에 다시 관광객들은 왼쪽 갑판으로 뛰어간다. 고래가 숨기둥을 뿜고 고래뛰기를 하는 '찰나의 순간'을 목격한 사람은 운이 좋은 편이다. 고래가 두어 번 나타나도 끝까지 보지 못한 사람들도 있다.

고래를 찾았다는 선장의 외침에 배에 탄 사람들이 꺼내드는 것은 작살이 아니라 망원경과 카메라다. 고래가 나타나지 않아도 배는 굳이 고래를 찾으러 스캴판디 만을 벗어나지 않는다. 정해진 항로에 따라 지그재그로 왔다갔다 할 뿐이다. 따라서 후사비크의 고래관찰 투어에서 사람이 고래를 찾는 게 아니다. 고래가 사람을 찾아주어야 고래를 볼 수 있다. 마치 에스키모가 고래를 잡은 게 아니라 고래가 자신들에게 와주었다고 말하는 것처럼. 그렇게 고래를 기다리고 맞이하는 게 고래관찰 투어다.

과거 고래를 해체하던 선창엔 1997년 비영리단체가 설립한 후사비크 고래박물관이 있다. 이 박물관은 고래관찰 투어에 생태 조사 요원을 탑승시킨다. 조사 결과는 박물관의 연구 데이터베이스에 축적되고, 스칼판디 만의 생태 지도를 작성하는 데 도움을 준다. 연간 15만 명이 이 박물관을 다녀간다. 대부분은 고래관찰 투어를 하러온 사람들이다.

고래관찰은 아이슬란드 반포경 운동의 거점이 됐다. 2006년 아이슬란드가 상업포경을 개시한 이래 관광객들의 행위는 정치적인 실천으로 해석됐다. 세계적인 환경·동물보호 단체인 세계야생기금WWF과 국제동물복지기금IFAW의 후원을 받는 후사비크 고래박물관이 나눠주는 전단에는 '포경 대신 고래관찰을!'이라고 쓰여 있다.

과거 고래는 다양한 가치를 지닌 자원이었습니다. 특히 우리 북구 문화권에서 고래는 중요한 식품 공급원이었고, 부위 하나하나가 요긴하게 이용됐습니다. 하지만 오늘날은 아닙니다. 노르웨이와 페로 제도는 오직 고기를 위해서 포경을 합니다. 남은 것은 버려질 뿐입니다. 1989년부터 아이슬란드는 국제사회의 압력에 따라 포경을 중단했지만, 일시적이었을 뿐입니다. 포경 로비스트들은 고래가 어장을 훼손한다고 믿습니다. 하지만 바다 생태계는 그보다 복잡하고, 과학은 이를 완전히 이해하지 못하고 있습니다. 환경주의자들은 고래관찰을 지지합니다. 고래관찰은 이미 아이슬란드의 주요한 소득원이 되었습니다. 더 많은 여행자가 올수록 고래가 생존하는 데 도움이 됩니다.

후사비크 고래관찰
한때 포경항이었던 아이슬란드 후사비크는 세계에서 가장 모범적으로 고래관광을 진행하는 곳으로 이름이 높다. 매년 여름 혹등고래와 밍크고래가 나타난다.

전문적인 설명
고래 생태에 대해 설명하는 이들은 이곳에서 연구하는 과학자나 아마추어 전문가인 경우도 많다. 후사비크의 고래관광은 고래박물관과 연계 운영한다.

이제 고래관광 산업은 아이슬란드 경제에서 무시할 수 없는 권력이 되었다. 후사비크 말고도 인구 3분의 1이 사는 수도 레이캬비크에서도 고래관찰을 떠나는데, 탑승객의 대다수는 외국인 관광객들이다. 2008년 경제 위기로 통화 가치가 폭락하면서 외국인 관광객이 몰려들었고, 이를 계기로 아이슬란드 경제에서 관광업이 차지하는 비중은 더욱 높아졌다.

이 와중에 2006년 아이슬란드 정부가 상업포경 재개를 공식 선언한 사건은, 호황이었던 고래 관광업계에 충격을 주었다. 아이슬란드 고래관광협회와 고래 보호론자들은 상업포경에 가장 먼저 희생될 고래들이 고래관찰 투어에 자주 나타나는 고래들이라고 주장했다. 이 고래들은 비교적 인간이 친숙하기 때문에 선박과 거리를 유지하지 않는다. 육지에서 바뀐 '인간 세계의 법칙(관찰에서 다시 포경으로)'을 알 턱이 없는 고래들은 포경선에게 쉽게 접근할 테고 작살에 희생될 것이었다. 이로 인해 고래 관광업도 피해를 입고 곧이어 국가경제도 타격을 받을 것이라고 주장했다. 아이슬란드 고래관광협회는 여행자들에게 아이슬란드에서 파는 고래고기를 먹지 말라고 권고한다. 포경산업을 지지하는 것이기 때문이다. 포경업계에선 포경과 고래관광이 병존할 수 있다고 주장했다. 환경단체가 선동하지 않으면 관광객들이 '인식론적 혼란'을 겪을 이유가 없다는 것이다. 포경은 아이슬란드의 전통이며 고래고기를 먹는 것도 문화라고 말한다.

그러나 이 논쟁을 종국에 끝내는 것도 문화일 것이다. 2023년 6월 아이슬란드 정부는 포경업체가 동물복지법을 준수하지 않았다며 그해 시즌 포경 허가를 내주지 않겠다고 밝혔다. 정부 조사 결과, 포경업체에 사냥을 당한 고래는 죽기 전에 엄청난 고통을 겪었다. 58건의 포경 행위 가운데 59퍼센트인 35마리만 즉사했다. 14마리(24퍼센트)는 두 번 이상 작살

고래 슈퍼하이웨이와 고래 관찰 명소

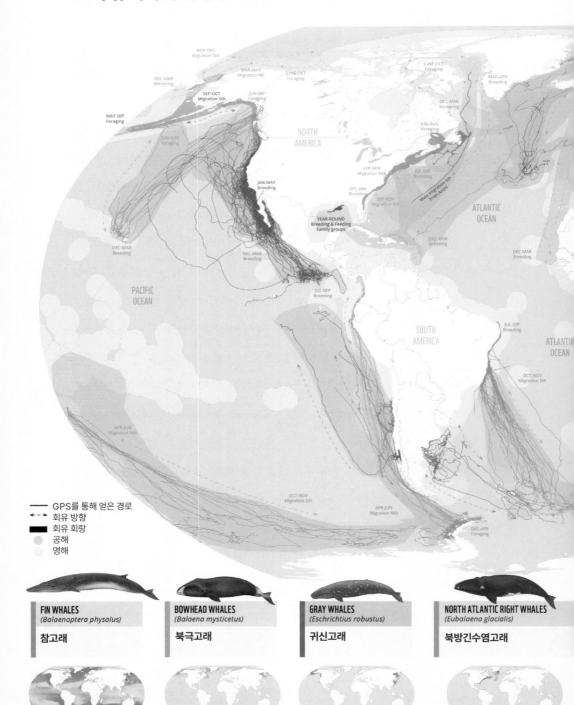

NOV-DEC
Migration Sth

MAR-MAY
Migration NE

JUNE-OCT
Foraging

JUNE-OCT
Foraging

MAR-APR
Breeding

DEC-MAR
Wintering

SEP-OCT
Migration Sth

JUN-SEP
Foraging

MAY-SEP
Foraging

DEC-MAR
Wintering

JUN-AUG
Foraging

JUN-AUG
Foraging

NORTH
AMERICA

JAN-MAY
Breeding

FEB-APR
Migration Ntb

JUL-SEP
Breeding

Male migration Sth
From arctic

ATLANTIC
OCEAN

DEC-JAN
Breeding

SEP-NOV
Migration Sth

DEC-MAR
Breeding

YEAR-ROUND
Breeding & Feeding
Family groups

DEC-MAR
Breeding

DEC-MAR
Breeding

PACIFIC
OCEAN

JUL-SEP
Breeding

JUL-SEP
Breeding

SOUTH
AMERICA

ATLANTIC
OCEAN

OCT-NOV
Migration Sth

APR-JUN
Migration Ntb

OCT-NOV
Migration Sth

APR-JUN
Migration Ntb

DEC-APR
Foraging

━━━ GPS를 통해 얻은 경로
◄-► 회유 방향
▬▬ 회유 회랑
● 공해
● 영해

FIN WHALES
(Balaenoptera physalus)
참고래

BOWHEAD WHALES
(Balaena mysticetus)
북극고래

GRAY WHALES
(Eschrichtius robustus)
귀신고래

NORTH ATLANTIC RIGHT WHALES
(Eubalaena glacialis)
북방긴수염고래

2022년 세계야생기금의 주도로 각급 연구기관 50명의 연구자들이 고래 1천 마리에 위성위치추적장
치를 붙여 얻은 고래의 회유 경로를 모아 시각화했다. © WWF

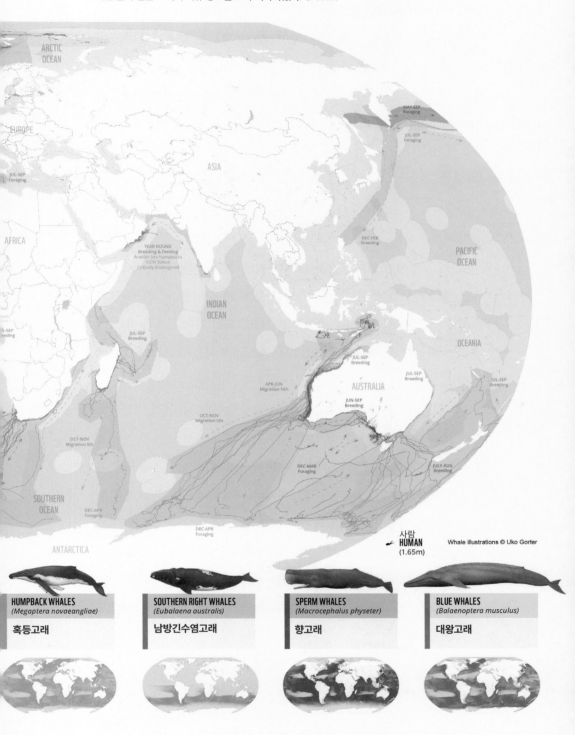

을 맞았고, 2마리는 네 번이나 맞은 것으로 드러났다. 즉사하지 않은 고래는 죽기 전까지 평균 11.5분 동안 끔찍한 고통 속에 있었다.

동물복지법 위반을 들었지만, 아이슬란드 정부는 포경업의 운명이 이미 기울고 있음을 알고 있었다. 이미 흐발루어Hvalur를 빼곤 이미 모든 업체가 포경 시장을 뜬 상태였고, 그나마도 코로나19 대유행으로 중단되어 재개되지 않고 있었다.

가까이 보고 싶고, 두고 싶고

최초의 상업적인 고래관찰은 1955년 미국 샌디에이고 앞바다에서 1달러를 받고 회유하는 귀신고래를 보여주는 데서 시작됐다. 1970년대까지 미국과 멕시코 연안 도시를 중심으로 귀신고래의 회유 경로를 따라 선박 관광이 확산했고, 캐나다의 세인트 로렌스 강에서는 참고래와 밍크고래 관광이 진행됐다.

고래관찰이 전용 선박까지 도입하며 성장한 건 혹등고래 덕분이었다. 점프할 때나 소용돌이를 일으키며 사냥할 때, 혹등고래는 그 자체로 스펙터클이었다. 1975년 뉴잉글랜드와 하와이에서 시작한 혹등고래 관찰은 대중 교육과 과학 연구라는 쌍두마차 위에서 성장했다.[187] 보스턴 등 미국 동부 대도시에서 근접한 케이프 코드에서 불과 한두 시간만 나가면 혹등고래와 긴수염고래, 밍크고래가 회유하는 스텔와겐 뱅크Stellwagen Bank*가 있었던 건 이들에게 큰 행운이었다.

1986년 상업포경이 중단되면서 고래관광 산업은 급속도로 성장했다.

미국 뉴잉글랜드의 항구 도시, 하와이, 호주의 그레이트 배리어 리프, 통가, 대서양의 아조레스 제도 그리고 한국의 울산까지 세계 119개국에서 연간 1,300만 명이 고래관찰에 참여한다. 고래 관광업체는 3,300곳, 산업 규모는 21억 달러로 추산된다.[188] 과거에는 전형적인 틈새 관광 산업이었지만, 지금은 산업의 주류로 떠오르고 있다.

죽은 고래보다 산 고래가 인간에 이득이 되는 시대가 도래했다. 고래 보호론자들은 고래관찰 투어에 참가한 여행객들의 대다수가 포경에 반대하는 견해를 갖게 된다고 주장한다. 포경과 고래관찰이 병존하는 나라는 아이슬란드와 일본 정도다. 고래 생태학자이자 문화사학자 조 로만 Joe Roman 은 한때 자신이 고래관찰 탐사선의 조사요원이었을 때 어린이들에게 이런 질문을 자주 들었다고 한다. "고래에게 이리 오라고 할 수 있나요?"

어린이의 천진난만한 물음은 근본적인 문제를 제기한다. 로만의 설명에 따르면, 고래관찰은 고래를 최대한 가까이에서 봄으로써 고래를 인간의 시야 안에 가둬두거나 길들이려는 인간의 원초적 욕망이 투시돼 있다. 고래관찰 투어에 참가한 관광객들은 고래를 만나 '찰나의 순간'을 기다린다. 1~2초 만에 퍼득 끝나지만 관광객들은 더 가까이, 더 찬찬히, 더 세밀하게 보기를 원한다. 야생에서 그런 관찰은 불가능하다. 관광객들은 찰나의 순간을 정지 영상처럼 머릿속에 저장해두고 배에서 내린다. 역설적으로 그런 희귀성 때문에 고래관찰은 인기가 있다.

탐사선 안에서 인간의 욕망과 야생의 법칙이 끊임없이 충돌을 일으

---

* 뱅크는 대륙붕에서 주변 지역보다 얕은 지형이다. 천퇴淺堆 혹은 퇴堆라고도 한다.

뉴잉글랜드 고래관찰
미국 뉴잉글랜드는 기업가, 과학자, 환경단체가 협력해 포경 대신 고래관찰을 하자는 고래 보호 운동의
중심에 있었다. 스텔와겐 뱅크에서 혹등고래가 헤엄치고 있다.

킨다. 가두려는 인간의 욕망과 자유로워지려는 고래의 욕망. 욕망을 참지 못하는 사람들도 있다. 어떤 고래 관광업체는 작은 고무보트를 이용해 고래 앞 수 미터 앞까지 전진한다.

최근 들어 과학자들은 고래관찰이 고래 생태계에 미치는 영향을 연구하고 있다.[189][190] 육중한 배에서 발생하는 소음, 바다를 휘젓고 다니는 고무보트가 교란 요소로 작용한다. 고래와 돌고래는 선박이 출현하면 깊은 곳으로 더 자주 잠수하거나 갑자기 방향을 바꾸는데, 이는 선박을 기만하거나 혼동시키기 위한 행동으로 풀이된다. 선박의 거리가 가깝고 수가 많을수록 더 강한 반응을 일으킨다. 이런 행동은 무리의 사회적 생활과 의사소통, 번식에 영향을 미친다.

미국 하와이 연안과 동부 뉴잉글랜드 연안의 스텔와겐 뱅크는 고래관찰선의 밀도가 높은 곳이다. 배가 하루에도 수십 차례 서식지를 왔다갔다해서, 고래가 고래관찰선에 치이는 사고가 발생하기도 한다. 반면 메인 만의 혹등고래는 수년 동안 고래관찰에 노출됐지만, 개체수에 부정적인 영향을 미치지 않았다는 연구 결과도 있다.[191]

돌고래는 선박 소음에 특히 민감하다. 무리 규모가 작고, 서식지가 연안에서 가깝고 제한적인 종일수록 부정적인 영향을 받는다. 뉴질랜드 다운트풀 만Doubtful Sound에 사는 큰돌고래는 1997년 67마리에서 2005년 56마리로 감소했다.[192]

선박 운항이 잦은 곳에서는 기계음이 돌고래의 음파를 덮어버리는 마스킹 현상masking effect이 발생한다. 미국 메릴랜드 주 연안에 사는 큰돌고래는 선박 소음으로 휘슬음 주파수가 높아지고, 복잡성이 줄어든 것으로 나타났다.[193] 마치 시끄러운 클럽에서 "철이야!" 하고 부르니 "뭐라고 했니?" 하고 되물으며, 두 사람의 목소리가 점차 커지는 상황과 비슷하다. 연구팀은 선박 소음에 둘러싸여 사는 돌고래들은 효과적인 의사소통과 부모와 새끼의 상호작용, 무리의 사회생활에 문제를 일으킬 수 있다고 우려했다.

고래 만의 사보타지

2009년 가을, 나는 아이슬란드 흐발피오르Hvalfjörður 도로 위를 달리고 있었다. 피오르의 해안선은 부드러웠고 도로는 피오르의 작은 만으로 숨었다가 나타나기를 반복했다. 저 멀리 공장 지대 같은 게 보였다. 연기가 피어오르는 굴뚝 아래 원통형 탱크와 반원형 막사가 줄지어 서 있었다. 2000년대 들어 가동을 재개한, 아이슬란드의 유일한 포경기지였다.

1980년대 말까지만 해도 수도 레이캬비크를 출발한 관광버스는 이 포경기지에 들러 고래가 해체되는 모습을 보여줬다. 지금은 그때와 분위기가 달랐다. 자동차를 세우고 포경기지 가까이 가자 '출입 금지'라는 팻말이 가로막았다. 언덕 위로 올라가자 기지 내부가 보였다. 고무바지를 입은 청년 한 명이 호스를 잡고 바닥에 물을 뿌리고 있었다. 이제 막 고래 해체 작업이 끝난 듯 보였다. 고래 뼈는 벌써 치웠고 빨간 피가 흥건한 고래 살점만 일부 남아 하수구로 흘러들고 있었다. 노린내가 코를 찔렀다. 여기가 바로 국제 환경단체 시셰퍼드Sea Shepherd의 두 청년이 사보타주를 일으킨 역사적인 흐발피오르 포경기지다.

1986년 11월 9일 새벽, 두 명의 젊은 청년이 아이슬란드의 수도 레이캬비크에서 케플라비크 공항으로 가는 도로를 달리고 있었다. 저 만치에서 경찰차가 나타나 두 청년에게 차를 도롯가에 대라고 손짓했다.

둘은 오전 7시에 케플라비크 공항을 이륙하는 룩셈부르크행 항공권을 쥐고 있었다. 이제 아이슬란드만 뜨면 그만이었다. 둘은 '결국 걸렸구나' 하고 생각했다. 심장이 멎을 것만 같았다. 1986년 국제포경위원회가 맺은 상업포경 모라토리엄이 시행됐다. 하지만 아이슬란드는 '과학연구 목적'을 이유로, 모라토리엄을 무시하고 포경을 계속하고 있었다. 시셰퍼드는 이런 아이슬란드에 대항하는 직접 행동을 결행하기로 했다. 미국 캘리포니아 출신 로드 코로나도Rod Coronado는 스무 살, 영국인 데이비드 호위트David Howitt는 스물두 살로 혈기왕성하고 건장한 청년이었다. 10월 25일 입국한 둘은 약 한 달 동안 직접 행동을 위한 조사를 비밀리에 마쳤다. 시셰퍼드는 두 사람에게 까다로운 원칙을 부여했다. '목표물에 대해 타격을 입히되 폭발물을 사용하지 말 것, 인명 피해도 입히지 말 것.'

11월 8일. 얼음의 나라 아이슬란드 전역에 눈보라가 쳤다. 코로나도와 호위트는 차를 빌려 수도 레이캬비크에서 60킬로미터 떨어진 흐발피오르로 향했다. '고래 만whale fjord'이라는 뜻의 피오르에 있는 포경기지에선 아이슬란드 선적의 포경선이 잡은 고래의 대부분이 해체됐다. 주말 흐발피오르의 포경기지는 몇 명의 경비원들 말고는 아무도 없었다.

눈보라는 세상의 모든 것을 감추고 있었다. 밤 8시, 코로나도와 호위트는 눈 덮인 흐발피오르의 기지에 진입하는 데 성공했다. 두 사람은 곧장 각종 고래 해체 장비를 보관하는 창고를 열었다. 둘은 미리 가져간 큰 망치를 들고 5시간 동안 사보타주에 돌입했다. 디젤 발전기 6개를 부수고 고래고기 분쇄기와 냉동 시설도 차례로 파괴했다. 부속 건물 6동에 차례로 들어가 콘트롤 기기와 VHF 라디오, 컴퓨터 그리고 여러 문건과 파일도 훼손했다.

　새벽 1시, 둘은 레이캬비크 항구로 향했다. 당시 항구에는 포경선 네 척이 정박해 있었다. 이들은 '흐발루어(Hvalur, 아이슬란드어로 '고래'라는 뜻) 6호'와 '흐발루어 7호'에 조용히 올라탔다. 시셰퍼드의 캠페인 선박인 '시셰퍼드Ⅱ'를 정비한 경험이 있었기 때문에 이들은 어떻게 해야 빨리 배를 망가뜨리는지 알고 있었다. 둘은 차례로 각 선박의 엔진 룸으로 내려가 해수콕sea cock의 대형 볼트 16개를 풀었다.

　오전 6시, 두 척의 430톤급 포경선이 수심 15미터의 바다로 가라앉기 시작했다. 침몰 20분 전 코로나도와 호위트는 유유히 레이캬비크 항구를 떠났다. 선박 좌초 사실이 알려지자 경찰은 곧바로 비상을 걸었다. 케플라비크 공항 가는 길은 봉쇄됐고, 경찰은 도로에 나와 모든 차를 검문하기 시작했다. 두 명의 사보타주맨들은 경찰 지시에 따라 차를 세웠다. 운전석에 앉은 이는 코로나도였다.

　"어디에 가는 거죠?"

　"케플라비크 공항에서 7시 떠나는 비행기를 탈 겁니다."

　경찰은 코로나도를 경찰차 뒷좌석에 타라고 하곤 무전을 통해 신원을 확인했으나 혐의점이 발견되지 않았다. 몇 가지 형식적인 질문을 마친 뒤 경찰은 두 사람에게 가도 좋다고 말했다.[194]

모라토리엄에 대한 저항

1986년 국제포경위원회의 상업포경 모라토리엄이 개시되자, '고래 전쟁'이 끝난 줄 알았다. 그러나 그것은 섣부른 기대였다. 국제포경위원회에서 모라토리엄에 반대표를 던진 나라들의 미래는 엇갈렸다. 대표적인 포경국 구소련의 포경산업은 이미 종말을 향해 치닫고 있었다. 공산주의 체제가 붕괴되기 직전이었고, 포경산업은 갈수록 노후화되었다. 무질서하게 이뤄진 포경은 이미 구소련이 진출한 포경장의 고래 개체수를 급감시켜 놓았기 때문에 포경산업이 다시 활기를 찾기는 힘든 상황이었다. 얼마 되지 않아 구소련은 포경산업을 포기했다.

일본과 노르웨이, 아이슬란드는 달랐다. 세 나라는 1946년 제정된 국제포경규제협약 International Convention for the Regulation of Whaling 제8조를 이용하여 여전히 고래를 잡으러 바다를 누볐다. 이 조항은 각 회원국이 자국민에게 연구·조사 목적으로 고래를 포획하거나 살상할 수 있는 특별 허가를 부여할 수 있도록 했다. 즉, 과학이라는 이름의 포경은 각국 정부의 선택에 맡겨둔 것이다. 과학포경(조사포경) 허가권을 발급할 때마다 국제포경위원회에 보고하고, 이를 통해 얻은 과학적 정보를 국제포경위원회 과학위원회에 보고하기만 하면 됐다.[195]

1986년 모라토리엄 직후 반포경 진영과 가장 대립각을 크게 세운 나라는 아이슬란드였다. 아이슬란드 정부는 자체적으로 과학포경 면허를 발급했는데, 향후 4년 동안 800마리의 참고래와 밍크고래, 보리고래를 잡겠다는 내용이었다. 이는 환경단체의 공분을 샀고 모라토리엄이 실행된 직후부터 각종 시위와 직접 행동의 표적이 됐다.

흐발피오르 기지와 레이캬비크 항구의 사보타주를 지휘한 이는 한때 반포경 전선에서 활발하게 활동했던 시셰퍼드의 대표 폴 왓슨Paul Watson 이었다. 그는 이 행동이 사보타주임을 굳이 숨기지 않았다.

우리는 아이슬란드 포경산업이 2년 동안 얻을 불법적 이익에 대해 손해를 입히고자 했습니다. 우리가 한 일이 옳았다고 믿습니다. 물론 아이슬란드 현행 법을 어긴 행위에 대해선 법적 처리를 받겠습니다.

시셰퍼드의 사보타주는 약 200만 달러의 손해를 끼쳤다. 그러나 1948년 시작된 흐발피오르에서의 고래 해체 작업은 그 뒤에도 계속됐다.

아이슬란드는 1992년 국제포경위원회를 탈퇴했으나, 비회원국과의 고래 관련 상품 거래를 금지하는 규정 때문에 판로가 막혀 2002년 재가입한다. 하지만 과학포경을 계속해 회원국의 공분을 샀고, 급기야 2006년 상업포경 재개를 선언했다. 2023년 6월 고래를 포획할 때 너무 오랜 시간이 걸리는 등 업체의 동물복지법 위반을 이유로 포경이 일시중단된 적은 있었으나, 현재까지도 참고래에 대한 포경이 계속된다.

노르웨이도 1986년 상업포경 모라토리엄에 이의를 제기함으로써 규제를 받지 않다. 자국 근처에서 과학포경을 계속하던 노르웨이는 1993년 본격적으로 상업포경을 재개했다. 포획량의 상당수는 일본으로 수출하고, 고래고기를 전통 문화로 홍보하면서 관광 식당이나 지역 축제에서 판매했다. 포경 종은 밍크고래다. 자체적으로 밍크고래 사냥량을 정하는데, 실제 포획량은 할당 쿼터에 크게 못 미친다. 2022년의 경우, 917마리를 할당했지만 실제 잡은 것은 580마리였다.

일본은 포경 진영의 대표 선수다. 국제포경위원회에서 정치력을 키우면서 일부 회원국의 숱한 반대 속에서도 남극과 북태평양에서 과학포경을 계속했다. 국제적으로 논란이 된 '남극 과학포경 프로그램JARPA, Japan Research Program in Antarctic'은 명목상 남극에 서식하는 고래 개체수와 생존율 그리고 남극 생태계와 관계를 연구하는 것을 목적으로 하고 있었다. 포경은 사전에 설정한 몇몇 지역을 돌아가면서 이뤄졌으며 보통 한 시즌에 수백마리의 밍크고래를 잡았다.

당연히 순수 연구 목적이 아니라는 의구심을 불러왔다. 고래를 포획해 죽인 뒤 조사와 연구를 했기 때문이다. 국제포경위 과학위원회도 일본의 보고서를 검토한 뒤 이런 방식을 문제 삼았다.

남극에서 잡힌 고래는 연구 조사를 마친 뒤 도살됐고 일본 시장에서 고래고기로 유통됐다. 가장 많이 잡은 해인 2005~2006년 시즌에는 남극에서 참고래 10마리, 밍크고래 856마리를 과학포경으로 잡았다. 돌고래(이빨고래)에 견줘 중금속 농도가 낮은 수염고래가 일본 내에서 고래고기용으로 유통됐지만 판매 실적은 좋지 않았다. 그래서 고래고기가 애완견 사료로 가공되어 팔리기도 했다.

과학포경과 상업포경은 무엇이 다른가? 간단히 말하자면 다르지 않다. 과학포경으로 얻을 수 있는 지식의 한계는 분명하다. 포획을 통해 유전자 샘플을 채취할 수 있지만, 굳이 포획을 하지 않고 살짝 표피를 떠내는 방식도 자주 이용된다. 오히려 고래에 관한 과학의 세계에서 밝혀지지 않은 영역은 고래의 행동과 생태, 문화와 같은 것들이다. 그래서 일본의 과학포경은 과학의 외피를 둘러 쓴 상업포경이었다.

일본이 고래에 집착하는 이유

일본의 최종 목표는 상업포경 재개다. 그리고 그 이유로 문화적 전통을 내세운다. 수백 년 전부터 고래를 잡아온 민족으로서 포경을 중단할 수 없다는 논리다. 생계 유지 목적의 포경을 허가받은 미국 알래스카 이누이트(에스키모)와의 형평성도 들었다. 이누이트의 경우 작은 마을은 한 해 두 마리, 큰 마을은 한 해 10~20마리의 포획 쿼터를 부여받는다.

이누이트도 전통적인 고래잡이 배 우미아크를 끌고 고래잡이에 나서는 경우는 거의 없다. 소형 모터보트로 편대를 짜서 무선 송수신기로 연락해 고래를 수색하고 타깃이 정해지면 폭약 작살을 터뜨려 고래를 포획한다. 게다가 이들은 북극해 유전의 땅을 갖고 있어 배당금을 받는다. 그런데도 이것이 생계 유지 목적의 사냥인가? 이렇게 일본 정부는 묻는다.

하지만 일본의 남극 포경처럼 수천~수만 톤의 포경선을 진주시키진 않는다. 어디까지나 대여섯 명이 탈 수 있는 소형 보트를 타고 고래와 생존을 건 싸움을 벌인다. 거대한 북극고래를 제압하기 위해선 소형 보트에서 수십 분, 혹은 수 시간 동안 고래와 겨뤄야 한다. 때론 중과부적의 상황에 이르러 사람이 숨지는 상황도 발생한다. 이누이트가 현대식 포경선을 소유하지 말란 법은 없다. 그럼에도 위험을 감수하고 있는 것이다.

이누이트가 잡아온 고래는 상업적으로 거래되지 않는다. 알래스카 이누피아트 부족의 가장 큰 도시 배로를 비롯해 카크토비크, 누익서트 등에서는 지금도 고래 잡은 날에 포틀래치가 열린다. 마을 사람들은 바닷가에 모여 고래를 해체하고 고기를 나눠 먹는다. 최첨단 도시화가 진행된 일본 사회에서 과연 이런 식의 포경문화가 재생될 수 있을까?

일본은 아이슬란드와 달리 국제포경위원회 내에서 정치력을 키우는 데 전념했다. 카리브 해 섬나라를 회원국으로 받아들이고 자신의 세력으로 규합해 '국제포경위의 정상화'를 요구했다. 국제포경위는 원래 포경산업의 지속가능성을 목표로 출발한 기구이기 때문에 모라토리엄은 그저 일시적인 것이며, 국제포경위의 기능을 정상화시켜 포경을 재개하도록 해야 한다는 게 일본의 주장이었다. 그러나 작은 섬나라를 매수해 여러 투표에서 자신을 지지하도록 한 것이 언론에 폭로되는 등 일본의 포경 정치는 순탄치 않았다.

2014년 3월, 일본 과학포경은 결정타를 맞는다. 2010년 호주가 제소한 건에 대해 국제사법재판소ICJ가 '국제포경규제협약ICRW 제8조에 따른 과학포경이라고 볼 수 없다'며 JARPAⅡ(2005~2018)를 중단하라는 판결을 내린 것이다.

호주 정부는 지나치게 많은 포획량과 판매량을 봤을 때, 일본의 과학포경은 조사 목적의 고래 살상과 포획, 처리가 아니기 때문에 국제포경규제협약 위반이라고 주장했다. 반면, 일본은 고래고기를 판매한 것은 연구기금을 마련하기 위한 것으로, 어업 연구 분야에서는 흔한 일이라고 맞섰다. 국제사법재판소는 호주의 손을 들어주었다.[196] [197] 첫째 지나치게 많은 살상 규모를 고려할 때, 조사 목적으로 보기에는 합리적이지 않다고 했다. 특히 JARPA II에서 계획한 표본 규모와 실제로 살상한 표본 규모 사이에 커다란 차이가 있다고 지적했다. 일본은 참고래와 혹등고래의 경우 매 시즌 50마리씩 표본 규모를 설정했는데, 첫 일곱 시즌 동안 참고래는 총 18마리를 살상하는 데 그쳤고, 혹등고래는 한 마리도 살상하지 않는 등 표본 획득을 위해 거의 노력하지 않았다. 반면, 고래고기용으로 많이 쓰이는 밍크고래의 경우 매년 약 450마리를 살상했는데, 이는 일본이 밝힌 조사 내용인 종간 경쟁과 생태계 연구로 보기에는 너무 많았다. 둘째, 2005년부터 밍크고래 3,600마리를 살상했지만, 과학적 성과는 그리 크지 않다고 지적했다. 이에 따라 일본에게 JARPA II와 관련하여 발행한 포경 허가와 면허 등을 모두 철회하라고 밝혔다. 일본은 유감을 표시하면서도 국제법을 준수하는 나라로서 국제사법재판소의 결정을 준수하겠다고 밝혔다.

하지만 포경산업 지역에 기반을 둔 보수우익 성향의 아베 신조 총리는 포경을 그만둘 의사가 없었다. 일본은 2년 뒤인 2015~2016년 시즌에 '신남극해 과학포경 프로그램NEWREP—A New Scientific Whale Research Program in the Antactic Ocean'을 개시하는데, 밍크고래를 매년 333마리씩 12년 동안 3,996마리 잡은 것으로 포획량만 조금 줄였을 뿐 기존의 방법과 크게 다르지 않았다. 동시에 일본은 '국제포경위 정상화'를 위한 정치에 박차를 가했다. 2018년 국제포경위에서 상업포경 허용안을 내고 투표를 부치는

일본 상업포경 재개 반대 시위
일본의 국제포경위 탈퇴와 상업포경 재개 선언에 반대하는 환경단체 활동가와 시민이 2019년 1월 영국 런던의 일본대사관 앞에서 시위를 벌이고 있다.

데 성공했지만, 결과는 부결이었다. 포경을 접을 생각이 없는 일본이 달리 선택할 길은 없었다. 2018년 12월, 일본은 각의에서 국제포경위 탈퇴 결정을 내린다. 이는 자체적으로 상업포경을 재개하겠다는 말과 다름없었다. 그리고 여섯 달 뒤인 2019년 6월 30일, 일본은 31년 만에 국제포경위를 공식 탈퇴한다.[198]

1986년부터 2019년까지 과학포경으로 포획했다고 일본이 국제포경위에 보고한 고래 개체수는 모두 1만 8,558마리다.[199] 모라토리엄에서 제외된 돌고래 등 소형고래도 일본 연안에서 잡기 때문에 이를 합하면 일본이 잡은 고래는 수십만 마리에 이를 것으로 추정된다.

일본은 왜 포경에 집착하는가? 일본처럼 경제 규모가 크고 정치적 영향력이 큰 나라가 국제사회에서 포경 재개를 주장하는 것은 이해하기 힘들다. 환경보전을 갈수록 중시하는 국제정치 질서에서 자국의 리더십이 흠집날 수 있는 데다 얻을 수 있는 경제적 효과 또한 제한적이기 때문이다. 일반적으로 일본의 포경을 바라보는 시각은 '고래 보호'라는 환경주의와 '전통문화 수호'라는 문화상대주의의 대립으로 이해되어 왔다. 고래를 보호하기 위해 포경선을 막고 뛰어드는 백인 환경운동가와 고래를 잡는 잔혹한 동양인 같은 이미지가 중첩되면서 오리엔탈리즘 또한 개입했다. 일본은 정말 '전통문화 수호'를 위해서 고래를 잡는 것일까? 아니, 포경은 일본의 전통 문화라는 사실이 맞기나 한 걸까?

1911년 일본 북동부 어촌마을 사메우라에서는 근처에 포경기지가 세워지자 어민들이 기지를 습격해 파괴하는 일이 발생했다. 19~20세기 초, 일본 전역에 포경기지가 생기면서 지역 어민들과 갈등이 빈발했는데, 사메우라 사건은 이 가운데 폭력을 동반한 가장 큰 소요 사태였다. 당시 한 지역 신문에는 포경에 반대하는 어민의 말이 실렸다.

> "나는 단순하고 일자무식인 어부이고 포경에 대한 과학적 지식도 없소
> 이다. 다만, 아버지가 내게 알려준 것 그리고 내가 직접 경험한 것을 바탕
> 으로 (포경문제와 관련한) 몇 가지 의견은 가지고 있소. …… 우선 고래는 정
> 어리를 잡아먹으려고 쫓기 때문에, 참새가 매를 두려워하듯 정어리는 고
> 래를 두려워합니다. 정어리가 먼바다에서 고래를 보면 떼를 지어 해안가
> 로 도망치지요. 덕택에 우리 어부들은 정어리를 쉽게 잡을 수 있습니다.
> 반면, 고래가 없으면 정어리들은 넓은 바다로 흩어져, 우리 어부들이 정
> 어리를 잡기가 매우 불편해집니다. 수고는 많은데 보상은 적어서 어부들
> 도 정어리 잡기를 포기할 수밖에 없는 것이죠."[200]

어부들은 고래를 어업의 신 '에비스えびす'의 화신이라고 생각했다. 그
래서 이렇게 물고기를 해안가로 몰고 온다고 믿었다. 일본인 사회학자 히
로유키 와타나베는 일본의 포경사는 불연속적인 단면에 존재한다고 지
적한다.[201] 일본 전체의 문화를 볼 때 고래는 오히려 경외의 대상이었으며,
포경과 식습관은 17세기 들어서야 간사이 지방과 와카야마 현 등지에서
나타난 지역적 현상에 가까웠다는 것이다. 이 지역에서는 그물로 고래를
잡기 시작했는데, 19세기 말까지만 해도 일 년에 10~20마리를 잡는 수준
이었다.

포경이 국가적 문화가 된 것은 1897년 작살포로 무장한 노르웨이식
근대 포경 방식을 도입하고 1909년 기존 업체들을 합병한 도요포경Toyo
whaling이 전국에 포경기지를 두고 대규모 사냥을 벌이면서부터라고 히로

일본 포경선을 뒤쫓는 그린피스
2006년 그린피스의 캠페인 선박 '아크틱 선라이즈호MV Arctic Sunrise'와 '에스페란자호MV Esperanze'가 남극해에서 일본의 과학포경을 저지하는 활동을 벌이고 있다. 두 선박에서 내린 그린피스 보트 세 척이 포경선 '교마루 1호'가 밍크고래를 포획한 것을 발견하고 이 배가 밍크고래를 공장식 포경선 모선인 '니신마루호'에 넘기는 것을 저지하기 위해 뒤쫓고 있다. 두 포경선은 그린피스 보트에 물대포를 쏘는 중이다.

유키 와타나베는 설명한다. 포경은 일본이 구미 선진국과 겨루고 있음을 보여주는 국가적 자부심이었다. 포경 선주와 기관장은 일본인이 맡았고, 포수는 노르웨이인이었다. 한국인과 중국인은 요리를 담당하거나 잔심부름을 했다. 다인종으로 구성된 제국의 함대를 오대양에 보낼 수 있는 나라가 아시아에서 일본 말고 어디 있겠는가? 20세기 초 포경은 일본에서 팽창하는 국가와 군국주의의 프로파간다였다.

'한국형 포경'의 잔혹함

피고인들은 각각 9.77톤 대○호(가칭)와 혜○호(가칭)에 나누어 타고 2020년 6월 8일 포항시 구룡포항에서 출항하여 연근해 해상을 돌면서 고래를 물색했다. 이날 오전 11시 울산시 간절곶 남동쪽 18.5해리에서 유영 중인 밍크고래 두 마리를 발견하고, 두 배는 고래를 추적했다. 고래로 근접한 위치에 이르자 작살을 투척하여 고래를 찌르고, 대○호는 배에 싣고 있던 부이를 줄에 매달아 던져 고래가 도망가거나 가라앉는 것을 막았다. 그리고 작살에 연결된 로프를 이용하여 고래를 배로 끌고 다니면서 실혈사시켰다.

한국은 '수산업법'과 '해양생태계의 보전 및 관리에 관한 법률' 그리고 '고래 자원의 보존과 관리에 관한 고시' 등의 법령을 통해 고래류의 포획을 금지한다. 회원국으로 활동하는 국제포경위원회의 상업포경 모라토리엄에 따른 것인데, 한국은 대형 고래에 더해 돌고래까지 모든 종류의 고래에 대한 포획을 금지한다.

하지만 한국은 '실질적인 포경국가'라는 비난을 듣는다. 연안 정치망에서 혼획되는 고래 개체수가 워낙 많고, 그 중에서 상당수가 의도적인 혼획으로 의심되기 때문이다. 국제포경위원회에 보고되는 밍크고래 혼획 개체수 가운데 3분의 1 이상이 한국 연안에서 발생한다. 환경단체는 그물에 우연히 걸려든 밍크고래를 일부러 죽을 때까지 놔두거나 고래의 길목에 그물을 치고 기다리는 '의도적 혼획'이 있다고 의심한다. 실제로 2013년부터 2017년 8월까지 혼획을 통해 밍크고래를 잡은 어민 289명

가운데 10퍼센트가 넘는 34명이 고래를 두 차례 이상 혼획한 것으로 나타났다. 다섯 차례 잡은 이도 2명이나 있었다.[202]

바다에 나가 직접 고래를 잡는 불법 포경 또한 여전하다. 울산지방법원이 2021년 수산업법 위반 사건에 대해 내린 위의 판결문을 보면, 징역형을 받은 8명 중 5명이 과거 불법 포경으로 유죄를 받은 전과가 있다.[203] 2022년 해양경찰청과 해양경찰연구센터 연구자들이 함께 쓴 논문을 보면, 불법 포경이 어떠한 방식으로 이뤄지는지 잘 드러난다.[204] 포경에 쓰이는 선박은 보통 9톤 안팎의 연안자망 어선으로, 특화된 선박 1척과 2~3척의 포획선과 해체선으로 구성된다. 포획선은 고래를 추적해 작살을 투척하고, 해체선은 고래의 진행 방향을 막고 고래를 도망가지 못하도록 하고 포획이 완료되면 고래를 해체하는 역할을 맡는다. 한 척에는 선장과 포수, 줄잡이 등 5~6명이 탄다.

포경선은 육안으로 식별 가능하다. 포획선은 일반 어선과 달린 구상선수Bulbous bow*가 없고, 뱃머리에 철제 난간을 설치했다. 포수가 난간에 기대어 작살을 투척하기 쉽게 한 것이다. 해체선에도 철제 난간이 설치돼 있다. 고래 탐색 때 기대도록 한 용도인데, 철제 난간의 모양이 포획선에 비해 둥글다. 해체선 좌우에는 포획한 고래를 들어올리기 쉽게 갯문을 내놓은 경우가 많다.

불법 포경선단은 갈매기 떼를 보고 고래의 위치를 가늠한다. 전직 불법 포경업자로부터 바다에 나가 고래 잡는 법을 들은 이와 인터뷰를 한 적이 있다. 그는 이렇게 말했다.[205]

---

* 선박의 조파 저항을 감소시키기 위해 수면과 맞닿는 부분에 둥근 공처럼 설계된 뱃머리 모양.

"불법 포경선단은 점조직 형태로 역할을 분담하고 이윤을 분배하거든요. 자기에게 떨어지는 양이 불만이면 내부 고발자가 생겨요. 그 사람들 얘기를 들어보면, 업자들은 고래 다니는 길목을 다 알고 있어서, 속도 빠른 배만 갖고 있으면 잡는 게 어렵지 않다고 해요. 저번에 한 번 같이 나간 적이 있거든요. 마당에 있는 것처럼 고래 있는 곳을 찾아가더라고. 몰이를 해서 점프까지 하게 만들더라니까요. 저도 깜짝 놀랐어요. 엔진 소음이 시끄럽잖아. 고래들이 소리에 민감하니까 물 밖으로 튀어오르는 거예요. 전속력으로 왔다갔다 하는 거죠. 이쪽 아니면 저쪽이다, 그런 느낌으로요. 밍크가 바로 튀어오르더라고……."

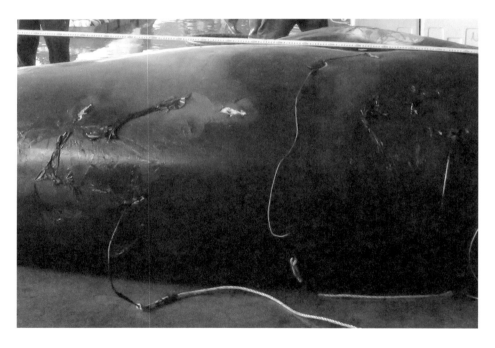

작살 네 개가 꽂힌 밍크고래
밍크고래 등에 작살 네 개가 꽂혀 있다. 작살로 인한 상처가 여러 군데 있어, 잔혹하게 포획했음을 보여준다.

이들이 고래 잡는 방법은 두 가지다.[206] 하나는 실혈사失血死다. 빠르게 헤엄치는 고래 등에 선박과 로프로 연결된 작살을 꽂고, 작살이 꽂힌 고래를 따라다니면서 죽을 때까지 기다리는 방법이다. 작살에는 부이도 달려 있어 고래가 물속으로 숨지 못하도록 한다. 엄청난 출혈로 피가 부족해진 고래는 탈진 끝에 결국 죽음에 이른다.

다른 하나는 질식사窒息死다. 약 3미터의 창대*에 연결된 작살을 투척하여 3~4차례 고래 등에 명중시키고, 창대에 연결된 작살을 해상에 던진다. 이때 로프와 부이는 식별이 가능하도록 표시해서 포경선단이 쉽게 추적할 수 있도록 한다. 결국 고래가 탈진해서 수면 위로 떠오르면 불법 고래잡이는 고래 꼬리에 로프를 감아 살짝 들어올린다. 지친 고래는 저항하지 못한 채 숨구멍이 위치한 머리 부분이 물에 잠겨 질식사한다.

7미터가 넘는 큰 고래는 해상에서 배를 갈라 내장을 떼낸 뒤 해체선 위로 인양해 해체 작업을 벌인다. 그보다 작은 고래는 곧바로 해체선의 좌우에 있는 갯문을 통해 들어올려 해체하고 머리와 내장, 뼈는 바다에 버린다. 이렇게 획득한 고래고기는 해상에서 미리 약속한 운반선에 실어 육지로 보낸다. 해양경찰의 감시가 촘촘할 때에는 약속된 지점에 고래고기를 부이에 매달아두었다가 나중에 운반선이 와서 가져가기도 한다. 이렇게 육상에 반입된 고래고기는 울산, 포항 등 고래고기 집결지로 옮겨져 소비된다.

불법 포경이 계속되는 이유는 처벌이 솜방망이인 데 비해 고래를 잡아 얻는 이득은 크기 때문이다. 그물에 걸려 혼획되어 위판장에 나오는

---

* 길이 15센티미터의 T자형 작살촉이 달린 철제 파이프. 창대 뒤로는 로프와 부이가 연결돼 있다.

포경선으로 불법 개조된 선박
포수가 난간에 기대어 작살을 투척하기 쉽도록, 불법 포경선 뱃머리에는 철제 난간이 설치되어 있다.

고래고기 운반선 검거
해상에서 해체된 고래고기는 자루에 담겨 운반선을 통해 육상으로 옮겨진다. 2022년 4월 3일 포항해
양경찰서가 적발한 한 선박에서는 밍크고래 4마리 분으로 추정되는 339자루의 고래고기가 나왔다.
약 6억원 정도로 추산된다.

고래의 평균 시세는 3,000만 원에서 6,000만 원 정도다. 2016년 포항 구룡포에서 위판된 11미터짜리 참고래는 3억 1,265만 원에 팔리기도 했다.[207] 값비싼 고래 시세에 비해 불법 포경으로 받는 형량은 집행유예나 1~2년의 징역에 불과하다. 그래서 지금도 한국에는 교도소를 들락거리며 상습적으로 작살을 던지는 고래잡이가 활동한다.

한국에선 흔해도 세계에선 멸종위기종
상괭이

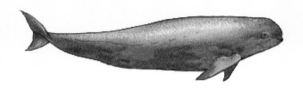

일반명	상괭이, 쇠돌고래 Narrow—ridged Finless Porpoise
학명	*Neophocaena asiaorientalis* / 쇠돌고래과 *Phocoenidae*
개체수	1만 7,000마리(한국), 1만 9,000마리(일본), 500마리(양쯔강)
적색목록	위험(EN)

2011년 2월, 전북 새만금 방조제의 내부 호수에서 상괭이 249마리가 집단 폐사했다. 한국농어촌공사가 간척 사업을 위해 물을 빼, 호수의 염분이 낮아진 상태였다. 염기가 빠진 물은 금방 얼어붙었다. 마침 호수에 들어와 있던 상괭이가 얼음 밑에 갇혔고, 개빙 구역을 찾지 못한 상괭이들이 질식사하고 말았다.[208] 국내 최대의 해양포유류 폐사 사건이었다.

상괭이는 우리가 생각하는 돌고래와 다른 모습이다. 부리가 없어 얼굴이 뭉툭하고, 등 한가운데로 폭이 좁은 융기가 나 있을 뿐 등지느러미가 없다. 몸길이 1.7미터, 무게는 40~70킬로그램의 작은 돌고래다. 단독 생활을 하거나 일반적으로 2~3마리로 무리를 이루며, 많을 때는 10마리 이상이 함께 다니기도 한다. 그러나 쉽게 눈에 띄지 않는다. 수면 위로 뛰지만 등지느러미가 없어 도약의 형태가 파고에 잠기고, 큰 물고기가 수면 위를 스치는 모습으로 오인된다.

2010년대 초반까지만 해도 상괭이가

한국 서·남해에 많다고 여겼기 때문에 국가적인 보호 노력이 없었다. 249마리 집단 폐사는 종의 생존을 위협하는 사건이지만, 그다지 큰 관심을 받지 못했다.

상괭이는 과거 인도양과 태평양 연안의 맹그로브 지대에 사는 남방상괭이*Neophocaena phocaenoides*와 한 종이었다가 분리됐다. 한반도 서·남해안과 일본 남부 그리고 동중국해 연안에 서식하는 동아시아상괭이*Neophocaena asiaeorientalis sunameri*와 중국 양쯔강 하구에서 최대 1,600킬로미터 상류까지 서식 범위를 갖고 있는 민물 돌고래 양쯔강상괭이*Neophocaena asiaeorientalis asiaeorientalis* 등 두 개의 아종으로 구분된다. 상괭이는 얕은 수심의 연안과 민물에 서식한다. 이 때문에 고밀도로 설치된 어구, 선박 통행, 수질 오염 등에 취약하다.[209] 일본 세토 내해 서부에서는 상괭이의 개체수가 1999~2000년 약 70퍼센트 감소한 것으로 추정되고, 중국 양쯔강 주변에서는 2006년부터 6년간 약 60퍼센트 가까이 감소했다.[210] 우리나라에서도 마찬가지다. 서·남해안의 상괭이 개체수는 2004년 3만 6,000마리에서 2016년 1만 7,000마리로 12년 만에 절반 이하로 줄었다.

2015년부터 2019년까지 연간 900마리 이상이 그물에 걸려 죽었다.[211] 특히, 자루 모양의 안강망이 상괭이의 무덤이다. 안강망 어업은 닻으로 그물을 고정하고 조류에 밀려 들어온 물고기를 가둬 잡는 방식인데, 이때 상괭이도 물고기를 잡으러 들어갔다가 빠져나가지 못해 질식사한다.

뒤늦게 한국 정부는 2016년 상괭이를 해양보호생물로 지정하고, 2019년에는 경남 고성군 하이면 주변 바다를 상괭이 해양생물보호구역으로 지정했다. 그물 상부에 상괭이의 탈출구를 설치한 안강망도 개발해 보급하고 있다.

11장

당신을 즐겁게 하려고 죽어갑니다

큰머리돌고래Risso's dolphin는 과거에서 내려온 화석 같았다. 칼로 긁힌 듯한 자국이 회색빛 몸에 어지럽게 나 있어 석기시대의 조형물 같기도 했다. 조련사는 큰머리돌고래의 입을 벌리고 양치질을 해주었다. 그 옆에서는 흑범고래False killer whale가 생선을 받아먹었다.

일본 와카야마 현의 다이지太地는 수족관돌고래captive dolphins*의 공급처로 악명이 높다. 매년 수백 마리를 잡아서 고래고기로 팔고, 가장 어리고 건강한 개체를 골라 전시·공연용으로 조련해 세계로 수출한다. 돌고래 포획 산업과 문화의 중심에 고래박물관이 있다. 이곳은 큰돌고래는 물론 다른 수족관에서 보기 힘든 큰머리돌고래, 흑범고래, 낫돌고래, 들쇠고래 등을 보유하고 쇼를 보여준다. 다이지 고래박물관은 세계 돌고래수족관의 성지 같은 곳이다. 다이지 항구에는 별도의 가두리를 두어 수출용 큰돌고래를 따로 관리한다.

---

* 수족관이나 실험실에 감금되어 사육되는 돌고래를 'captive dolphin'이라고 한다. 이 책에서는 '수족관돌고래'로 쓰겠다.

다이지, 돌고래의 '블랙홀'

2017년의 따뜻한 봄날, 고래박물관의 야외공연장에서 대여섯 명의 관객을 앞에 두고 큰돌고래와 낫돌고래가 쇼를 하고 있었다. 고래박물관은 실내 수족관과 야외 가두리를 두고 있었다. 실내 수족관에는 비교적 희귀한 돌고래들이 전시되고 있었고, 야외 가두리에서는 방문객의 체험이 가능한 큰돌고래들이 주종을 이뤘다.

다이지에 와서 둘째 날, 해 질 녘이었다. 항구를 따라 산책하는데, 앞바다 가두리에서 무슨 난리가 난 것처럼 큰돌고래 두 마리가 솟구치며 물을 튀겼다. 몇 달 뒤 외국 수족관으로 수출될 이들은 지금껏 써왔던 '야생의 몸'을 '수족관의 몸'으로 바꾸고 있었다. 살아 있는 생선 대신 죽은 생선이나 냉동 생선을 먹으면서 생존하고, 너른 바다가 아닌 좁은 공간에서도 몸과 근육을 유지하고, 반향정위를 꺼두는 것 같은 감각기관의 조율법을 익혀야 했다. 가두리의 울타리를 훌쩍 넘기만 하면 다시 고향인데……. 그러나 울타리는 높았다. 큰돌고래들은 미래를 아는 듯 내가 항구를 벗어날 때까지 성난 파도 만들기를 그치지 않았다.

큰돌고래는 돌고래쇼에 가장 흔히 동원되는 돌고래다. 과거에는 우리나라 제주도와 호주 샤크베이 등에 사는 남방큰돌고래도 큰돌고래로 분류됐지만, 지금은 별개의 종으로 본다. 큰돌고래는 머리가 영특하고 조련이 쉬운 데다 수족관 같은 환경에서도 오래 살아서 수족관 전시·공연용으로 환영받았다. 세계 돌고래수족관 큰돌고래의 거의 대부분이 잔혹한 돌고래 학살로 악명 높은 다이지에서 잡힌 개체들이다.

일본은 전시·공연용 돌고래의 최대 수출국이다. 매년 9월부터 이듬

다이지 돌고래 사냥
일본 다이지의 어부들이 몰이 사냥으로 큰돌고래를 포획하고 있다.

해 3월까지 다이지 앞바다에서는 '몰이 사냥drive hunt'이 벌어진다. 어민들은 여러 척의 배를 타고 바다에 나가 돌고래 떼가 나타나면, 쇠파이프를 바다에 넣고 '땡땡땡' 치는 '오이코미 기술'로 만bay에 몰아넣는다. 돌고래는 음파로 통신하기 때문에, 처음 들어본 소리에 안절부절 못한다. 만으로 쫓겨온 돌고래는 그물에 걸려 꼼짝하지 못한다. 건강한 아성체는 전시·공연용으로 선별돼 순치장으로 옮겨져 조련된다. 항구 내에 가두리로 만든 순치장에서는 돌고래의 야생성을 제어하는 조련이 가해진다. 그렇게 순치를 마친 돌고래는 전 세계로 수출된다.

전시·공연용으로 선별되지 않은 나머지 돌고래는 고기용으로 도살돼 좁은 만을 핏빛으로 물들인다. 로이 시호요스가 2009년 만든 영화 〈더 코브—슬픈 돌고래의 진실The Cove〉은 이러한 잔혹한 몰이 사냥을 고발하

1. 다이지의 돌고래들
일본 다이지 앞바다에서 한 해 잡히는 수백 마리 돌고래 가운데 극히 일부가 고래박물관과 다이지 앞바다 가두리에서 순치되어 전시·공연에 동원되거나 외국에 팔린다. 대부분은 고래고기로 일본 내에서 소비된다.

2. 고래박물관은 수족관에서 희귀한 흑범고래를 길들여 고래쇼를 보여준다. 큰머리돌고래와 들쇠고래도 함께 공연을 했다.

면서 주목을 끌었다. 매년 9월이 되면 세계에서 찾아온 환경단체 활동가와 일본 경찰이 실랑이를 벌이며, 다이지는 국제적인 환경 분쟁 지역이 됐다.

다이지에서 모니터링을 하는 환경단체 '돌핀프로젝트'에 따르면, 2022~2023년 시즌에 전시·공연용으로 33마리가 포획됐고, 527마리가 고기용으로 도살됐다.[212] 일본 수산연구소 통계를 인용한 보도를 보면, 2009년 9월부터 2014년 8월까지 살아 있는 돌고래 354마리가 12개국에 수출됐다. 중국이 216마리로 전체의 3분의 2를 차지했고, 우크라이나 36마리, 한국 35마리 순이었다.[213] 돌고래는 대형 고래를 대상으로 하는 상업포경 모라토리엄에도 제외돼 있다.

돌고래 전시·공연 산업은 전통적인 돌고래쇼 주인공인 큰돌고래에서 다른 영웅을 만들어내기 시작했다. 새로운 주인공은 범고래orca다. 몸길이가 7~8미터에 이를 정도로 크고, 바다 생태계에서 최상위 포식자이지만, 특유의 얼룩무늬가 예쁜 고래다. 미국 시애틀에서 캐나다 밴쿠버 일대의 세일리시 해와 브리티시컬럼비아 주 북부 연안이 범고래의 사냥터였다.

1961년 11월 17일 미국 캘리포니아 주 뉴포트 앞바다에서 범고래 완다Wanda가 그물로 포획된다. 7~10살로 추정된 이 암컷은 머린랜드 수족관으로 이송됐지만, 불과 사흘 만에 숨진다. 본격적으로 전시된 범고래는 1964년 캐나다 밴쿠버아쿠아리움에서 파견한 사냥팀이 포획한 '모비돌Moby Doll'이었다. 이들은 원래 범고래 박제를 만들려고 바다에 나선 것이었지만, 모비돌은 총알을 맞고도 죽지 않을 정도로 강건했다. 그러나 결국 수조에 전시된 지 87일 만에 죽었다.

1965년 캐나다 브리티시컬럼비아 주 나무Namu에서 잡힌 범고래 '나무'는 미국 시애틀아쿠아리움의 명물이 됐다. 관람객의 인기를 본 이 업체의 사장 테드 그리핀Ted Griffin은 범고래가 황금알을 낳을 거라고 직감하고, 범고래 사냥에 뛰어든다. 주로 두 척의 배가 긴 그물로 범고래를 둘러싸 잡았다. 1965년 10월 그리핀이 범고래 암컷을 한 마리 잡았는데, 이 범고래가 바로 그 유명한 '샤무Shamu'다.[214] 그리핀은 생긴 지 1년 된 캘리포니아의 시월드에 샤무를 팔고, 시월드는 범고래를 대상으로 한 돌고래 쇼를 발전시키면서 세계 최대의 워터파크로 발전한다.

하지만 1972년 미국 내에서 해양포유류 사냥을 금지한 해양동물보호법MMPA이 시행되면서, 미국 수족관은 자국 내에서 범고래를 잡기 어려워졌다. 새로운 개척지는 아이슬란드 바다였다. 1976년에서 1988년까지 아이슬란드에서만 48마리를 잡아서 미국 내 수족관에 가두고 범고래 쇼에 동원했다. 개중에는 케이코Keiko와 틸리쿰Tilikum도 있었다.

'행운아' 범고래 케이코

범고래는 고향으로 돌아갈 수 없는 '편도 티켓'을 가지고 수족관에 공수됐다. 유일하게 '왕복 티켓'을 가졌던 범고래는 영화 〈프리윌리〉(1993)의 스타 '케이코'뿐이었다. 케이코는 두 살 때인 1979년 아이슬란드 해안에서 잡혀와 캐나다와 멕시코의 워터파크를 떠돌았다. 케이코는 일본말로 '행운아'라는 뜻이다. 이름처럼 운 좋게 케이코는 1985년 범고래와 인간의 우정을 그린 영화 〈프리윌리〉에 캐스팅됐다. 이 영화는 고래를 불법 포획하려는 업자와 이를 막으려는 소년, 그리고 케이코의 이야기를 담았다. 영화는 3편까지 나오며 흥행을 거뒀고, 동물보호 운동가들은 영화 메시지대로 케이코를 자연에 돌려보내자고 주장했다.

당시 케이코는 멕시코의 레이노 어드벤추라Reino Adventura의 열악한 시설에 살고 있었다. 이 사실을 알게 된 사람들은 좀더 나은 시설에서 케이코를 길러야 한다며 모금을 시작했다. 1995년 '케이코 재단'이 설립됐고 수백만 명의 어린이들이 성금을 모아 보냈다. 영세한 멕시코의 워터파크는 압도적인 여론에 저항하지 않았다.

케이코는 미국 오리건 주 뉴포트의 오리건 코스트아쿠아리움을 거쳐 1998년 그의 고향 아이슬란드로 향했다. 케이코는 워터파크에서 풀려난 첫 번째 고래가 되었다. 상징적인 사건이었다. 더는 어린 고래를 잡아 워터파크에서 고된 노동을 시키는 게 윤리적이지 않다는 사실을 보여줬기 때문이다. 그러나 전문가들 사이에선 약간의 논란이 있었다. 그를 야생으로 돌려보내야 하는가, 말아야 하는가? 그리고 야생에 돌아간다 해도 케이코가 잘 적응할 수 있을까? 친구는 만들 수 있을까, 사냥은 제대로 할까?

야생적응 훈련을 받을 곳은 아이슬란드 남부의 섬, 베스트만네야르Vestmannaeyjar이었다. 케이코는 무거웠다. 그를 태운 C-17 항공기는 착륙 도중 랜딩기어가 파손돼 100만 달러를 잃었지만, 케이코는 위기를 넘기고 훈련을 시작했다. 베스트만네야르의 앞바다에 가두리를 만들었다. 케이코는 가두리에서 지내다가 배와 함께 바다에 나가곤 했다. 훈련은 순조롭지 않았던 것 같다. 케이코는 무서워했다. 인간을 떠나려고 하지 않았다. 하지만 이런저런 시행착오를 거치면서 케이코는 가능성을 보여주기 시작했다. 얼마간은 가두리를 떠나 주변의 야생 범고래 무리와 어울리기도 했다. 그러나 이내 가두리로 돌아와 사람들이 주는 먹이를 받아먹으며 응석을 부렸다.

2002년 7월의 어느 날이었다. 케이코의 등지느러미에 달린 위치추적 장치의 신호가 잡히지 않았다. 3주 뒤 노르웨이에서 놀라운 소식이 날아들었다. 노르웨이 중부의 해안 마을 할사Halsa에서 케이코가 발견된 것이다. 아이슬란드에서 노르웨이까지 1,300킬로미터가 넘는 먼 여정을 완수한 것이었다.

하지만 그게 마지막이었다. 케이코는 여전히 범고래 친구들을 만들지 못하고 야생과 인간 사이를 오락가락했다. 노르웨이에 오고 1년 뒤인 2003년 케이코는 급성 폐렴에 걸렸다. 식욕을 잃고 무기력증에 빠졌

노르웨이에 있던 범고래 케이코
영화 〈프리윌리〉의 주인공 케이코가 노르웨이에서 자유롭게 헤엄치고 있다. 케이코는 아이슬란드에서 사라진 지 6주 만에 노르웨이에서 나타났다.

11장 당신을 즐겁게 하려고 죽어갑니다

다. 마지막 날, 케이코는 사람을 찾아 육지로 헤엄쳤고, 노르웨이의 해안가 타크네스Taknes에 몸을 묻었다. 2003년 12월 12일, 케이코가 26살 때였다.[215]

대대적인 귀환 운동으로 20년 만에 고향 아이슬란드로 돌아갔지만, 결국 케이코는 잃었던 야생의 본능을 되찾지 못했다. 거친 바다에 적응하지 못하고 플라스틱 냄새 나는 풀장을 그리워하다가 폐병으로 죽었다. 수족관에서 있었다면 더 오래 살았을까. 그게 차라리 행복했을까. 알 수 없다. 속죄를 위한 인간의 도전은 어쨌든 실패했다.

'살인고래' 틸리쿰

미국 플로리다 주의 올랜도 시월드 워터파크. 이곳의 주인공은 유령의 집과 청룡열차가 아니다. 시월드는 가장 진화한 세계 최대의 워터파크다. 주인공은 범고래. '믿으라Believe'라는 제목의 세계 최대의 범고래쇼가 열린다.

돈 브랜쇼Dawn Brancheau는 16년 동안 일한 베테랑 여성 조련사였다. 2010년 2월 24일, 이 베테랑 조련사는 무슨 이유에서인지 풀장 안으로 미끄러졌고, 풀장의 범고래는 곧장 그녀에게 달려들었다. 범고래는 그 동안 호흡을 맞춰온 브랜쇼를 물어 휘젓고 물속으로 처박았다. 그녀는 병원에 옮겨졌으나 이내 숨졌다.

목격자들에 따라 당시 상황에 대한 설명은 약간 엇갈린다. 어떤 이들은 범고래가 풀장 가에 서 있던 브랜쇼를 쳐서 넘어뜨렸다고 말했고, 어

세상을 바꾼 범고래
세 건의 인명사고에 연루된 범고래 틸리쿰은 2010년대 돌고래 해방운동의 견인차가 되었다. 1983년 아이슬란드 바다에서 포획된 틸리쿰은 수족관에 갇힌 지 34년째인 2017년 1월 폐렴으로 숨을 거뒀다.

떤 이들은 브랜쇼가 미끄러진 것뿐이라고 말했다. 세 번째 사건이었다.[216]

돈 브랜쇼를 살해한 고래는 '틸리쿰'이라는 이름의 길이 8미터, 무게 5.6톤의 수컷 범고래였다. 등지느러미는 함몰돼 구부러져 있었다. 틸리쿰은 두 살 남짓이던 1983년 아이슬란드 동부 해안에서 잡혔다. 캐나다 밴쿠버섬 빅토리아의 수상 수족관 '시랜드'로 이송돼 쇼를 하면서 치누크 원주민 말로 '친구'라는 뜻의 이름을 얻었다. 그리고 365일 매일 여덟 차례 쇼를 했지만, 그보다 힘든 건 저녁 때 비좁은 물탱크 안에 들어가 두 마리의 선배 범고래와 함께 있어야 하는 것이었다. 두 마리는 신참에게 스트레스를 풀었고 틸리쿰의 몸은 만신창이가 됐다.

첫 번째 사건은 1991년 2월 20일 한 여성 조련사가 공연장으로 미끄러져 떨어지면서 일어났다. 틸리쿰과 범고래들은 이 조련사를 서로 주거니 받거니 하면서 끌고 다녔고, 조련사는 이내 숨졌다.

1999년 7월 7일 아침, 미국 플로리다 주 올랜도의 시월드에서 발견된 20대 남성의 사체도 틸리쿰과 관련이 있었다. 첫 번째 사고 이후, 갈 곳을 찾지 못하던 틸리쿰을 인공 번식 시 정자 공급용으로 눈여겨보았던 시월드로 옮겨진 지 7년 만이었다. 사고 전날 시월드는 폐장 시간이 되어 문을 닫았지만, 관객 한 명이 주변을 떠나지 않았다. 이튿날 아침 틸리쿰이 그의 사체를 등에 지고 헤엄치는 게 발견됐다. 직접 사인은 저체온증이었지만, 여기저기에 물어뜯긴 자국이 있었다.

야생 상태에서 범고래가 사람을 직접 공격한 사례는 거의 없다. 다만, 사람이 타고 있는 배와 보트를 들이받는 경우는 종종 보고된다. 2020년부터 이베리아 반도 해역에서 요트를 쫓아가 방향타를 부수는 범고래의 행동이 관찰되고 있다.[217] 2020년 52건이었던 것이 2021년 197건, 2022년에는 207건으로 늘었다. 이 지역 범고래 무리는 약 50마리로 추정되는데, 이러한 행동을 하는 개체는 15마리다. 과학자들 사이에서는 이러한 행동이 공격이라기보다는 일종의 놀이가 범고래 무리에서 확산한 것으로 보는 시각이 우세하다. 적대적인 의도를 품고 있다면, 범고래에게는 아예 보트를 부숴버릴 수 있는 능력이 있기 때문이다. 야생에서 범고래가 사람을 공격해 죽인 사례는 없다. 반면 수족관에서 범고래가 사람을 공격한 사례는 수십 건에 이르며, 네 건은 인명사고로 이어졌다. 이 가운데 세 건이 틸리쿰과 연관되어 있다. 좁은 풀장에서 한평생을 사는, 비정상적인 환경 때문에 스트레스와 폭력성이 증가하기 때문이다.

수족관에 사는 상당수 범고래의 등지느러미는 휘어져 한쪽으로 함몰된다. 뼈와 피부 단백질을 이루는 콜라겐 조직의 변형 때문이다. 수족관 환경에서는 오랜 시간 잠수할 수 없기 때문에 범고래의 등지느러미가 햇볕에 장시간 노출되면서 콜라겐 조직의 과열을 일으킨다. 활동량의 부족으로 인한 저혈압과 식단의 변화가 원인이라는 해석도 있다. 야생 범고래에게서도 간혹 등지느러미 함몰이 발견되지만, 빈도가 아주 낮은데다 구부러짐 정도도 심하지 않다.[218]

1961년 이후 2023년까지 166마리의 범고래가 포획돼 수족관에 전시됐다. 2023년 8월 기준으로 범고래 51마리가 수족관에 감금, 전시되어 있으며, 야생에서 잡힌 개체는 22마리, 수족관에서 태어난 개체는 29마리다.[219]

불행이 넘치는 풀장

인간은 왜 돌고래를 가까이서 보려 할까? 우리는 왜 동물원에 갈까? 인간이 야생동물을 희구하는 이유는 상충되는 두 가지 감정 때문이다. 인간과 똑같은 동물을 보면서 '유사성'을 확인하고 싶어서, 그리고 반대로 인간과 전혀 다른 동물과 '차이'에 매혹되기 때문이다.[220] 전자가 침팬지와 오랑우탄을 우리가 좋아하는 이유라면, 후자는 고래와 코끼리에 우리가 매혹되는 이유를 설명해준다.

동물쇼는 동물에게 인간의 행동을 흉내내라고 하는 것이다. 반대로 인간이 할 수 없는 행동을 보여주라고도 한다. 돌고래가 꼬리로 서서 뒷걸음질을 치고, 끼룩끼룩 노래를 부르고, 훌라후프를 돌린다. 우리와 전혀 다른 동물이 우리를 모방하는 행동에서 독특한 미학이 생성된다. 반대로 유선형의 몸체가 허공을 가르고, 튀어오르고, 돌진하는 곡예에서 느끼는 아름다움은 인간이 흉내낼 수 없다. 유사성과 차이가 주는 미학 때문에 우리는 돌고래쇼에 빠져든다.

최초의 고래류 전시는 고대 로마제국 클라우디우스 황제 때로 거슬러 올라간다.[221] 오스티아에 항구를 건설하고 있을 때, 범고래 한 마리가 들어왔다가 모래섬에 좌초한다. 이 고래는 인간에게 먹이를 받아먹으며

클라우디우스의 범고래쇼
얀 판 데르 스트레이트Jan van der Straet 의 1595년 작품으로, 병사들에게 공격받는 범고래가 괴물로 그려졌다. 시민들이 병사의 공격 장면을 관람하고 있다.

하루하루를 버텼는데, 이를 본 클라우디우스 황제가 콜로세움의 전투를 떠올린다. 그는 시민들을 모은 뒤 병사들에게 창으로 범고래를 공격하라고 명령하며 고래와 싸웠다. 최초의 고래류를 이용한 쇼로 전해진다.

미국의 전설적인 서커스업자 피니어스 테일러 바넘P.T. Barnum은 뉴욕 브로드웨이의 미국박물관Barnum's American Museum에서 근대적 상업 전시 시대를 열었다. 그는 1861년 캐나다 퀘벡의 세인트로렌스 강 근처에서 잡은 흰고래 두 마리를 사와 박물관에 만든 조그만 수조에 넣었다. 오래 살리 없었다. 하지만 그는 코끼리 같은 이국적인 동물을 이용한 쇼 말고도 흰고래와 돌고래를 들여와 구경거리로 삼고 돈을 벌었다. 1860년대 미국 동물학대방지연합American Society for the Prevention of Cruelty to Animals을 세운 헨리 버그Henry Bergh는 바넘을 향해 뱀에게 먹이로 동물을 던져주는 쇼를 그만하라고 주장했다. 1865년 박물관에 화재가 나서, 한 신문이 '삶은 고래boiled whale'라는 기사를 낼 때까지 그는 고래에 집착했다.[222] 바넘은 동물들을 공포와 야만, 진귀한 괴물쇼 같은 이미지로 포장해 전시했다.

고래와 돌고래의 이미지가 바뀐 건 20세기 중반 들어서였다. 특히, 1964년부터 미국에서 방송된 드라마 〈플리퍼〉는 사람들이 돌고래를 '즐거운 장난꾸러기'로 생각하게 만든 인식 변화의 동력이었다. 미국 플로리다 주의 해양보호구역을 무대로 관리인인 포터 릭스Porter Rick 가족과 큰 돌고래 플리퍼의 모험을 그린 내용이다. 마치 반려동물처럼 '바다의 래시'로 불린 플리퍼는 지능이 높고 명석해 범죄자를 체포하고 사람을 구한다. 고개를 끄덕이고 흔들면서 의사소통을 하고 위험에 처했을 때는 사람에게 알리기도 했다. 플리퍼는 돌고래 수지Suzy와 케이시Kathy가 번갈아 맡았다. 그들 또한 수족관에 감금된 돌고래였다.

1940년대 미국 플로리다 주에서 개관한 머린스튜디오를 시작으로, 돌고래 전시와 돌고래쇼는 1960~70년대를 거쳐 미국 전역과 유럽, 호주로 확산했다. 동시에 과학자들의 고래류 접근이 용이해져, 수족관돌고래를 대상으로 한 반향정위와 음향학, 뇌·행동 연구에서 괄목할 만한 성과를 이뤘다. 하지만 수없이 많은 야생 돌고래가 잡혀 수족관에 갇힘으로써, '즐거운 플리퍼'는 '불행한 플리퍼'가 되어갔다. 수족관 업계에서는 자신들이 사육하는 돌고래를 '야생 돌고래가 보낸 사절단captive animals as ambassadors'으로 포장했다.[223] 하지만 수족관과 돌고래쇼의 실상은 납치한 노예들로 운영됐던 흑인 노예시대의 농장과 비슷했다.

'야생의 몸'에서 '돌고래쇼의 몸'으로

바다에서 돌고래는 살아 있는 물고기를 사냥해 먹는다. 하지만 수족관에서는 비용 때문에 살아 있는 물고기를 먹이로 줄 수 없다. 대신 값싼 냉동 생선이나 죽은 생선을 주는데, 야생에서 갓 잡혀온 돌고래들이 한 번도 경험하지 못한 퍽퍽한 생선을 먹을 리 없다. 하지만 수족관은 상관하지 않는다. 굶든 말든 냉동 생선을 공급하는 수족관과 이를 거부하는 돌고래의 줄다리기가 이어지는데, 열흘에서 2주일 가량을 버티다 돌고래가 결국 '항복'하고 만다. 살아야 하기 때문에 냉동 생선을 먹기 시작한다. 돌고래의 몸은 '수족관의 몸'이 된다.

이때부터 돌고래쇼를 위한 조련이 본격적으로 시작된다. 수족관에서 '공짜 점심'이란 없다. 돌고래는 조련사의 지시를 따르고 쇼 동작을 배울 때만 냉동 생선을 받을 수 있다. 제대로 지시를 따르지 않으면, 식사를 건너뛰거나 굶어야 한다.[224] 돌고래수족관의 시간표를 보라. 돌고래쇼가 하루 네 번 있다면, 그 시간에 돌고래가 식사를 한다는 뜻이다. 이렇게 돌고래는 '야생의 몸'에서 '수족관의 몸' 그리고 '돌고래쇼의 몸'으로 개조된다.

세계동물보호협회WAP, World Animal Protection가 2019년 세계 전시·공연 돌고래 산업을 분석한 보고서 〈미소의 뒷편〉을 보면, 전 세계 58개국 355개 수족관에서 돌고래와 고래 3,603마리가 감금 사육되고 있다.[225] 이 가운데 87퍼센트인 3,029마리가 돌고래다. 개체수를 보면, 중국이 23퍼센트로 가장 많고 일본, 미국, 멕시코, 러시아가 함께 빅5를 이룬다. 이들 가운데 93퍼센트가 돌고래쇼를 진행하고, 66퍼센트는 돌고래와 함께 수영하기 프로그램을 운영하고 있다. 돌고래와 신체적 접촉을 통해 질병 치료를 할 수 있다고 선전하는 '돌고래 테라피'를 진행하는 수족관도 23퍼센트에 이른다. 돌고래 5마리 중 1마리는 멕시코, 버뮤다 제도, 바하마 제도 그리고 카리브 해 국가의 수족관에 산다. 미국인이 즐겨 찾는 여름 휴양지다. 보고서는 돌고래가 수족관에 연간 한 마리당 40만 달러에서 200만 달러를 벌어다주는 '황금알을 낳는 거위'로 인식된다고 분석했다. 돌고래는 야생에서 100제곱킬로미터가 넘는 서식지를 오간다. 하지만 돌고래수족관 메인 수조의 평균 넓이는 극장 화면보다도 작은 444제곱미터다. 야생 서식지의 20만분의 1이다. 수족관돌고래의 대부분을 차지하는 큰돌고래의 경우 야생에서 수심 55미터, 최대 450미터까지 잠수하지만, 수족관 수조의 깊이는 깊어 봐야 5~6미터다. 소독 처리된 물은 돌고래 눈과 피부에 악영향을 끼치고, 공연장에서 메아리치는 노랫소리와 관중의 함성은 음파에 민감한 돌고래의 귀를 어둡게 한다. 식욕 부진과 체중 감소, 위장병이 일상적으로 나타나기 때문에 돌고래가 먹는 냉동 생선에는 위장약과 비타민이 들어 있다.

가장 큰 문제점은 돌고래의 건강한 사회적 관계 형성을 방해하거나 왜곡하는 것이다. 야생 큰돌고래의 경우 최소 30마리 이상으로 구성된 집단에서 사냥과 번식, 양육, 놀이, 경쟁, 협력 등 복잡한 사회·문화적 생활을 영위한다. 반면 기껏해야 몇 마리로 축소된 수족관 사회에서는 돌고래의 사회적 본능이 뒤틀려 발현되어 서로 스트레스를 주는 존재가 된다. 수족관에서 돌고래는 서로에게 친구가 아니라 괴물이다.

업계는 수족관에서 연간 생존율이나 기대 수명 등 지표가 나쁘지 않다면서, 돌고래가 큰 고통을 당하는 게 아니라고 주장한다. 수족관 돌고래의 복지가 어느 정도 향상된 것은 사실이다. 미국 수족관의 데이터

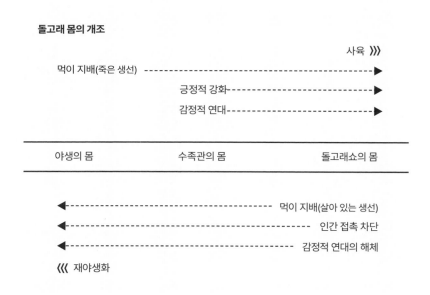

돌고래 몸의 개조

사육 》》》

먹이 지배(죽은 생선) --▶
긍정적 강화 ----------------------------▶
감정적 연대 ----------------------------▶

| 야생의 몸 | 수족관의 몸 | 돌고래쇼의 몸 |

◀-- 먹이 지배(살아 있는 생선)
◀-- 인간 접촉 차단
◀-- 감정적 연대의 해체

《《《 재야생화

를 취합해 분석한 논문을 보면, 돌고래의 기대수명은 1974~1982년의 9~10.6살에서 2003~2012년 28.2~29.2살로 세 배 가까이 늘었다. 연간 생존율ASR, Annual Survival Rate도 0.92에 이른다. 일 년 동안 돌고래 100마리 중 92마리가 생존한다는 얘기다. 이에 따라 논문의 저자들은 '이 수치는 야생 돌고래보다 같거나 높은 수준'이라고 주장한다.[226]

　　다만 수족관 돌고래와 비교 대상인 야생 돌고래의 데이터가 많이 쌓여 있지 않고, 그나마 있는 데이터도 환경 문제가 있는 특정 개체군에 대한 결과가 대부분이어서, 단순 비교에는 한계가 있다는 점을 지적할 수밖에 없다. 무엇보다 기대 수명과 연간 생존율의 수치로만, 동물의 삶의 질을 따지는 건 협소한 시각이다. 이를테면 인간을 특정한 곳에 가두어놓고 제때 식사를 주고 세밀한 관리를 하면, 밖에서 갖가지 위험한 사건과 희로애락을 겪는 사람보다 수명은 조금 길 수 있다. 그렇다고 그것을 행복이라 말할 수 있을까? 그리고 바람직한 삶일까?

사람 말을 따라한 '녹'
흰고래

일반명	흰고래 white whale, 벨루가 Beluga
학명	*Delphinapterus leucas* / 외뿔고래과 *Monodontidae*
개체수	13만 6,000마리
적색목록	최소관심(LC)

"누가 나한테 나오라고 했어?Who told me to get out?"

미국 국립해양포유류재단의 해상 가두리에서 사육사는 깜짝 놀랐다. 누가 물어본 거지? 주변엔 아무도 없는데. 말을 건 이는 흰고래 '녹NOC'이었다.

큰돌고래에게 인간 언어를 가르친 시도가 있지만, 고래가 스스로 사람의 말소리를 따라한 건 녹이 처음이다. 1977년 캐나다 인근에서 잡힌 수컷 흰고래 녹은 미 해군 특별 프로그램에 투입되어 사육되다가 1984년부터 희한한 소리를 내기 시작했다. 그는 스스로 사람의 말소리를 모방했다.[227]

녹이 말하는 게 알려진 뒤, 연구자들은 유심히 관찰하기 시작했다. '밖으로, 밖으로, 밖으로out, out, out' 하는 소리는 인간과 거의 비슷했다. 전체적으로도 사람 발성의 리듬과 유사했고, 주파수도 200~300헤르츠로 사람 범위와 같았다. 고래라면 몇 옥타브는 낮춰 발성해야 가능한 범위다.

연구팀은 녹에게 말하기를 훈련시킨 뒤, 그가 비강을 통과하는 공기의 압력을 조절해 소리를 낸다는 사실을 밝혀냈다. 사람은 후두를 통해 소리를 낸다. 그러나 4년 뒤 성적으로 성숙하자, 녹의 사람 말소리는 사라졌다.

녹은 왜 사람을 흉내냈을까? 그저 심심했을 수도 있고 사육사에게 장난을 건 것일 수도 있다. 연구팀은 이렇게 썼다. "흰고래는 앵무새처럼 훌륭한 모방 동물은 아니지만, 우리가 관찰한 바에 따르면 말소리를 학습하는 능력이 있다."[228]

아름다운 소리를 지닌 흰고래는 '북극의 카나리아'로 불린다. 쥐처럼 찍찍거리기도 하고, 꾀꼬리처럼 꾀꼴꾀꼴하기도 하고, 병아리처럼 삐약삐약하기도 한다. 다양한 음색과 함께 흰고래의 또다른 매력 요소는 귀족 부인처럼 우아한 순백색 피부와 활짝 웃는 표정이다. 흰고래는 이마와 입술 모양을 바꿔 웃는 모습을 짓거나 휘파람을 부는 표정을 짓기도 한다. 북극해에서 흰고래는 하얀 피부 때문에 그 어느 고래보다도 구별하기가 쉽다.

하얀 피부를 자세히 보면 여기저기 상처가 나 뜯겨 있다. 십중팔구 북극곰에게 공격당한 것이다. 북극곰은 광활한 바다얼음을 부숴 함정을 판다. 흰고래는 바다얼음 밑에서 길을 잃기도 한다. 주기적으로 수면 위로 머리를 내밀고 숨을 쉬어야 하는데, 광막한 바다얼음의 천정이 계속 이어지면서 개빙 구역을 찾을 수 없는 상황이 도래했기 때문이다. 그러던 중 수면 위로 한 줄기 햇살을 발견한다. 북극곰의 함정이다. 흰고래들은 차례로 수면 위로 올라와 숨을 쉬고, 이 순간을 기다린 북극곰은 흰고래를 낚아챈다. 그래서 흰고래의 피부는 북극곰의 날카로운 발톱에 긁힌 상처로 가득하다.

흰고래는 약 3~5미터 정도의 몸을 가졌다. 고래뛰기를 자주 하지 않지만 물범처럼 수면 위로 고개를 내밀고 주위를 살펴보기도 한다. 목이 부드러워서 목을 돌릴 수도 있다. 수영 속도는 느린 편이다. 주로 물고기와 오징어, 갑각류를 잡아먹는다.

외뿔고래와 함께 외뿔고래과Monodontidae를 이룬다. 두 종은 수염고래류의 북극고래와 함께 북극과 아북극에서만 서식한다. 흰고래는 바다얼음이 줄어드는 봄이 되면 낮은 위도의 강 하구와 얕은 만으로 내려가 여름을 보낸다. 과학자들은 새끼가 체온을 조절하는 데 쉽고, 염분이 낮은 연안 바닷물이 죽은 피부의 탈피와 피부 성장에 도움이 되기 때문이라고 추측한다.[229] 한여름 캐나다 허드슨만의 항구도시 처칠에 가면, 처칠강 하구에 몰려든 흰고래떼를 볼 수 있다. 1997년 부산 다대포에서도 흰고래가 발견된 적이 있다. 오호츠크 해의 찬 바다에서 살던 녀석이 길 잃어 내려왔을 것이다.

흰고래를 '벨루가Beluga'라고도 부르는데, '하얗다beloye'는 뜻의 러시아어에서 온 이름이다. 학명Delphinapterus leucas은 '날개 없는 하얀 돌고래'라는 뜻이다. 작게는 2~10마리에서 많게는 수천 마리까지 이합집산하며 무리 생활을 하는 사회적 동물이다. 이러한 본성과 맞지 않게 흰고래는 수족관 전시용으로 공급되고 있다. 최근 들어선 하얀 몸빛깔과 아름다운 울음소리 때문에 흰고래를 더욱 선호하는 경향이 커졌다.

러시아가 흰고래의 유일한 공급국이다. 대다수 포획업체들은 블라디보스톡 근처 러시아태평양수산연구센터TINRO의 기술과 자원을 활용해 흰고래와 범고래를 야생에서 잡아 순치시키는데, 이 센터는 '흰고래의 다이지'로 악명이 높다. '프리러시아고래' 등 환경단체가 이곳을 타깃으로 2010년대 후반부터 야생방사 캠페인을 벌인 끝에 2019년 11월 흰고래 90마리와 범고래 11마리 등을 마지막으로 모든 감금 개체가 방사되기에 이른다.[230]

2024년 2월 기준으로 거제씨월드, 롯데월드 아쿠아리움, 한화아쿠아플라넷 여수 등에 세 곳에 감금된 흰고래 5마리도 이곳 출신이다.

흰고래
캐나다 벤쿠버아쿠아리움에 흰고래가 사육사에게 입 안의 상태를 점검 받고 있다.

11장 당신을 즐겁게 하려고 죽어갑니다

바다로 돌아간 돌고래들

추운 겨울날이었다. 다들 '빙하기'가 다시 찾아왔다며 야단법석일 때, 경기도 과천의 서울대공원으로 돌고래쇼를 보러 갔다. 겨울의 동물원이 얼마나 차갑고 을씨년스러운지는 가본 사람만 알 것이다. 돌고래쇼가 열리는 해양관은 동물원에서 가장 따뜻했다. 시베리아 벌판 같은 적막한 동물원에 들어온 사람들은 죄다 여기 모여, 한때 따뜻한 바다를 헤엄치던 돌고래를 기다리고 있었다.

　동물공연장에서는 동물의 구체적인 종 명이나 어디서 왔는지, 야생에서 어떻게 사는지 등을 자세히 설명해주지 않는다. 그렇게 알려주는 순간, 동물 공연의 '동화' 속에서 몰입하던 관람객이 '현실'로 튕겨져 나오기 때문이다.

　말하자면 이런 것과 같다. 우리는 대부분 '물개쇼'라고 부른다. 하지만 그들은 물개가 아니라 바다사자인 경우가 태반이다. 동물원은 굳이 '바다사자쇼'라고, 이 바다사자는 미국 캘리포니아 앞바다에 서식하는 '스텔라바다사자'라고, 떼를 이루어 살며 계절마다 이동하고 멸종위기에 처해 있다고 설명하지 않는다. 그런 사실을 구구절절 설명하는 순간, 관람객은 이들이 이곳에 있어선 안 된다는 것을 깨닫기 때문이다.

짧은 한 마디였지만, 다행히도 사회자는 "오늘의 주인공은 큰돌고래"라고 알려주었다. 큰돌고래는 가장 건강하고 똑똑하기 때문에 세계 각지의 수족관에서 돌고래쇼를 한다. 우리가 으레 떠올리는 돌고래쇼의 주인공이 바로 큰돌고래다.

큰돌고래 다섯 마리는 조련사와 콤비를 이뤄 멋진 묘기를 펼쳤다. 공중제비를 돌거나 골대에 공을 던져 넣는 수준 이상을 연마한 듯했다. 가장 멋진 것을 보여주겠다고 하더니 조련사가 큰돌고래 등에 올라탔다. 큰돌고래는 조련사를 태우고 파란 실내 풀장을 전속력으로 가로질렀다. 그리고 마지막 순간, 큰돌고래는 대포알을 쏘듯 조련사를 공중으로 날렸다. 멋진 스펙터클이었다.

이 돌고래들이 어디서 왔는지는 2년 뒤 뉴스를 통해서 알게 되었다. 그날 신문과 방송은 서울대공원 돌고래쇼의 비밀에 대해 흥분해서 떠들고 있었다.

서울대공원 돌고래쇼의 비밀

우리나라 돌고래쇼의 기원은 일본에 있다. 최초의 돌고래쇼는 1984년 경기도 과천에 서울대공원이 문을 열면서 시작됐다. 이때 첫 무대에 나선 이는 큰돌고래 돌이, 고리, 래리로 모두 일본 다이지 출신이다. 당시 지바현 가모가와 시월드에서 있던 세 마리와 함께 조련사 두 명도 한국으로 건너와 돌고래 조련 기술을 가르쳤다.

2년 뒤 제주 서귀포 중문단지에서 '국제 규모의 관광해양수족관'을 표방하는 로얄마린파크가 생겼다. 굴지의 관광업체인 성남관광이 설립한 이 수족관은 1997년 소유주가 바뀌면서 '퍼시픽랜드'로 이름이 바뀐다. 이 수족관 또한 처음에는 일본의 돌고래와 사육 기술에 기댔다. 퍼시픽랜드는 한라와 탐라, 미래라는 이름의 일본산 큰돌고래를 수입하고 동시에 일본인 조련사를 초청해 사육 기술을 전수받았다. 퍼시픽랜드는 이내 돌고래 개체수에서 서울대공원을 추월했고, 신혼여행객과 수학여행객이 꼭 들르는 돌고래 전문 수족관으로 성장한다.

성장의 배경에는 퍼시픽랜드가 돌고래를 자체 조달한 '경제적 혁신'이 있었다. 퍼시픽랜드는 1990년 7월, 서귀포 동쪽 남원 앞바다에서 돌고래 한 마리가 우연히 그물에 걸렸다는 소식을 듣게 된다. 당시 조련사였고 후에 이 수족관의 대표이사가 된 고정학은 당시를 이렇게 회상한다.[231]

"정치망에서 연락이 오니까, 좋다 한번 해보자고 한 거거든요. 그때까지만 해도 불법이라는 인식이 없었어요."

그물에 걸린 돌고래의 이름은 '해돌이'였다. 서식지에 잡혀 공연용으로 길들여진 우리나라 최초의 쇼돌고래였다. 이 사건 이후 퍼시픽랜드는 꾀를 냈다. 정치망에 우연히 걸려드는(혼획) 돌고래를 팔라고 어민에게 미리 말해두었다가 그물에 걸렸다고 연락이 오면, 사가기로 한 것이다. 우리나라는 1986년 상업포경 모라토리엄 이후 대형 고래는 물론 돌고래에 대한 포획을 금지했고, 혼획된 돌고래라도 즉각 해양경찰에 신고하고 방류하도록 했다. 돌고래를 상업적으로 거래하는 것은 불법이다.

1993년부터 퍼시픽랜드는 돌고래 공급처를 아예 제주 앞바다로 바꾼

다정한 거인

다. 어민들은 돌고래가 걸릴 때마다 퍼시픽랜드에 연락했고, 해양경찰청이 수사에 들어간 2011년까지 퍼시픽랜드는 돌고래 26마리를 불법으로 잡아 길들였다.[232] [233] 불쌍한 돌고래들은 육지에서 공중제비 돌기와 농구공 던지기를 배웠다. 퍼시픽랜드는 서울대공원에 마리당 6,000만 원에 세 마리를 팔았고, 다른 세 마리는 바다사자와 바꿨다. 내가 서울대공원에서 본 고래 다섯 마리 중 세 마리는 불과 몇 년 전까지만 해도 제주 앞바다에 살던 야생 돌고래들이었다.* 내가 야생에서 불법으로 잡힌 돌고래를 보고 떠들고 박수쳤던 것이다.

그때까지만 해도 사람들은 제주 연안에서 볼 수 있는 돌고래를 큰돌고래로 여겼다. 큰돌고래는 전 세계 수족관에서 흔히 볼 수 있는 돌고래다. 하지만 제주에 사는 돌고래는 비교적 작고 날렵한 몸매를 지니고 있었다. 부리는 조금 길고 아랫배에 반점도 있었다.

퍼시픽랜드와 어민들이 제주 돌고래 불법 포획을 시작한 게 1990년. 국내 과학자들이 제주도에 돌고래가 서식한다는 사실을 처음 확인한 건 2005년이었다. 15년의 거대한 시간적 간격이 있다. 과학자들이 자세히 살펴보니, 제주의 돌고래는 큰돌고래와는 조금 다른 생김새를 가지고 있었다. 문헌을 찾아보니 2000년대 들어 유전자 분석 결과까지 추가되면서 외국에서 큰돌고래가 아닌 다른 종으로 분류되기 시작한 '인도태평양큰돌고래Indo-Pacific bottlenose dolphin'였다. 원래 이 종은 서호주의 샤크베이 등 인도양과 태평양의 아열대 연안에서 자주 관찰됐다. 가장 북쪽의 서식지

---

* 나중에 알게 되었지만 이들은 남방큰돌고래 금등이, 대포, 제돌이었다. 나머지 두 마리는 태지와 태양이었다.

347
12장 바다로 돌아간 돌고래들

도 일본에서 남쪽으로 200킬로미터 떨어진 미쿠라 섬御蔵島과 규슈에 붙어 있는 아마쿠사 섬天草諸島이었으니, 과학자들도 처음엔 인도태평양큰돌고래가 제주도에 살 거라고는 생각지 못했다. 국립수산과학원 고래연구소의 김현우 박사가 우리말 이름을 지었다.[234] 남방큰돌고래. 그리고 같은 연구소 최석관 박사가 다음과 같이 말했다.[235]

> "이놈들이 보통 제주도를 한 바퀴 뱅뱅 돌아요. 뭐, 항상 도는 건 아니고 반대로 도는 놈들도 있고… 음, 주변에서 그냥 왔다 갔다 하는 놈들도 있어요."

고래연구소는 1년에 네 번 모니터링을 벌여 개체를 식별하고 무리 규모를 추정했다. 돌고래가 나타나면 등지느러미 사진을 찍었다. 돌고래의 등지느러미가 패인 모양은 사람의 지문처럼 고유한 식별 표지가 된다. 같은 등지느러미 사진끼리 묶고 그것을 연도별로 배열하면, 특정 돌고래가 언제 태어났고 죽었는지 알 수 있다. 이렇게 해서 JBDJeju Bottlenose Dolphin 001, 002, 003… 하는 식으로 개체별로 번호를 붙여 나갔다.

제주 남방큰돌고래는 114마리가 하나의 무리를 이루고 있었다. 세계에서도 가장 작은 남방큰돌고래 집단이었다. 그런데 얼마 지나지 않아 남방큰돌고래가 하나둘 없어지는 걸 발견했다. JBD 009는 2009년부터 관찰되지 않았다. 나중에 해양경찰청 수사로 밝혀졌지만, 그해 퍼시픽랜드가 그물에 걸린 이 돌고래를 포획해 자신의 공연장으로 데려갔기 때문이다. 해양경찰청 수사로 이 문제가 이슈가 된 돌고래 JBD009는 2011년에 이미 서울대공원으로 넘겨져 돌고래쇼를 하고 있었다.

그물에 걸려 수시로 수족관에 잡혀감으로써, 남방큰돌고래 개체수는 점차 줄어들고 있었다. 다행히 2011년 해양경찰청의 적발로 야생 돌고래가 돌고래쇼로 공급되는 악순환은 멈췄다. 그렇지 않았다면 남방큰돌고래는 지역적 멸절에 이르렀을 것이다. 우리가 모르는 사이.

야생방사의 삼원칙

"제주도에서 와서 제돌이예요."

2012년 2월, 서울대공원 해양관이었다. 공연장 안쪽 내실로 쇼를 마치고 돌아온 돌고래를 가리키며 사육사가 말했다. 부리 끝이 벗겨져 있었고, 오른쪽 눈 위에는 해적처럼 긁힌 자국이 있었다. 한때 야생의 바다를 헤엄쳤던 JBD009. 제돌이의 이야기는 〈한겨레〉 2012년 3월 3일 자 '제돌이의 운명'이라는 기사를 통해 널리 알려졌다. 이 기사 인터뷰에서 국내외 전문가들은 적절한 야생적응 훈련을 거치면 제돌이는 야생에 돌아가무리에 합류할 수 있을 거라고 밝혔다. 보도가 나온 지 9일 만인 3월 12일, 박원순 서울시장은 서울대공원을 찾아 제돌이를 야생방사하겠다고 발표했다.[236] 야생방사를 주장한 동물·환경단체도 예상치 못한 전격적인 발표였다.

세계적으로 공식적인 돌고래 야생방사 통계는 없다. 다만 해양포유류학자 케네스 발콤이 1995년 취합한 자료를 보면, 58차례의 큰돌고래·남방큰돌고래 야생방사와 20차례의 범고래 야생방사가 있었다. 상당수는 구조된 개체를 되돌려 보낸 사례이고, 돌고래쇼에 동원된 큰돌고래를

방사한 것은 12차례에 지나지 않는다.[237]

최초의 공개적인 돌고래 야생방사는 1991년 '인투 더 블루Into the Blue' 프로젝트였다. 영국의 주체크Zoo Check, 세계동물보호협회WSPA 등이 추진하고, 영국 공영방송 BBC가 야생방사 과정을 기록한 큰 이벤트였다. 당시 영국은 돌고래수족관의 동물복지 문제로 논란을 벌이고 있었다. 각각 다른 수족관에서 돌고래쇼를 하던 큰돌고래 록키, 미시, 실버 등 세 마리가 카리브 해의 터크스 케이커스 제도에 야생방사됐다.

하지만 셋의 고향은 각각 미국 플로리다, 텍사스 그리고 타이완 앞바다였다. 서로 잘 알지도 못하는 돌고래들이 고향 바다도 아닌 낯선 환경에 노출된 것이다. 사회적 동물인 돌고래는 함께 살 무리가 없으면 생존할 수 없다. 야생방사 후 행방불명돼 현상금까지 붙었지만 영원히 발견되지 않았다. 돌고래를 바다로 돌려보내는 것에 대해 잘 모를 때였다.

그럼에도 불구하고 영국은 인투 더 블루 프로젝트로 수족관 문제를 환기시키면서 돌고래수족관을 추방하는 데 성공했다. 정부는 시설물과 사육 기준 등의 규제를 강화하자, 수족관들은 돌고래를 외국에 팔아넘기면서 문을 닫기 시작했다. 1993년 3월 플라밍고랜드의 마지막 돌고래쇼를 끝으로 영국은 사회적 여론과 운동으로 '돌핀 프리dolphin free'를 달성한 첫 번째 나라가 되었다.[238]

과학적 방법론에 따라 돌고래를 방사한 건 1990년 미국 플로리다 템파베이에서 방사된 에코와 미샤가 처음이었다.[239] 실험용으로 포획되어 2년 동안 수족관에서 사육된 둘은 원 서식지에 방사된 뒤 야생 무리에 합류해 행동하는 게 관찰됐다.

반면 호주 투록스Two Rocks에서는 9마리 돌고래가 방사됐는데, 수족관에서 탄생한 돌고래도 있었고 길게는 9년 동안 감금된 돌고래도 있었다. 에코, 미샤의 사례처럼 논문으로 남겨졌으나, 실험 환경이 깔끔하게 조작되지 않았다.[240] 돌고래들은 다시 바닷가로 돌아왔다.

짧은 경험과 생태학적 지식을 종합했을 때, 돌고래 야생방사에 대한 표준으로 받아들여지는 원칙이 있다.

첫째, 수족관에서 태어난 돌고래를 야생방사해서는 안 된다. 이들은 야생 출신과 달리 사냥과 길 찾기 등 야생 생존기술을 어미와 무리로부터 배운 적이 없다.

둘째, 수족관 감금 기간은 짧을수록 좋다. 돌고래는 보통 어릴 때 잡혀온다. 나이가 적을수록 오래 전시할 수 있기 때문이다. 돌고래는 어릴 적 바다에서 배운 사회적·생태적 기술을 수족관에서 차츰 잊기 마련이다. 돌고래가 수족관이 쳐놓은 망각의 그물에서 빠져나오는 건 빠를수록 좋다.

셋째, 원래 살던 서식지에 방사해야 한다. 돌고래의 고향에는 과거에 어울렸던 가족과 무리가 살고 있다. 그들과 재회해야 생존 확률이 높아진다. 그리고 고향이야말로 물고기를 사냥할 곳, 그물이 있는 곳, 물살이 센 곳이 어디인지 아는 익숙한 곳이다.

서울대공원에서 돌고래쇼를 하던 제돌이는 세 가지 조건에 모두 부합했다. 9~10살 때인 2009년 잡혀온 제돌이는 야생방사 결정 시점인 2012년까지 3년 동안 감금돼 있었다. 제주 바다에는 단 하나의 남방큰돌고래 무리만 있기 때문에, 제돌이의 합류 가능성도 높았다.

그렇다고 바다에 돌을 던지듯 돌고래를 방사해선 안 된다. 꽤 오랜 기간 먹이 사냥 같은 야생 생존법을 잊고 살았기 때문에 야생의 생태와 행동 리듬이 복원되어야 한다.

이를 위해서는 야생 돌고래를 수족관에 적응시켰던 것과 반대로 '돌고래쇼의 몸'을 '야생의 몸'으로 되돌려야 한다. 가장 대표적인 것이 활어 급여 훈련이다. 살아 있는 생선을 수조에 넣어 돌고래가 직접 생선을 쫓아 잡아먹도록 한다. 제돌이는 서울대공원에서의 첫 훈련 때부터 살아 있는 생선을 쫓아 잡아먹는 데 성공했다. 동시에 사람과의 접촉을 차츰 줄여 야생에서도 홀로 설 수 있게 한다. 마지막으로 바다에 가두리를 설치해 돌고래가 실외의 햇볕과 바람, 그리고 차가운 수온에 적응하도록 한다.

한편 해양경찰청의 남방큰돌고래 불법포획 사건 수사로 퍼시픽랜드 대표는 2013년 3월 대법원에서 최종적으로 유죄 판결을 받는다. 동시에 공소시효 내 불법 포획된 돌고래로, 퍼시픽랜드에서 쇼를 하던 춘삼이, 삼팔이, 태산이, 복순이에 대해서 몰수 처분이 확정된다.

제돌이는 그해 5월 제주 성산항 내 가두리로 옮겨진다. 몰수 처분을 받은 돌고래 중 춘삼이와 삼팔이도 함께 바다로 돌아가기 위해 합류한다. 야생방사를 약 한 달 앞둔 6월 22일, 삼팔이가 가두리 그물의 찢어진 틈으로 사라진다. 닷새 뒤인 삼팔이는 야생 무리와 함께 다니는 게 목격돼, '야생방사 성공 제1호 돌고래'가 된다.

7월 18일 제돌이와 춘삼이도 각각 등지느러미에 1번과 2번을 찍고 김녕 앞바다에서 최종 방사된다. 보름 뒤인 8월 3일, 제주 하도리—종달리 앞바다에서 두 마리 모두 야생 무리와 함께 다니는 장면이 관찰된다. 이로써 정부와 과학자, 그리고 동물·환경 운동가가 힘을 합친 제돌이 프로젝트는 동물 피해 없이 완성된다. 과학적이고 체계적인 방식으로 야생방사가 성공한 것은 세계 최초였다.

제돌이를 처음 만난 순간
"제주도에서 와서 제돌이에요" 서울대공원 사육사들 사이에서 불리던 이름은 한국 돌고래 야생방사의
상징으로 거듭났다.

우울증 돌고래 '복순이'

세 마리가 언론의 조명을 받고 고향 바다로 떠들썩하게 돌아갈 때, 퍼시픽랜드 수조에서 서울대공원으로 조용히 이송된 돌고래들이 있었다. 태산이와 복순이다. 이들은 건강 상태 때문에 야생방사 불가 판정을 받았다.

두 돌고래 이야기를 들으면 가슴이 저민다. 야생에서 잡혀온 돌고래는 냉동생선을 거부하다가 결국은 항복하고 받아들임으로써 수족관의 몸이 된다. 퍼시픽랜드에 갓 잡혀온 제돌이, 춘삼이, 삼팔이는 살기 위해

복종을 택했다. 반면 복순이는 무기력에 빠졌다. 생을 포기한 것처럼 푸석한 냉동생선을 먹다, 안 먹다 하며 연명했다. 돌고래쇼도 배우지 않았다. 그런 복순이 곁에는 항상 태산이가 있었다.

복순이의 입은 비뚤어져 있었다. 조련사들은 그 탓을 했다. 하지만 충격과 공포로 우울증에 걸린 게 틀림없었다. 복순이는 단짝 태산이와 함께 수족관 내실에 머물거나, 가끔 쇼에 나가 헤엄치기만 했다. 돈을 벌지 못하는 돌고래, 환호받지 못하는 돌고래, 복순이는 '잉여 돌고래'였다.

제돌이가 바다로 돌아가고 1년 뒤, 2014년부터 복순이와 태산이도 방사하자는 운동이 펼쳐진다. 이듬해 여름, 야생방사가 결정돼 함덕 앞바다 가두리에서 나가길 기다릴 때였다. 복순이가 무언가를 부리로 절박하게 물위로 들어올리는 장면이 관찰됐다. 갓 낳은 새끼가 죽어 있었다. 2012년 퍼시픽랜드에서도 같은 일이 있었다. 두번째 사산이었다.

제돌이, 춘삼이, 삼팔이, 태산이, 복순이. 다섯 돌고래는 제주 바다로 돌아가 행복하게 살고 있다. 삼팔이는 2016년 4월 새끼를 데리고 다니는 모습이 목격됐다. 세계 최초로 쇼돌고래가 야생에 돌아가 생명을 출산한, 기적 같은 일이었다. 넉 달 뒤 춘삼이도 출산 소식을 보내왔다. 무엇보다 기분 좋은 소식은 2018년 복순이가 건강하게 새끼를 낳아 기르고 있다는 것이다. 춘삼이는 2022년 두 번째 출산 소식을 전했고, 삼팔이는 2019년에 이어 2023년 세 번째 출산 소식을 알렸다.[241]

무엇보다 감금 상태에서 연거푸 사산했던 복순이가 야생에 나가 출산에 성공한 사건은 수족관이 얼마나 고통스러운 곳인지 직관적으로 알려준다. 돌고래는 수족관에 살아선 안 된다는 걸, 수족관에 돌고래를 가두는 건 옳지 않다는 평범한 사실을 복순이와 새끼가 힘차게 헤엄치는 사진 한 장이 보여줬다.

우리나라의 돌고래 야생방사는 외국의 돌고래수족관 반대 운동과 상승 효과를 일으켰다. 외국에서 돌고래수족관 반대 운동의 방아쇠를 당긴 이는 세 건의 인명 사고와 연루된 범고래 틸리쿰이었다.

틸리쿰의 죽음 이후, 돌고래쇼의 비인도주의적 성격이 환기되면서, 동물단체 휴메인소사이어티와 페타PETA 등은 돌고래쇼 중단을 전면에 내걸며 캠페인을 시작했다. 틸리쿰과 연루된 세 건의 인명 사고를 파헤친 다큐멘터리 영화 〈블랙피쉬〉가 2013년 영화관에서 개봉되고, BBC와 CNN을 통해서도 공개됐다. 세계는 틸리쿰을 기억하면서 자기 나라의 돌고래수족관에 고개를 돌리기 시작했다.

시월드에 대한 정치적 압력도 거세졌다. 2015년 캘리포니아 주는 범고래의 수족관 내 교배를 중단하지 않으면 시월드 재건축 계획을 승인하지 않겠다고 했고, 미국 하원의원들은 범고래 번식을 금지하는 내용의 법률안을 제출했다. 올랜도와 샌디에이고, 샌안토니오에서 테마파크를 운영하던 시월드는 관람객이 줄고 주가가 곤두박질쳤다.

틸리쿰이 박테리아성 폐렴으로 죽어가던 2016년 3월, 드디어 조엘 맨비Joel Manby 시월드 최고경영자는 미국 일간지 〈로스앤젤레스 타임스〉에 글을 보내 범고래쇼 폐지와 번식 프로그램 중단을 선언했다.[242]

시월드가 개장한 지 반세기가 지났다. 범고래는 지구에서 가장 인기 있는 해양포유류가 되었다. 이렇게 된 이유 중 하나는 사람들이 시월드에 와서 범고래를 가까이서 볼 수 있었기 때문이다. 그러나 시간이 흐를수록 우리는 역설에 부닥쳤다. 우리 테마파크에 와서 범고래를 본 사람들이 점점 더 범고래가 사람의 손에 길러져선 안 된다고 생각하게 된 것이다.

돌고래수족관 반대 운동의 명백한 승리였다. 영화 〈블랙피쉬〉가 세계적인 선풍을 일으키면서, 2013년 인도, 2015년 캐나다, 2017년 프랑스가 수족관 돌고래의 신규 도입과 번식을 금지했다. 이 기간 우리나라는 남방큰돌고래를 야생으로 돌려보냄으로써 돌고래 해방의 모범 국가로 불리게 되었다. 우리나라 활동가들은 내친 김에 수족관에 남은 남방큰돌고래들을 모두 바다로 돌려보내자는 운동으로 이어나갔다.

새끼를 낳은 춘삼이
남방큰돌고래 춘삼이는 수족관 생활을 끝내고 야생 바다로 나가 새끼를 보았다. 돌고래가 살 곳은 바다라는 걸 보여준 상징적인 장면이었다.

야생방사 실적주의

2017년 4월, 우리나라 돌고래쇼의 대표적인 공간인 서울대공원 해양관에는 남방큰돌고래 두 마리와 일본산 큰돌고래 한 마리가 남아 있었다. 서울대공원은 '돌핀 프리dolphin free' 동물원을 선언하고자 해양수산부와 함께 남방큰돌고래 '금등이'와 '대포'를 제주 바다에 돌려보내겠다고 밝혔다.

그러나 모험적인 성격이 컸다. 대포는 1997년 8월 제주 서귀포시 대포동 앞바다에서 잡혔다. 그리고 금등이는 이듬해 8월 제주시 한경면 금등리 앞바다에서 잡혔다. 모두 대여섯살 때였다. 이제 막 독립해 제주 바닷속 지형과 그물의 위치 그리고 조류의 방향을 익혀야 할 때 잡힌 것이다. 120여 마리 모두가 한 집단인 돌고래 무리에서 친척과 친구와의 사회적 소통 기술도 배워야 할 때였다. 그런데 대포와 금등이는 그러기 전에 그물에 걸렸다.

다른 돌고래와 마찬가지로 금등이와 대포는 퍼시픽랜드에 끌려가 냉동 생선에 굴복하고 쇼를 배웠다. 그리고 각각 1999년, 2002년에 서울대공원으로 팔려갔다. 살아남는 길은 열심히 쇼를 하는 것뿐이었다. 그래야 냉동 생선이라도 먹을 수 있으니까. 2000년대 둘은 서울대공원 돌고래쇼의 양대 스타가 되었다.

그리고 2009년, 또 다른 신참 하나가 락스 냄새 나는 수족관에 들어온다. 제돌이였다. 그렇게 서울대공원에는 불법 포획된 돌고래들이 드나들었다. 대포와 금등이는 터줏대감처럼 쇼를 하며 묵묵히 긴 세월을 버텼다. 2012년이었다. 뭔가 분위기가 달라진 걸 대포와 금등이가 느꼈을까?

온몸을 바쳐 수행했던 돌고래쇼가 간소해지고, 사육사들이 옆방 제돌이에게 활어를 던져주는 게 아닌가? 그랬다. 서울시가 제돌이의 야생방사를 발표하면서, 제돌이에 대한 야생적응 훈련을 시작한 것이다. 그때 사육사가 남은 활어 두어 마리를 대포와 금등이에게도 던져주었다고 한다. 둘도 재빨리 쫓아가 잡아먹었다.

이듬해에는 태산이, 복순이가 들어왔다. 제돌이는 얼마 안 돼 바다로 떠났고, 태산이와 복순이 또한 일 년 뒤 제돌이를 따라나갔다. 대포와 금등이는 텅 빈 수족관을 헤엄쳤다.

드디어 대포와 금등이 차례도 돌아왔다. 서울대공원이 '돌핀 프리'를 결심한 덕이었다. 2017년 7월 18일 제주 함덕 앞바다 가두리의 문이 열리자, 환호하는 사람들을 뒤로 하고 둘은 바다를 향해 열심히 헤엄쳤다. 그리고 그 뒤로 아무 소식이 없다. 남방큰돌고래는 바닷가에 바짝 붙어 사는 연안 정주성 종이라서, 오랜 기간 목격되지 않았다면, 폐사했을 가능성이 크다. 긴 수족관 감금 기간이 문제였다. 아마도 20년 동안 꺼놓았던, 돌고래끼리 음파를 주고받는 역할을 하는 반향정위 기관을 제대로 사용하는 데 어려움을 겪었을 것이다.

국내 굴지의 건설회사인 호반그룹에 인수된 퍼시픽랜드도 2023년 야생방사를 추진한다. 국내에서 마지막 남은 남방큰돌고래 '비봉이'가 거기 있었다. 제돌이를 필두로 이뤄진 야생방사는 돌고래쇼가 비윤리적인 것이라는 생각을 각인시켰고 2010년대 후반 들어서 우리나라에서 돌고래 전시·공연 산업은 퇴락의 길을 걷고 있었다. 2017년 퍼시픽랜드를 800억 원에 인수한 호반그룹은 수족관 뒤쪽의 바다 전망을 살려 철 지난 돌고래쇼를 멈추고 대규모 리조트를 개발할 계획을 세웠다. 자, 그럼 호반으로

선 무엇이 필요할까? 돌고래들을 어디든 빨리 내보내야 했다. 이미 일본산 큰돌고래 '태지'와 '아랑이'를 정부 허가 없이 불법으로 거제씨월드에 넘긴 터였다.[243]

비봉이의 방사는 논쟁적이었다.[244] 비봉이는 네댓 살인 2005년에 잡혀와 18년이나 수족관에서 생활했다. 야생방사에 실패했던 금등이, 대포와 마찬가지로 수족관 감금 기간이 지나치게 길었다.

동물·환경 단체는 둘로 갈렸다. 동물자유연대 등은 비슷한 조건의 금등이, 대포가 야생방사에 실패했고, 야생방사를 한다고 해도 실패했을 때 회수 계획 등이 분명치 않은 점을 들어 야생방사에 반대했다. 반면 해양수산부와 호반그룹, 제주대, 핫핑크돌핀스 등이 속한 방류협의체는 성공을 장담했다. 마침 '돌고래 덕후' 변호사를 주인공으로 내세운 드라마 〈이상한 변호사 우영우〉가 국민적 인기를 끌고 있었고, 덩달아 제돌이의 야생방사 스토리에 대한 관심도 높아졌다. 그해 8월 3일 해양수산부 장관은 직접 기자회견을 열어 비봉이를 제주 앞바다에 풀어주겠다고 밝혔다. 비봉이는 10월 16일 서귀포시 대정 앞바다의 가두리를 떠났다. 그 뒤 발견되지 않고 있다. 얼마 안 되어 죽었을 것으로 추정된다.

동물의 삶과 목숨이 달린 실존적 결정을 동물이 아닌 인간이 내리는 것 자체가 모순이다. 인간이 야생동물을 가두었을 때부터 발생하는 딜레마다. 우리가 비봉이의 뜻을 물어보고 야생방사를 결정할 수 있었다면 좋았을 것이다. 비봉이 방사에 주도적으로 참여했던 핫핑크돌핀스는 퍼시픽랜드가 문을 닫기로 한 상황에서 비봉이를 내보내지 않는다면 비봉이는 다른 수족관으로 이송돼 비참한 삶을 이어갔을 거라며 야생방사가 최선의 선택이라고 주장했다.[245] 반면, 동물자유연대 등 방사에 반대한 단

야생방사 전 눈을 맞추다
금등이가 제주 함덕 가두리에서 사람을 바라보고 있다.

마지막으로 바다로 간 남방큰돌고래
비봉이는 마지막으로 수족관에 남은 남방큰돌고래였다. 하지만 진지한 검토와 치밀한 준비 없이 방사된
비봉이는 방사 직후 죽은 것으로 추정된다.

체는 금등이와 대포의 실패 사례 등을 비춰봤을 때, 야생방사는 섣부른 결정이라고 비판했다.

우리가 동물의 운명을 결정할 때는 신중해야 한다. 과학과 철학, 그리고 경험을 통해 숙고해야 한다. 비봉이의 사례는 어땠을까?

첫째, 과학이 말해주는 바, 비봉이의 방사는 부적합했다. 돌고래 야생방사는 수족관 감금기간이 길수록 실패 확률이 높아진다. 돌고래가 어릴 적 배웠던 제주 바닷속의 지리, 해류의 방향 등을 기억해야 하고, 음파로 지형지물을 인식하고 소통하는 법을 되살려야 한다. 사회적 동물인 돌고래는 두 마리 이상을 방사하는 게 과학적 표준이다.

둘째, 철학적으로는 동물해방 같은 이데올로기만 앞섰다. 우리가 민주주의를 위해 누구 하나를 희생하라고 요구할 수 없듯이, 동물을 야생에 방사할 때도 전체의 파급 효과를 따짐과 동시에 동물 개체의 삶의 질이 어떻게 변할지도 진지하게 고려해야 한다.

셋째, 금등이와 대포의 실패 경험에서 아무것도 배우지 못했다. 안타깝게도 2017년 방사된 금등이와 대포는 폐사한 것으로 추정된다. 당시 방사 주체였던 해양수산부는 흔한 백서 하나 내놓지 않고, 다시 비슷한 조건의 비봉이를 고민 없이 방사했다.

바다쉼터의 미래

제돌이를 필두로 2013년부터 우리나라 정부와 시민단체는 남방큰돌고래 8마리를 방사했다. 5마리는 성공했고 3마리는 실패했다. 남아 있는 고래는 모두 야생방사를 할 수 없는 조건이다.

2024년 4월 기준으로 한국 돌고래수족관에서 갇혀 있는 돌고래는 큰돌고래 15마리, 흰고래 5마리 등 모두 20마리다. 서울대공원과 퍼시픽랜드는 돌고래 사육을 중단하거나 폐업해, 국내 최대의 돌고래수족관은 2014년부터 경남 거제시로부터 토지를 무상 대여해 운영하고 있는 거제씨월드다. 이 수족관은 흰고래 3마리, 큰돌고래 7마리 등 국내 개체수의 절반을 보유하고 있다.

거제씨월드에서는 2024년 4월 큰돌고래 한 마리가 태어났다. 수족관에서 태어난 돌고래는 바다로 돌려보낼 수 없다. 한 번도 야생 환경에 노출된 적도, 생존 기술을 배운 적도 없기 때문이다. 각각 일본과 러시아에서 수입한 큰돌고래, 흰고래도 외국의 원래 서식지에 방사하는 것은 현실적으로 불가능하다. 무엇보다 야생방사를 하려면 과거 살던 서식지의 무리에 합류시켜야 하는데, 이와 관련한 생태 자료가 없으면 야생방사는 어렵다.

바다로 돌려보낼 수 없는 수족관돌고래의 대안으로 떠오른 것이 '바다쉼터dolphin or whale sanctuary'다. 돌고래에 야생 바다와 최대한 가까운 환경을 제공해 편히 여생을 보내도록 해주는 것이다.

2019년 여름, 세계 최초의 바다쉼터인 아이슬란드 베스트만네야르(헤이마이) 섬에 갔을 때 흰고래 '리틀 그레이'와 '리틀 화이트'는 수족관에서 바다로 나갈 준비를 하고 있었다.[246] 러시아 오호츠크 해에서 살던 둘은 3~4살 때 잡혀 중국 상하이의 창펑수족관에서 돌고래쇼를 하다가 이곳으로 왔다.

20세기에 세계 최대 규모로 돌고래수족관을 운영하던 업체 중 하나였던 시라이프는 자사가 설립한 재단을 통해 이곳에 바다쉼터를 조성했다. 베스트만네야르 섬은 케이코가 야생 적응 훈련을 받고 야생 바다로 떠난, 유서 깊은 곳이다. 시라이프는 케이코가 쉬던 클레츠비크 만Klettsvik bay 깊숙이 축구장 4.5개 면적(3만 2,000제곱미터) 크기로 흰고래가 여생을 보낼 만한 공간을 마련해두고, 만 입구에 울타리를 쳤다. 항구에는 육상 수조와 방문자 센터를 마련해, 관광객이 둘러보고 긴급 상황 시 돌고래를 대피시키도록 했다. 기존의 돌고래수족관처럼 돌고래의 모든 것이 전시되는 구조가 아니다. 작은 크기의 '동물복지평가 관찰창'을 통해 흰고래를 볼 수 있었는데, 사진 찍는 것도 제한됐다.

리틀 그레이와 리틀 화이트는 일 년이 넘는 적응 훈련을 마치고 2020년 8월 육상 수조를 떠나 클레츠비크 만의 바다로 입수했다. 쉽지 않은 일이었다. 둘은 어린 나이에 어미에게서 떨어져 긴 세월 동안 바다를 접해본 적이 없었다. 찰랑거리는 바다의 질감, 차가운 수온, 눈비와 천둥, 모두 처음에 가까웠다.

바다쉼터로의 이송은 야생방사가 아니다. 오히려 돌고래가 가는 곳은 '자연형 수족관'에 가깝다. 돌고래는 공간의 제약을 받고 사육사에게 보살핌을 받는다. 사육사는 먹이를 주고 건강을 확인하며 문제가 있을 경우 돌고래를 육상 수조로 데려와야 한다. 이 모든 일을 돌고래의 협조하에 마쳐야 하기 때문에 육상 수족관에서와 마찬가지로 돌고래를 길들여야 한다. 육상 수족관보다 관리가 더 어렵다. 넓은 면적의 바다, 통제가 어려운 환경에서 이 모든 일을 해야 하기 때문이다. 이 때문에 바다쉼터가 과연 돌고래의 보전과 복지를 위해 비용 대비 효율적인 정책인지에 대해 의구심을 갖는 시선이 있다.

실제로 2016년 기존의 수족관 전시 대신 큰돌고래 6마리를 위한 바다 쉼터를 열겠다고 최초로 밝힌 미국 볼티모어의 내셔널아쿠아리움은 4개국 40여 곳의 후보지를 검토했으나 최종 후보지를 정하지 못하고 가이드라인 수립 작업과 현장 연구를 계속하고 있는 실정이다.[247]

돌고래 거울실험으로 유명한 로리 마리노가 참여한 웨일 생추어리 프로젝트The Whale Sanctuary Project는 캐나다 노바스코샤 주 포트 힐포드 만 Port Hilford Bay에 부지를 확정하고, 2024년 개관을 준비 중이다. 범고래와 흰고래를 대상으로 운영할 예정이다.

노르웨이 함메르페스트에 노르웨이고래쉼터Norwegian whale reserve를 추진 중인 단체 '원웨일'은 기금을 마련하고 있다. 이 시설은 러시아의 군사용 돌고래였다가 탈출해 노르웨이 남서부 해안에서 선박과 사람을 따라다니고 있는 흰고래 '발디미르Hvaldimir'의 보호 활동을 하던 시민들로부터 필요성이 제기됐다. 두 단체는 우리나라의 수족관에 있는 흰고래의 수용도 염두에 두고 있는 것으로 전해진다.[248]

우리나라는 해양수산부가 2023년 경북 영덕의 대진1리항에 돌고래 바다쉼터를 조성하기 위해 지자체와 주민과 잠정 협의를 마쳤다.[249] 대진 1리항은 경북 영덕군 영해면 대진1리에 있는 소규모 어항으로, 어선의 이용이 드문 편이다. 방파제가 어항을 둘러싸고 있어 태풍이 불어도 돌고래를 육상으로 대피시킬 일이 적다. 퍼시픽랜드에서 불법적으로 거제씨월드로 보내진 일본산 큰돌고래 '태지'와 '아랑이'가 우선 수용 대상으로 거론된다. 하지만 기획재정부가 매년 예산 배정을 꺼리고 있어 본격적인 추진 작업은 시작되지 않았다.

다정한 거인

사람이 좋아서 '펑기'
큰돌고래

일반명	큰돌고래, 병코돌고래 Common bottlenose dolphin
학명	*Tursiops truncatus* / 참돌고래과 *Delphinidae*
개체수	UNKNOWN
적색목록	최소관심(LC)

코로나19 대유행이 전 세계를 휩쓸던 2020년 10월이었다. 큰돌고래 '펑기'가 사라졌다. 주민들은 '내일이면 오겠지' 하고 바다를 뒤졌지만 나타나지 않았다.

아일랜드 남부의 시골 도시 딩글. 펑기가 작은 항구에 찾아온 건 1983년이었다. 펑기가 어떻게 왔는지에 대한 이야기는 민담과 뉴스 사이를 왔다갔다했다. 내용의 뼈대는 이랬다. 독일 수출시장이 막혀서 애써 잡아놓는 대구를 딩글 만 앞바다에 버릴 때였다. 항구 앞 펍에서 어부들이 신세한탄을 늘어놓고 있는데, 돌고래 이야기가 나왔다고 한다. "나, 어제 이상한 돌고래를 봤어." "어, 나도 봤는데." "아! 그 돌고래, 며칠째 앞바다에 있어."

최초의 목격담. 돌고래가 하늘로 번쩍 뛰어올라 대구 한 마리를 갑판 위로 던졌다고 했다. 어떤 어부는 그 돌고래가 자신을 곁눈질했다고 떠벌렸고, 다른 어부는 자신의 배를 줄곧 따라다니기만 했다며 허풍 떨지 말라고 했다.

어쨌든 이 돌고래는 딩글 앞바다를 떠나지 않았다. 한 달이 지나고, 일 년이 지나고, 심지어 30년이 지났는데도. 이게 왜 이상한 일이냐면, 큰돌고래는 무리를 이뤄 살며, 한 곳에 정주하지 않기 때문이다.

펑기 이야기를 듣자마자 매료된 나는 딩글에 도착했다.[250] 1992년부터 딩글의 어부들은 여름에 부업으로 '돌고래관광 보트'를 띄우고 있었다.

배가 나가자마자 먼바다에서 펑기가 접근했다. 배 옆에서 달리기 시합을 하기도 하고, 고무보트 옆에 붙어 게으름을 피우기도 했다. 숨은그림찾기 같은 '고래관광'이 아니었다. 펑기는 사람에 '달라붙었다'. 연유는 모르겠으나, 사람 옆에 있는 걸 즐기는 듯했다. 그의 이름이 '펑기'라고 붙은 이유도 언제나 사람을 즐겁게 마중 나오고 따라다녔기 때문이다(fun guy=Fungie).

학계에서는 펑기처럼 야생 무리에 속하지 않은 채 혼자 다니면서 사람과 곧잘 어울리는 야생 돌고래를 '사람과 친한 외톨이 돌고래solitary—sociable dolphins'

라고 이름 붙였다. 동족이 아닌 사람을 친구로 택한 돌고래다. 사람이 먹이를 줘서 유인하거나 일부러 가둔 것도 아니다. 첫 접촉 이후 인간과의 상호작용이 영향을 끼쳤겠지만, 돌고래의 '자유의지'가 특별한 삶을 선택하게 한 가장 큰 요인이다.

왜 이런 돌고래가 나타나는지는 정확히 알 수 없다. 서식지에서 위계와 먹이 경쟁의 와중에 사회 집단에서 밀려난 돌고래가 혼자 살기를 선택했을 거라는 가설이 있을 뿐이다.

저명한 고래연구자 마크 시몬즈Mark P. Simmonds와 동료들은 2019년 사람과 친한 외톨이 돌고래에 대한 분석 논문을 발표했다.[251] 2008년 이후 목격된 돌고래를 대상으로 조사·집계한 바에 따르면, 큰돌고래 25마리, 남방큰돌고래 2마리, 줄박이돌고래 2마리, 참고래 3마리, 흰고래 4마리 등 36마리의 외톨이 돌고래가 있는 것으로 나타났다.

이들은 사람과 친한 외톨이 돌고래 현상을 다섯 단계로 분류했다. ① 돌고래가 있다는 사실이 보고된다. ② 돌고래가 제한된 지역에 머물지만 사람에게 크게 흥미를 보이진 않는다. ③ 사람과

아일랜드 딩글의 펑기
아일랜드의 작은 어촌마을 딩글의 큰돌고래 '펑기'는 돌고래보다 사람을 좋아했는지 모른다.

함께 수영을 한다. ④ 돌고래가 신체적 접촉을 허용한다. 지배적이고 공격적이며 성적인 행동을 보이기 시작한다. ⑤ 동종의 사회집단으로 돌아간다.

모든 외톨이 돌고래가 다섯 단계를 밟거나 그 단계가 확연히 구분되는 건 아니다. 한 곳에서만 머물렀던 펑기와 달리 '클렛Clet'이라는 큰돌고래는 프랑스 브리타니에 있다가 영국의 콘월, 웨일스, 만 제도와 스코틀랜드로 이동했다. 인간과의 수영도 허락하지 않았다.

2006년부터 18개월 동안 영국 켄트 주의 해안가에 머물렀던 '다비나Davina'는 물속의 사람과 상호작용하는 데 대부분의 시간을 썼다. 반면, 흰고래 '베니Benny'는 2018년 9월 원래 서식지에서 멀리 떨어진 영국 템즈 강 하구에 보금자리를 만들었지만, 이듬해 5월에 떠날 때까지 인간과 어떤 사교적인 행동도 보이지 않았다. 당국이 일반인들의 접근을 엄격히 제한했기 때문이기도 하지만 말이다. 외톨이 돌고래가 사회적 접촉, 놀이 행동 등 인간과 상호작용을 추구하는 것은 분명한 것 같다. 이러한 행동이 동종의 무리가 제공하는 사회적 교류와 신체적 접촉을 대체하는 것으로 보이고, 개별 동물에게는 매우 의미 있을 수도 있다.

하지만 돌고래의 필요를 고려하지 않은 먹이 주기나 만지기, 올라타기 등은 부정적인 영향을 미칠 수 있다. 이를테면 아이를 등에 태울 정도로 적극적으로 상호작용했던 다비나는 인간이 물속에 있을 때 먹이 활동을 하지 않았다. 몰려든 사람들로 시끌벅적해진 해안가를 항해하는 선박 프로펠러에 상당수 외톨이 돌고래들이 부상을 입었다. 무분별한 상호작용은 사람에게도 해를 입힌다. 1994년 브라질 상세바스티앙São Sebastião에 찾아온 큰돌고래 '티앙Tião'은 사람들과 격하게 어울렸다. 사람들은 등에 올라타고 지느러미를 잡고 헤엄치고 심지어 아이스크림을 숨구멍에 넣는 등 괴롭혔다. 이런 과정에서 29명이 부상을 입었고, 그해 11월 티앙은 30살 남성을

큰돌고래의 높은 사회성은 인간에게도 이어지는데, 사람과 친한 외톨이 돌고래의 대다수는 큰돌고래다. 돌고래 쇼에 가장 자주 동원되는 종이기도 하다.

다정한 거인

공격해 숨지게 했다.[252]

외톨이 돌고래는 큰돌고래가 대다수를 차지한다. 이 종은 우리가 가진 전형적인 돌고래 이미지—인간과 친숙하고 영리하면 재빠른—를 대표하며, 전 세계 수족관에서 가장 많이 전시되는 종이자 돌고래쇼의 단골 주인공이다. 서식지는 남반구와 북반구 고위도를 제외한 전 세계 바다다. 비교적 짧은 부리에 푸른빛이 도는 회색 몸통, 2~4미터에 이르는 몸통을 지녔다. 인도양과 태평양 연안에 붙어 서식하는 개체군은 2000년대 들어 연구를 통해서 '남방큰돌고래Indo—Pacific Bottlenose Dolphin'라는 별개의 종으로 분리됐다.

4부

권리의 주체, 그리고
기후변화의 해결사

고래의 미래

물 빠진 돌고래쇼장은 로마의 콜로세움 같았다. 바람이 불자 수조의 시멘트 바닥에서 흙먼지가 일었다. 사람 없는 관중석은 공허로 사건을 증명했다.

2020년 가을이었다. 서울대공원은 남방큰돌고래 제돌이 야생방사에 함께한 사람들을 불러 돌고래가 사라진 공연장을 보여주었다. '돌핀프리'를 선언한 서울대공원은 돌고래쇼장을 개조해 '돌고래 이야기관'을 만들었다. 이 건물은 '돌고래 없음'을 여기저기서 선언하고 있었다. 한국 남방큰돌고래 야생방사와 돌고래 권리 선언의 기념물.

텅 빈 공연장은 돌고래의 권리를 존중한다는 증거였다. 야생에서 태어난 돌고래를 고향으로 돌려보냄으로써, 우리는 돌고래에게 빼앗은 신체의 자유 그리고 거주권과 행복추구권 같은 것을 돌려주었다.

4부에서는 기후위기 시대에 새롭게 주목받는 고래의 역할, 그리고 서구 문화권과 한국에서 인간과 고래의 관계가 각각 어떻게 변했는지를 살펴본다.

고래는 똥과 죽음으로 탄소를 격리하고 저장한다. 아쉽게도 지구 탄소순환 시스템에서 고래가 핵심적인 톱니바퀴 역할을 한다는 것이 밝혀진 것은 최근 들어서다. 기상이변을 일상적으로 마주하고서야 우리는 기후위기가 두 차례 세계대전 이후 공장식 포경선을 내세워 고래를 대량 학살한 후과라는 걸 깨달았다. 만약 우리가 고래를 멸종에 이를 정도로 학살하지 않으면 어땠을까? 아직 연구 결과의 불확실성이 크지만, 치솟는 온실가스 농도의 기울기가 조금이나마 완만했을 것이다. 13장에서 이를 다뤘다.

14장에서는 인간-고래 관계를 통시적으로 다뤘다. 고래는 미지의 존재이자, 바다의 괴수였다. 어떤 때에는 협력하고 경쟁하는 생태계의 동료였다. 그런 고래가 상업포경에 기술적 혁신이 더해지면서 '경제적 자원'으로 격하되어 대량 살육되고 감금됐다. 반대편의 목소리가 커진 것은 최근 반세기 들어서다. 환경운동가와 과학자, 그리고 미디어 제작자들의 공이 크다. 과학자가 고래의 행동·생태 연구 결과를 발표하면, 미디어는 이를 고도의 정신 작용과 다양한 감정 그리고 개성과 문화로 번역했고, 환경운동가는 '고래도 생명'이라고 외치며 정부와 산업계와 싸웠다. 경제적 자원이던 고래가 '다정한 거인'으로 재인식되고 최근 들어 '권리의 주체'로 호명된 것은 이러한 문화적 동력 덕택이다.

케이코, 틸리쿰 그리고 제돌이와 관련되어 이뤄진 돌고래 해방운동은 본질적으로 동물의 권리를 존중하는 뜻을 담고 있었다. 동물에게 권리가 있다는 것은 무슨 말일까? 다양한 이론이 있지만, 동물의 권리는 동물이 자신의 유전자적, 사회적 본능을 발휘할 수 있는 환경을 만끽하는 것이다. 동물권 운동은 그런 환경을 만드는 데 목표를 두는 것이라고 나는 생각한다.

13장

기후변화와 싸우는 고래

1987년 10월, 심해 잠수정 앨빈 호DSRV Alvin가 미국 캘리포니아 주 연안의 바다 밑, 산타 카탈리나 분지Santa Catalina Basin를 항해하고 있었다. 깊이 1240미터의 암흑을 뚫고 잠수함은 고독하게 전진했다.

"음, 저게 뭐지?"

마치 무대를 비친 노란 조명에 선 주인공처럼, 앨빈 호 앞에 하얀 물체가 반짝거리며 나타났다. 길이 20미터의 고래 골격이었다. 고래 낙하whale falls의 현장이 처음 발견된 순간이었다. 앨빈 호는 6차례의 탐사를 통해 고래 골격에 추가로 접근했고, 온전한 형태 그대로를 간직한 골격의 시료를 채취할 수 있었다. 대왕고래blue whale, 혹은 참고래fin whale로 추정되는 이 사체는 다양한 심해생물과 미생물, 박테리아의 미소서식지microhabitat가 되어 있었다. 이 사실을 1989년 학술전문지《네이처》에 보고한 크레이그 스미스Craig Smith 하와이대학교 교수는 나중에 이렇게 말했다.

"최소한 38종의 어류, 갑각류, 연체동물이 심해에서 고래의 연조직으로 광란의 잔치를 벌인다. 이렇게 풍요로운 동물 군집이 형성돼 있으리라고는 상상하지 못했다."[253]

죽음이 잉태한 생태계

이 고래는 어떻게 죽었을까? 거센 파도에 맞서 살기에 너무 지쳤을 즈음 홀연히 생명줄을 놓았을까? 아니면 해적 떼 같은 범고래의 습격을 받았던 걸까?

제아무리 무거운 고래라도 죽으면 떠오른다. 물위에 떠오른 고래 사체를 먼저 찾아오는 이들은 각종 바닷새와 물고기 그리고 상어다. 이 동물들은 냄새를 맡고 찾아와 사체를 쪼고 씹고 뜯어먹는다. 고래는 수십 일이 지나서야 가라앉는다. 그리고 이름 모를 혹성이 우주를 여행하듯 고래 사체는 심해를 향해 느린 여행을 한다.

바다는 깊이에 따라 혼합층, 수온약층, 심해층 등으로 구분된다. 바다의 덮개인 혼합층은 바람에 의해 해수가 혼합되고, 태양에 의해 각종 플랑크톤이 번성하는 곳이다. 심해층은 태양 에너지가 도달하지 못하는 곳으로, 사계절 내내 수온 변화가 없다. 혼합층과 심해층 사이를 수온약층이 완충하는데, 혼합층에서 일정하던 수온은 수온약층을 거치며 급격히 떨어진다.

고래 몸뚱이가 하늘거리며 낙하한다. 혼합층을 지나며 햇빛은 사라지고, 심해층에 진입해 수백 수천 미터 암흑의 밑바닥에 착륙한다. 거기에도 고래를 기다리는 생명들이 있다. 눈먼 먹장어와 이름 모를 벌레들이 죽은 고래 몸뚱이를 찾아온다.

심해에 착륙한 고래 사체에는 대개 혐기성 생물(산소를 거의 필요로 하지 않는 생물)이 모여들어 자리잡는데, 이들을 '고래 낙하 전문종whale fall specialists'이라고 부른다. 고래 사체에 특화된 종이 최소 100종 이상이다. 그 중

고래 낙하
미국 몬터레이 만 국립해양보호구역의 데이비슨 해저산의 고래 낙하 현장이다. 심해의 문어들이 먹이를 찾기 위해서 고래 사체를 살피고 있다.

에는 2002년 발견된 '오세닥스Osedax'처럼 신비로운 생물도 있는데, 고래 뼈를 녹여 먹고사는 좀비 벌레다.[254]

고래 사체는 암흑의 바다에서 생명을 품은 우주가 된다. 지구에서 가장 큰 생명체인 대왕고래의 우주는 10년 이상 지나서야 마침내 뼈만 남게 된다. 신비롭지 않은가?

2022년 중국 연구팀이 내놓은 결과에 따르면, 전 세계 45곳에서 자연적인 고래 낙하 현장이 발견됐다.[255] 과학자들은 고래 낙하 현장의 사진을 찍고 물질을 수거하거나, 일부러 고래의 사체를 가라앉히는 실험도 한다. 그 우주가 사라지고 있다. 고래가 줄어들었기 때문이다. 심해생물학자 크레이그 스미스는 18~19세기 참혹한 포경으로, 대형 고래의 개체수 급

감과 함께 상당수 고래 낙하 전문종도 멸종에 이르렀을 것이라고 추정한
다.[256]

똥 싸지 못해 벌어지는 일

바다 밑으로 눈이 내린다. 한때 해수면에서 열심히 광합성한 식물 플
랑크톤, 작은 크릴 같은 동물 플랑크톤 그리고 물고기의 분해된 똥이 나
풀거리며 해저로 떨어진다. 마치 눈이 내리는 것 같아서 '바다 눈marine
snow'이라고 한다. 단번에 과학자들을 사로잡은 이 장면을 연출한 숨은 감
독은 고래다.

지구는 거대한 변화를 맞고 있다. 산업혁명 이후 인간이 남용한 화석
연료로 지구의 하늘은 달궈진 공기가 머무는 온실이 되어버렸다. UN 산
하 기후변화에 관한 정부 간 협의체IPCC는 지구 평균기온이 산업화 이전
수준 대비 약 1.1도 상승했다고 한다.[257]

지구의 대기, 바다, 땅 그리고 다양한 생물종이 맺는 역학 관계가 교
란되면서, 정교하게 맞물려 돌아가는 지구의 물리화학적 시스템을 망가
뜨리고 있다. 리벳 하나가 비행기를 추락시킨다. 점점 더 많은 볼트와 너
트, 리벳이 녹슬어 빠져나가고 있다. 재앙을 부르는 작은 것, 사건의 중심
에 고래가 있다. 고래는 크다. 지구 최대의 몸집을 자랑하는 동물인 대왕
고래는 몸길이가 20미터가 넘고, 몸무게는 150톤을 웃돈다. 똥도 크다. 고
래 똥에는 철과 인, 질소 등 영양분이 풍부하다. 그래서 고래가 똥 싼 곳
엔 식물 플랑크톤이 번성한다.

식물 플랑크톤은 광합성을 통해 대기 중 이산화탄소를 흡수한다. 이렇게 저장한 탄소를 가진 식물 플랑크톤은 동물 플랑크톤에게 먹히거나 아니면 다른 미세 영양분과 함께 아주 천천히 바다로 가라앉는다. 그걸 과학자들이 '바다 눈'이라고 부른 것이다.

바다 눈은 해저에 쌓인다. 식물 플랑크톤을 통해 흡수된 탄소는 여기에 저장되거나 격리된다. 대기 중으로 노출되면 온실효과를 높이는 원인이 되지만, 바다 깊은 곳에 가라앉아 있으니 온난화에 영향 미칠 일이 없다.

고래는 바닷속에서 위아래를 왔다갔다하면서 이런 작용을 강화한다. 광합성이 되지 않는 깊은 바다(혼합층 이하)에서 먹이를 먹었을 때도, 똥을 싸기 위해서는 꼭 해수면 근처로 올라와야 한다. 왜냐고? 깊은 곳에선

천연 탄소 포집 장치
고래의 똥은 식물 플랑크톤을 늘려 대기 중 이산화탄소를 흡수해 바다 밑에 저장한다. 스리랑카 주변 바다에서 똥을 싸는 브라이드고래(왼쪽 사진)와 대왕고래의 배설물(오른쪽 사진).

수압 때문에 똥을 못 싸기 때문이다. 즉, 고래의 수직 운동은 해수면에서 식물 플랑크톤의 생성량을 배가하고, 결과적으로 탄소를 바다로 가라앉힘으로써 탄소 격리량을 늘린다. 이걸 '고래 펌프whale pump'라고 한다.

동시에 귀신고래나 혹등고래 같은 회유성 대형 고래는 여름에는 차가운 아북극 바다에서 먹이를 풍족히 먹고, 겨울에는 따뜻한 아열대 바다로 가서 새끼를 기른다. 고래의 계절성 회유를 통해 바다의 영양분이 교환된다. 여름에 아북극 바다에서 든든히 먹은 고래는 겨울에 저위도로 내려와 피부 각질과 똥 등을 풀어놓는다. 이 때문에 아열대 바다에서 물고기, 청소동물, 플랑크톤이 번성하고, 탄소 흡수와 격리로 이어진다. 이러한 고래에 의한 영양분의 수평 이동을 '고래 컨베이어벨트whale conveyor belt'라고 부른다.

기후위기의 원인 중 하나가 인류가 저지른 무지막지한 포경 때문이

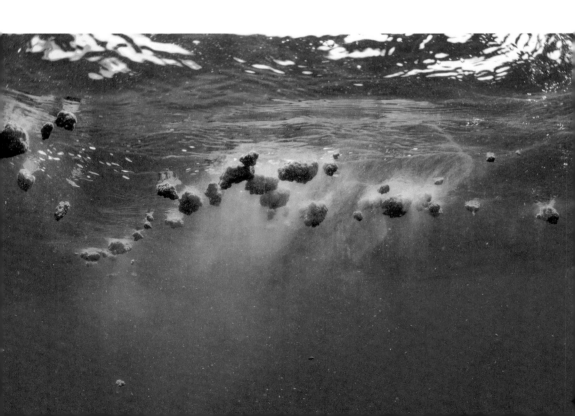

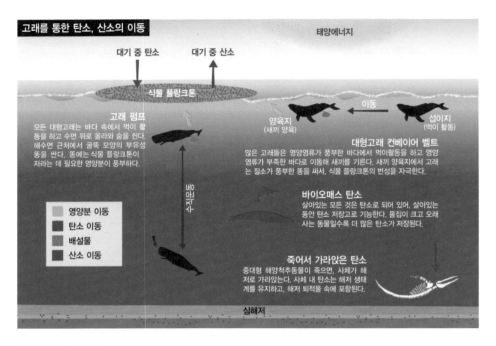

태양에너지

대기 중 탄소   대기 중 산소

식물 플랑크톤

이동

고래 펌프
모든 대형고래는 바다 속에서 먹이 활동을 하고 수면 위로 올라와 숨을 쉰다. 해수면 근처에서 굴뚝 모양의 부유성 똥을 싼다. 똥에는 식물 플랑크톤이 자라는 데 필요한 영양분이 풍부하다.

양육지
(새끼 양육)

섭이지
(먹이 활동)

대형고래 컨베이어 벨트
많은 고래들은 영양염류가 풍부한 바다에서 먹이활동을 하고 영양염류가 부족한 바다로 이동해 새끼를 기른다. 새끼 양육지에서 고래는 질소가 풍부한 똥을 싸서, 식물 플랑크톤의 번성을 자극한다.

연안해수

영양분 이동
탄소 이동
배설물
산소 이동

바이오매스 탄소
살아있는 모든 것은 탄소로 되어 있어, 살아있는 동안 탄소 저장고로 기능한다. 몸집이 크고 오래 사는 동물일수록 더 많은 탄소가 저장된다.

죽어서 가라앉은 탄소
중대형 해양척추동물이 죽으면, 사체가 해저로 가라앉는다. 사체 내 탄소는 해저 생태계를 유지하고, 해저 퇴적물 속에 포함된다.

심해저

고래를 통한 탄소 저장

라는 사실이 점차 드러나고 있다. 20세기에만 대형 고래 290만 마리가 죽은 것으로 추산된다.[258] 북대서양에서 27만 6,442마리, 북태평양에서 56만 3,696마리, 남반구에서 205만 3,956마리가 포경산업에 의해 희생됐다. 북아메리카에서 버펄로를 황폐화하고 나그네비둘기를 전멸시킨 멸종의 역사가 있지만, 바이오매스의 소실량으로 따져봤을 때 20세기 세계 모든 바다에서 벌어진 포경은 지구 역사상 전례 없는 규모로 최단 기간에 동물이 사라진 대량 살상 사건이었다.[259]

미국 스탠퍼드대학교의 매튜 사보카 연구원 등은 2021년 과학전문지《네이처》에서 고래의 개체수 감소로 인해 늘어난 탄소 배출량을 분석했다. 남극해 서식 대형 고래 4종(대왕고래·참고래·혹등고래·밍크고래)을 대상으로 '고래 펌프'에 의한 탄소 감축 기여량을 추정했더니, 한해 2,200만 톤의 탄소가 해저에 고정된다는 계산이 나왔다. 대형 고래 4종은 포경 시대 이

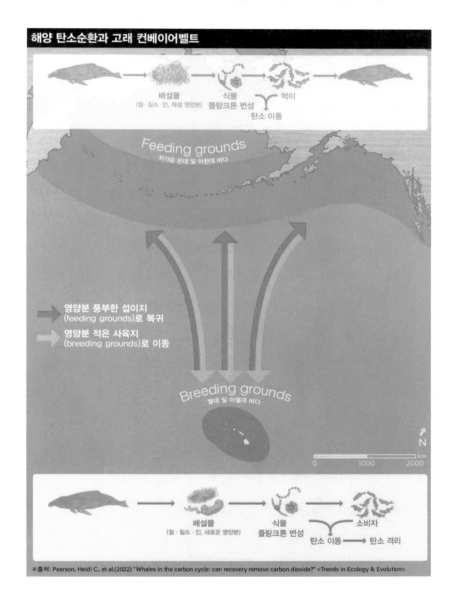

해양 탄소순환과 고래 컨베이어벨트

배설물
(철·질소·인, 재생 영양분)

식물
플랑크톤 번성

먹이

탄소 이동

Feeding grounds
차가운 온대 및 아한대 바다

영양분 풍부한 섭이지
(feeding grounds)로 복귀

영양분 적은 사육지
(breeding grounds)로 이동

Breeding grounds
열대 및 아열대 바다

N

km
0   1000   2000

배설물
(철·질소·인, 새로운 영양분)

식물
플랑크톤 번성

소비자

탄소 이동 → 탄소 격리

※출처: Pearson, Heidi C., et al.(2022) "Whales in the carbon cycle: can recovery remove carbon dioxide?" <Trends in Ecology & Evolution>

후 개체수가 10분의 1로 줄었다. 이는 곧 인간이 대형 고래 4종을 사냥하지 않아 기존의 개체수가 유지됐다면, 매년 2억 2,000만 톤가량의 탄소를 상쇄할 수 있었다는 얘기다.[260] 만약 우리가 노력하여 남극해 고래 4종의 개체수를 포경시대 이전으로 복원하면, 온실가스 7억 2,468만 톤(이산화탄소 환산량)을 추가적으로 감축할 수 있다는 뜻이다. 이는 화력발전소 290기가 일 년 동안 배출하는 온실가스에 해당하는 양으로, 남극의 고래를 보호하는 것만으로도 한국의 연간 배출량(6억 7,660만 톤)보다도 많은 온실가스를 줄일 수 있다는 뜻이다.

　미국 메인대학교의 앤드루 퍼싱 교수 연구팀은 2010년 고래 낙하의 탄소 저장 효과를 추정했다. 대왕고래, 혹등고래 등 9종의 덩치 큰 수염고래가 심해저로 이동시킨 탄소량은 포경시대 이전보다 훨씬 줄어들어 있었다. 개체수가 현저히 줄어들었기 때문이다. 반대로 우리가 고래를 보호해 고래가 과거처럼 많아진다면, 그만큼 탄소 흡수량을 늘릴 수 있다는 얘기다. 2022년 알래스카주립대학교 사우스이스트의 하이디 피어슨Heidi C. Pearson 교수가 최신의 개체수 자료를 가지고 재산정한 결과, 고래 개체수가 회복되면 고래 낙하를 통해 연간 약 29만 5,000 톤의 탄소를 추가로 해저에 격리할 수 있다고 봤다.[261] 850킬로와트의 풍력 터빈 612기를 운영하는 것과 비슷한 효과다.

　고래의 탄소 감축 기여량을 정량화하는 건 쉽지 않다. 피어슨은 통계적 불확실성이 크다고 지적하면서도, 추정치가 실제 양보다 적으면 적었지 많지는 않을 거라고 말한다.

이중의 피해자

고래는 지구의 안정적인 탄소순환의 핵심적인 톱니바퀴 구실을 해왔다. 그러나 대형 고래의 개체수는 급격하게 줄었고, 복잡한 기계에서 부품 하나가 떨어져 나간 것처럼 지구의 물리화학적 시스템은 교란됐다.

근대 이후 몰아친 포경 열풍은 대형 고래를 멸종의 나락으로 밀어넣었다. 그리고 그 결과 중 하나인 기후변화가 다시 살아남은 고래들을 위협하고 있다. 기후위기의 시대, 고래는 '이중의 피해자'가 되어간다. 기후변화를 직접적으로 대면하고 있는 생명체 중 하나가 북극을 오가는 고래들이다. 북극의 바다얼음은 정지된 평면이 아니라 유기체처럼 살아 움직인다. 얼음 덩어리는 여름에 북극점 쪽으로 물러났다가 겨울에는 대륙 쪽으로 확장한다. 바람과 기온, 그리고 햇빛에 따라 하루에도 몇 번씩 움직임을 바꾼다. 기후변화로 인해 북극의 바다얼음 면적이 50퍼센트 가까이 줄어들었고 연중 녹지 않는 면적도 75퍼센트 줄었다.

바다얼음은 북극을 오가는 고래에게 상당한 도전이다. 고래는 폐로 숨을 쉬기 때문에 바다얼음이 녹은 개빙 구역에서 멀리 떨어지면 안 된다. 고래 가운데 기후변화에 가장 직접적으로 노출된 종은 북극고래다. 온대 지방과 북극을 오가는 귀신고래나 혹등고래 등 다른 대형 고래와 달리 북극고래는 상당 기간을 북극해 안쪽 연안을 따라 이동하기 때문이다. 그런데 기후변화는 기존의 북극 바다얼음의 '얼고 녹는' 패턴을 무너뜨리고 있어서 기존의 패턴에 익숙해 있는 북극고래를 혼란에 빠뜨리고 있다.

북극고래 BCB 계군는 일반적으로 알래스카와 캐나다의 북쪽 보퍼트 해Beaufort Sea에서 여름을 난 뒤, 추크치 해와 베링 해협을 통과해 따뜻한 베링 해 북서부에서 겨울을 난다. 그런데 북극고래의 겨울 남하 시기가 점점 늦춰지고, 심지어 2012~13년 일부 북극고래 무리가 베링 해협 남쪽으로 아예 내려가지 않은 것으로 관찰됐다. 이를 연구한 과학자들은 북극고래의 월동지가 바뀔 수도 있다고 경고했다.[262] 언뜻 보면 회유 시기만 바꾸면 되는 간단한 문제처럼 보이지만, 이동이 평생의 과업인 북극고래 입장에선 천지개벽의 문제다.

　북극이 따뜻해짐에 따라 바다의 최상위 포식자 범고래가 서식지를 북쪽으로 넓혔다. 상대적으로 안전지대였던 북극해에서 북극고래가 범고래에게 공격당하는 일이 잦아지고 있다. 2019년 8월에만 내장이 흘러나오고 혀가 없어지는 등 범고래의 공격을 받은 것으로 보이는 북극고래 사체가 5개나 발견됐다. 북극 환경의 급격한 변화로 서식지의 정형이 무너지면서 앞으로 이런 혼란은 더욱 심해질 것이다.

　귀신고래도 회유 패턴을 바꾸고 있다. 동부 태평양 계군Northeast Pacific Gray whales은 북극의 베링 해에서 여름을 나며 영양분을 섭취한 뒤, 겨울에 따뜻한 멕시코의 바하칼리포르니아로 이동해 새끼를 낳고 번식한다. 최근 들어 귀신고래의 남하 시점이 약 일주일 늦춰진 것으로 나타났다.[263] 이에 따라 새끼들도 바하칼리포르니아 북쪽에서 관찰되는 횟수가 잦아지고 있다.

　이 계군은 2019년 미국 연안에서 122마리가 죽거나 좌초된 채 발견됐다.[264] 평년에 견줘 3~4배 이르는 수치다. 이 기이한 현상의 원인은 아직 정확히 밝혀지지 않았으나, 귀신고래 무리를 드론으로 촬영해 분석하거나 사체를 부검하는 등 여러 가지 연구를 진행해본 결과, 북극에서 남하하는 귀신고래 무리 중 상당수가 영양이 부족해 말라 있는 것으로 나타났다. 2018년 베링 해의 수온은 평년에 견줘 이례적으로 높았는데, 바다얼음의 해빙解氷으로 얼음에 밑에 붙어 사는 미세조류가 사라졌다. 이는 미세조류를 먹고 사는 옆새우류(단각류)의 감소로 이어졌다. 귀신고래는 북극에서 여름을 나면서 주로 옆새우류를 먹으며 체지방을 축적한다. 이렇게 비축한 에너지를 아열대 바다로의 장거리 여행에 소모하는데, 충분한 영양을 섭취하지 못하자 이 여행이 '죽음의 길'로 바뀌어버린 것이다.[265 266]

해상 유전·가스전 개발도 고래의 터전을 위협한다. 1990년대부터 러시아 국영기업 가즈프롬과 영국과 네덜란드의 합작기업 셸, 일본의 미쓰비시 상사 등 다국적 에너지 기업들이 사할린 북동부 연안에서 석유와 천연가스를 시추하는 '사할린 프로젝트'를 진행하고 있다. 특히 이 지역은 250마리밖에 남지 않은 귀신고래 서부개체군이 동부개체군과 함께 이용하는 색이장이라서 세계 환경단체로부터 감시를 받아왔다.

모니터링 팀이 2022년 발표한 논문에 따르면, 유전·가스전 후보지 탐사를 위한 탄성파 조사 과정에서 발생한 막대한 수중 소음으로 귀신고래의 수면 위 호흡 활동, 수면 시간, 먹이 활동에 영향을 준 것으로 드러났다. 모니터링 팀은 소음 기준을 낮게 설정해야 한다고 제안했다.[267]

화석연료 발전의 대안인 해상풍력 발전소를 짓는 과정에서도 고래는 위협을 받는다. 돌고래는 음파에 민감하기 때문에 발전소 건설 과정의 소음과 터빈의 회전 소음에 스트레스를 받는다. 한국의 제주 서귀포시 대정 앞바다에 해상풍력 발전기 8기를 설치하는 대정해상풍력발전 사업은 남방큰돌고래 서식지 훼손 논란을 일으켰다. 이 지역은 국내에서 유일하게 제주도 연안에만 사는 남방큰돌고래의 핵심 서식지다. 다행히도 이 사업은 2020년 4월 어업 피해를 우려한 주민 반대로 제주도의회에서 최종 부결됐다.[268] 하지만 '2030년 탄소 없는 섬'을 목표로 한 제주도는 앞으로도 해상풍력발전소를 대거 지어야 하기 때문에 남방큰돌고래는 계속되는 위험에 처해 있다.

동해 밍크고래와 자연기반해법

기후위기에 대응하기 위해서는 고래를 보전해야 한다. 풍력과 태양열 발전소를 짓고, 내연기관차를 전기차로 바꾸는 것과 마찬가지로 고래 개체수를 포경 시대 이전으로 회복하면 적지 않은 대기 중 온실가스를 줄일 수 있다. 강력한 보전 대책이 필요하다. 그물에 걸리는 혼획을 줄이고, 핵심 서식지에서 선박 속도를 제한하고, 다수의 해양보호구역을 지정해야 한다. 피어슨은 말한다.

"인공적으로 포집한 탄소를 해저에 주입해 저장하는 것 같은 기후공학적 해결책보다 고래 복원이 훨씬 위험도가 적고 지속성과 효율성은 높은 사업이다."[269]

최근 들어 기후위기에 대처하는 방법으로 에너지 전환 말고도 자연기반해법NBS, Nature—based Solutions이 떠오르고 있다. 풍력·태양열 발전소를 짓는 에너지 전환은 대규모 부지를 필요로 해 어쩔 수 없이 토지와 주거지를 둘러싼 주민 갈등과 자연 훼손을 수반할 수밖에 없다. 반면 자연기반해법은 자연 생태계를 보전, 복원 혹은 지속가능하게 관리함으로써 기후위기, 수자원 안보, 식량 안보 등 사회적 문제를 해결하면서 동시에 자연과 인간에게 이득을 주는 전략이다.[270] 기후위기를 완화하기 위한 자연기반해법의 예를 들자면, 고래를 보전하거나 숲을 조성해 탄소 저장을 활성화하는 방안이 있을 수 있다. 또한 사막에 호수를 파고 조류를 인공적으로 증식해 탄소를 흡수하는 인위적 방법 같은 것들도 포함된다.

우리나라에서는 2025년부터 석탄발전소 등에서 나오는 탄소를 포집해 동해의 폐천연가스전에 연간 12만 톤을 주입·저장하겠다는 야심 찬 프로젝트를 추진 중이다.[271] 대표적인 기후공학적 해결책인 탄소포집저장 CCS, Carbon Capture and Storage 기술이다. 하지만 같은 장소에서 이뤄지는 밍크고래 불법 포경과 혼획은 줄어들지 않고 있다. 사업비 3조 원을 들여 포집한 탄소를 동해 해저에 저장하는 방법과 법 제도를 보완하고 인력을 확충해 밍크고래의 불법 포획을 적극적으로 단속하는 방법이 있다. 기후변화를 막기 위해 먼저 해야 하는 것은 무엇일까?

해상 유전 앞에 선 50마리
라이스고래

일반명	라이스고래, 멕시코만브라이드고래 Rice's whale, Gulf of Mexico Bryde's whale
학명	*Balaenoptera ricei* / 수염고래과 *Balaenopteridae*
개체수	100마리 이하
적색목록	위급(CR)

멕시코 만 북동부 해역에 사는 라이스고래는 가장 최근에 발견된 신종 수염고래다. 2021년 독립 종으로 판정받을 때부터 멸종위기종이었다. 2016년 분석에서 전체 개체수가 100마리를 넘지 못하며, 성체는 50마리 이하일 것으로 추정됐다.[272] 멸종이 임박했다.

라이스고래는 멕시코 만에 사는 유일한 수염고래다. 서식지는 멕시코 만 북부의 깊이 100~400미터의 대륙붕 경계면이다. 과거부터 이 지역에 드물게 수염고래가 관측된다는 얘기가 있었다. 18~19세기 이 지역에서 참고래finback를 관찰했다는 기록이 수십 차례 있는데, 바로 라이스고래를 두고 하는 말이었던 것 같다. 1965년 고래학자 데일 라이스가 기록했으나, 브라이드고래의 아종으로 생각했다. 브라이드고래는 육안으로 구별하기 힘든 데다 종 분류가 모호해 한꺼번에 '브라이드고래 복합군'라고 부르기도 한다.

라이스고래는 브라이드고래와 마찬가지로 숨구멍 앞에 세 개의 융기선이 있어서, 다른 수염고래와 구분된다. 코뼈의 넓은 간격과 발성 패턴에서 브라이드고래와 차이를 보이는데, 외양만 봐선 구분하기 힘들다. 몸길이 12미터, 무게는 27톤 나간다.

라이스고래가 별개의 종으로 확정된 것은 2019년 미국 플로리다 주 에버글레이드국립공원에 사체가 떠밀려오면서부터다. 과학자들은 뭔가 브라이드고래와 다른 이 고래에 대한 유전자 분석을 벌였고, 2021년 스미소니언국립박물관에서 새로운 종으로 동정했다.

이 고래는 플라스틱을 먹고 죽은 것으로 밝혀졌다. 연구팀은 6센티미터의 날카로운 플라스틱 조각이 위장에 박힌 것을 발견했고, 이 조각이 내출혈과 괴사를 일으킨 것으로 추정했다.[273] 표본번호 USNM 594665. 플라스틱 섭취가 급성 사인으로 공식 확인된 최초의 고래다.

라이스고래는 화석연료에 의해 멸종의 벼랑에 내몰렸다. 개체수가 줄어든 것은 2010년 4월 발생한 석유시추선 딥워터 호라이즌 호의 폭발 사건의 여파가 컸다. 이때 바다로 쏟아진 8억 리터의 원유가 엄청난 규모의 환경재앙을 일으켰고, 이때 라이스고래 개체수의 22퍼센트가 희생됐다. 복원을 위해서는 최소 69년이 걸릴 것으로 나타났다.[274]

기후변화 대응이 시급한 실정이지만, 여전히 멕시코 만에서는 해상 석유 및 천연가스 개발이 한창이다. 2022년 10월 해양과학자 100여 명은 이 지역에 대한 에너지 개발에 반대하는 공개서한을 바이든 행정부에 보냈다.[275] 이들은 "라이스고래 서식지에 석유 및 천연가스 개발과 잦은 해상 운송으로 충돌 위험은 더 증가할 것"이라며 "고래 개체수가 너무 적기 때문에 한 마리라도 사라지면 종의 생존이 위협받는다"고 밝혔다.

바이든 행정부는 라이스고래 서식지를 시추권 경매 범위에서 제외하려 했지만, 석유 기업들이 행정부를 상대로 한 소송에서 패소해 무위로 돌아갔다. 2023년 12월 라이스고래 서식지에 대한 경매가 부쳐졌고, 라이스고래는 멸종의 벼랑으로 한 발짝 더 밀려났다.

14장

비인간인격체 고래의 권리

1960~70년대는 특이한 시대였다. 베트남전으로 인해 반전 여론이 대학가를 휩쓸었고 대마초가 유행하고 히피가 들끓었다. 비틀스의 음악이 전 세계로 퍼질 무렵, 프랑스 대학생들은 1968년 권위주의에 도전했고 미국의 촌구석 우드스톡에서는 이듬해부터 록 페스티벌이 열렸다. 아폴로 11호가 1969년 달에 착륙했고, 과학자들은 1960년부터 외계 지적생명체를 탐사하는 세티SETI 프로젝트에 몰두했다. 타자와의 연대, 사랑과 혁명, 평화주의가 곳곳에서 꽃을 피웠다.

　이 시대 사람들은 외계인과 맞서 싸우는 이미지보다는 평등하게 악수하는 모습을 꿈꿨다. 미국의 저명한 우주과학자 프랭크 드레이크가 주도하고 미국 항공우주국NASA이 후원한 세티 프로젝트도 외계인과 평화로운 조우를 그렸다. 머나먼 우주에 지적 생명체가 산다면 우리의 언어를 듣고 이해하려 노력하리라. 그러나 문제가 있었다. 외계인과 만나는 순간, 꿀 먹은 벙어리가 될 순 없지 않은가. 예행연습이 필요했다.

　프랭크 드레이크가 신경생리학자 존 릴리를 찾아간 이유도 그 때문이었다. 1950년대부터 돌고래 두뇌를 연구한 릴리는 돌고래를 지구에 사는 또 다른 지적생명체라고 생각해왔다. 그는 인간 못지않게 큰 두뇌와 대뇌피질이 발달한 점에 주목해, 이들에게 돌고래어語가 있으며 인간과 의사소통도 할 수 있을 거라고 주장했다.

존 릴리는 인류학자 그레고리 베이트슨과 함께 나사의 후원을 받아 1963년 카리브 해의 미국령 버진아일랜드의 세인트토머스 섬 해안가에 있는 하얀 이층집을 '돌핀 하우스'라는 실험 시설로 만들었다. 목적은 돌고래와의 의사소통, 그리고 돌고래에게 '인간 언어'를 가르치는 것이었다. 돌고래는 외계 지적생명체의 지구판 모델이었다. 돌고래와 소통할 수 있다면 외계인과도 소통할 수 있다고 생각했다.

존 릴리의 이상한 언어 실험

릴리는 돌고래와 사람이 소통하는 '종간 언어interspecies language'를 개발할 수 있다고 믿었다. 큰돌고래 세 마리에게 영어를 가르쳤다. 특히 '피터'라는 이름의 수컷에 집중했다. 이를 위해 이층에 얕은 수심의 풀장에 책상, 전화기, 의자를 들여놓고 사람과 피터의 공동생활 공간으로 개조했다. 침대를 아예 풀장에 들여놓고 고래와 함께 잤다. 유인원을 인간 가정에 입양해 인간 문화 속에서 수화를 가르쳤던 인류학자들의 실험과 비슷한 방식이었다.

"헬로."

"헤―에로―우룩."

(삼각형이 그려진 종이를 보여주며) "트라이앵글."

"트리라―에꾸륵."

돌고래 피터는 곧잘 따라했다. 정확한 발음은 아니었지만 억양과 리듬이 맞았다. 하지만 실력이 늘진 않았고, 연구는 답보 상태에 빠졌다. 당시 릴리는 향정신성약물 LSD가 두뇌에 미치는 영향에 관한 연구에도 사로잡혀 있었다. LSD가 정신질환자들에게 효과가 있다고 생각한 그는 돌고래에게도 LSD를 주입했다.

이 사건을 계기로 베이트슨이 떠나고 나사의 지원이 끊기면서 1966년 돌고래 언어 실험은 완전 종료됐다. 허무한 결말이었지만, 릴리는 나중에도 "돌고래도 인간과 소통하려 한다는 사실이 발견됐다. 소리의 장단을 이용해 인간 말소리를 닮은 음성을 창조하는 데까지 나아갔다"고 주장했다.[276] [277]

과학의 역사에서 가장 이상한 실험이 실행될 수 있었던 이유는 당시가 히피와 마약, 평화주의와 우주개발의 1960년대였기 때문이었다. 고래와 돌고래는 인간이 소통하고 싶어하는 신비로운 생명체였다.

고래에 대한 인간의 생각은 역사적으로 변해왔다. 아주 오랫동안 고래는 '미지의 존재'이자 '바다의 괴수'로 여겨졌다. 바스크족이 고래를 잡기 시작한 11세기 이후에도 한참 동안 '사냥감으로서 고래'는 지역적인 생각일 뿐이었다. 17세기 들어 고래사냥은 각국으로 퍼져 일반적인 산업이 되어갔고, 가정과 공장에서 불을 밝히는 조명 원료라는 기능적 정의가 고래를 보는 관점의 대세가 되었다.

고래에 관한 인식이 다시 바뀐 건 1960~70년대였다. 혹등고래의 노래는 야수의 소음이 아니라 복잡한 구조를 갖춘 음악이라는 것을 사람들은 직접 들으면서 깨달았다. 소비자본주의 문화는 고래의 신비로움, 다정함, 장엄함을 확산하는 데 일조했다. 자연을 다룬 다큐멘터리와 1960년대 시작된 텔레비전 시리즈 〈플리퍼〉는 고래에 대한 사람들의 생각을 바꾸는 데 일조했다. 고래는 '다정한 거인gentle giants'이 되어갔다.

반면, 다정한 거인은 바다에서 공장식 포경선에 쫓기고, 폭약 작살을 맞고, 피흘리며 쓰러지고 있었다. 1975년 창설한 국제 환경단체 그린피스는 러시아 포경선을 쫓아다니며 고래잡이를 저지하는 직접행동을 벌였다. 자동차 범퍼와 티셔츠, 상점에는 '고래를 지켜라Save the Whales' 스티커가 붙기 시작했다. 이 운동은 환경운동사에서 가장 자발적이고 대중적인 운동이었다. 고래의 문화적 지위가 바뀜과 동시에 환경단체는 시민의 지지를 얻을 수 있었다.

고래는 1970년대 대중화한 환경운동을 상징했다.[278] 사람의 생각 속에서도 고래는 육중한 체구에 영리한 머리를 갖고 의사소통이 가능한 특별한 생물이 되어갔다. '바다의 괴수'였던 고래는 1960년~70년대를 거쳐 새로운 주체로 탄생하고 있었다. 영리하고 다정하며 평화롭고 신비로운 동물. 바다의 인류, 바다의 외계인, 바다의 지적생명체…… '다정한 거인'으로서 고래의 이미지는 고래를 경제적 자원으로 한정짓는 시각과 경쟁하면서 서구 사회에서 20세기 말부터 주류가 되어갔다.

'다정한 거인'에서 '권리의 주체'로

과학자들은 동물의 마음을 탐구하기 시작했다. 심리학자 고든 갤럽Gordon Gallup은 1970년 과학전문지 《사이언스》에 발표한 '침팬지: 자의식' 논문에서 침팬지에게 거울 자아인식 실험MSR·Mirror Self-Recognition Test을 벌임으로써, 동물을 바라보는 패러다임을 바꿨다.

야생에서 한 번도 거울을 본 적 없는 침팬지에게 거울이 주어졌다. 맨 처음 거울 속 이미지를 다른 개체로 생각하던 침팬지는 며칠 동안 거울을 탐색한 뒤 자신으로 인식하기 시작했다. 이는 자신의 모습을 다른 이의 눈으로 볼 수 있는 능력, 즉 자아 인식 능력(자의식)이 있음을 시사한다. 당시만 해도 동물은 마음과 자의식은 물론 감정과 고통이 없는 기계일 뿐이라는 데카르트의 철학이 학계 전반에 퍼져 있을 때였다. 여러 종을 대상으로 거울실험이 이뤄졌다. 오랑우탄, 고릴라, 보노보, 코끼리, 유럽까치 등도 거울 앞에서 '자의식의 합격증'을 받았다. 돌고래도 마찬가지였다.

인지행동학자 다이애나 라이스Diana Reiss와 로리 마리노Lori Marino는 2001년 뉴욕수족관에서 각각 13살과 17살 수컷 프레슬리Presley와 탭Tab을 상대로 거울실험을 했다.[279] 과학자들은 두 돌고래의 몸에 검정 잉크로 된 진짜 표식 그리고 물로 된 가짜 표식을 찍었다. 두 돌고래는 자신의 몸에 검정 잉크로 찍힌 표식을 확인하기 위해 거울로 다가갔다. 반면, 물로 만든 가짜 표식에는 반응하지 않았다. 거울을 통해 자신의 몸을 본다는 얘기였다.

돌고래들은 거울을 이용해 호기심을 충족하기도 했다. 캘리포니아에 위치한 머린월드 아프리카의 각각 두 살 된 큰돌고래 팬Pan과 델피Delphi에게도 거울을 주었는데, 둘은 거울 앞에서 성적인 행동을 더 자주 벌이는 경향을 보였다.[280] 성적인 행동을 하다가도 자신들의 이미지가 거울에서 사라지면, 거울 앞으로 와서 중단했던 행동을 재개했다.

라이스는 돌고래가 언제부터 거울을 인식하는지 알고 싶었다. 왜냐

거울 보는 돌고래
거울을 통해 자신의 몸을 살피고, 다양한 호기심을 충족하는 돌고래의 모습은 돌고래에게 고도의 정신
능력의 기초인 자의식이 있음을 보여준다. 돌고래가 사람과 마찬가지로 감정과 고통을 느끼는 '인격체'
라는 인식이 퍼져나갔다.

하면 인간의 경우 거울 인식 시점은 신체적·사회적 발달과 연관이 깊다.
두 돌고래에게 어릴 적부터 3년 동안 거울에 노출시키면서, 언제 거울을
인식하는지 기다렸다.[281] 드디어 돌고래는 몸을 돌리거나 특이한 포즈를
취하고 공기방울을 만들었다. 아주 이른 시점이었다. 돌고래의 거울 인식
시점은 인간 평균인 24개월, 침팬지 실험 결과인 28~45개월에 견줘도 훨
씬 빠른 7~14개월로 나타났다. 아주 이른 시점이다. 돌고래의 수명이 두
종에 비해 짧은 걸 감안해도 놀라운 결과였다. 돌고래는 조숙한 종이었다.

일부 철학자와 동물권 이론가는 자의식을 소유한 동물 종의 개체를
'비인간인격체Nonhuman Person'라 하여 특별한 지위를 부여하기도 한다. 이
개념은 '휴먼human'과 '퍼슨person'을 구별하는 것부터 시작한다.[282] 휴먼이

동물 외양의 물리적 특성을 비교해 정의하는 생물학적 범주라면, 퍼슨은 자의식과 주체성, 사회성을 가지고 자율적인 주체로 기능하는 개체를 말한다. 환경철학자 토머스 화이트는 돌고래가 자의식을 가지고 도덕적 판단을 하는 사실이 과학적으로 밝혀졌다면서 돌고래를 인격체로 봐야 한다고 주장한다. 요약하자면 생물학적으로 사람과 다르지만(비인간), 인간만이 독보적으로 가지고 있던 것으로 여겨졌던 특성(인격체)을 공유하는 비인간인격체라는 것이다.

2010년 5월 핀란드 헬싱키에 11명의 과학자와 철학자가 국제법상의 고래의 권리에 관해 논의하기 위해 모였다. 과학자 로리 마리노와 할 화이트헤드, 철학자 토머스 화이트, 파올라 카발리에리Paola Cavalieri 등 저명한 인사들이었다. 이들은 모든 고래류가 인격체person로서 자격을 갖춘 고도로 복잡한 능력을 가지고 있다고 주장했다. 쾌락과 고통을 경험하고, 함께 놀고 일하며, 속임수를 쓰고, 경우에 따라서는 서로의 이름을 부르며 복잡한 형태의 의사소통을 하기도 한다. 이들은 〈고래권리장전〉을 만들어 지금도 인터넷에서 서명을 받고 있다.[283]

1. 모든 고래는 생명권a right to life을 갖는다.
2. 어떤 고래도 포획되거나 노예가 되거나 잔인한 대우를 받거나 자연에서 소개되어선 안 된다.
3. 어떤 고래도 국가, 기업, 단체 또는 개인의 소유물이 아니다.
4. 고래는 자연 환경에서 이동과 거주의 자유를 누린다.
5. 고래는 자신의 자연 환경을 보호받을 권리가 있다.
6. 고래는 문화가 파괴되지 않을 권리가 있다.

7. 이 선언에 명시된 권리와 자유, 규범이 국제법 및 국내법에 따라 보호되어야 한다.

8. 고래는 이러한 권리와 자유, 규범이 완전히 실현될 수 있는 국제 질서를 누릴 권리가 있다.

9. 국가, 기업, 단체 또는 개인은 이러한 권리와 자유, 규범을 훼손하는 어떠한 활동도 해선 안 된다.

10. 이 선언의 어떤 내용도 국가가 고래류의 권리를 보호하기 위해 더 엄격한 규정을 제정하는 것을 방해하지 않는다.

〈고래권리장전〉은 2012년 세계 최대의 과학자들의 콘퍼런스인 '미국 과학진흥협회AAAS, American Association for the Advancement of Science'의 주제로도 올라 많은 과학자들로부터 지지를 받았다.[284]

파올라 카발리에리는 고래 권리장전을 1946년 국제포경위원회의 결성과 1986년 상업포경 모라토리엄 그리고 2005년 과학포경 비판 결의안으로 이어지는 흐름에 있다고 평가했다.[285] 그는 "기본권의 확장이라는 측면에서 여성, 흑인, 소수자 등 인간과 마찬가지로 고래에 대해서도 차별적인 편견에서 벗어나야 한다. 도덕적이면서도 법적인 다음 단계를 밟아야 한다"고 말했다.

미국의 변호사 스티븐 와이즈와 동물단체 비인간권리프로젝트NHRP는 비인간인격체 개념을 법정으로 가져와 소송을 제기한다. 그에 따르면, 일부 동물은 합당한 이유 없이 구속되지 않을 '신체의 자유'를 지닌 법인격체legal person로, 법원에 인신보호영장habeas corpus을 청구해 동물실험실이나 동물원에서 풀어달라고 요구할 수 있다.

인신보호영장 청구 대상은 침팬지, 코끼리 등 이른바 '고등동물'이다. 와이즈는 동물행동학자 도널드 그리핀의 논의를 발전시켜 동물을 네 가지로 분류했다. 자율성 지수 0.9 이상으로 거울실험을 통과한 동물이 주로 인신보호영장 청구 대상이 된다.

동물의 권리를 옹호하면서도 이런 접근법에 대해서 비판적인 시각도 있다. 근대사회 지배계급의 차별은 이분법 원리를 따랐다. 문화―자연, 문명―야만, 인간―동물, 정신―육체, 서구―비서구 등 그 속성과 능력을 이유로 우월한 것과 저열한 것으로 나누고, 한쪽의 다른 한쪽에 대한 지배를 합리화했다.

개인의 자유를 이념으로 하는 근대 법체계에서 필수적인 개념인 권리 또한 마찬가지였다. 권리는 '사회 생활의 이익을 누릴 수 있도록 법에 의해 주어진 힘'이다. 이 힘을 가질 수 있는 자를 '권리주체'라고 하고, 힘의 대상이 되는 것을 '권리객체'라고 한다. 사람(자연인)과 기업, 단체(법인)는 권리주체다. 반면 동물과 식물, 강과 숲과 산, 돌고래와 고라니 등 자연은 물건과 마찬가지로 권리객체다. 권리주체는 권리객체를 다루고 소유하고 지배할 수 있다. 이 또한 근대적 이분법을 보여준다.[286]

스티븐 와이즈의 시도는 권리객체의 일부를 권리주체로 옮겨놓는 것이어서 근대의 이분법적 권리 개념 내에 있다. 반면 문화―자연, 인간―동물의 이원론을 비판하면서, 권리의 개념을 재구성하려는 시도가 있다. 대표적인 것이 '자연의 권리'를 주장하는 지구법학Earth jurisprudence이다.[287]

토머스 배리가 정초한 지구법학은 지구 행성을 구성하는 모든 생명(혹은 그 집합물)이 그 자체로서 존엄성과 권리를 갖는다고 말한다. 이 권리는 지구 행성이 갖는 권리(지구권, earth right)이자, 지구에 속한 모든 생명체가 갖는 중첩된 권리이다. 인간과 동식물, 나무 등과 같은 개체는 물론 숲, 산, 강 등 개체의 집합물에도 권리가 있다고 본다. 생명체는 ①그 자체로 존재하고 ②서식하고 ③자신의 역할과 기능을 수행하는 등의 세 가지 권리를 갖는다.

지구법학의 담론은 일부 나라의 법률을 통해 실현되고 있다. 에콰도르는 2008년 파차마마(Pachmama, 어머니 지구)를 권리주체로 포용하는 새 헌법을 채택했으며, 뉴질랜드는 2014년과 2017년 각각 테우레웨라Te Urewera 숲과 황거누이Whanganui 강에 법인격을 부여했다. 스페인은 2022년 지중해에 면한 마르메노르Mar Menor 석호에 법인격을 부여했다.

남방큰돌고래 생태법인이 중요한 이유

2010년 세계의 저명한 과학자와 철학자가 외친 고래의 권리에 가장 먼저 화답한 곳은 우리나라였다. 2023년 11월 오영훈 제주도지사는 제주도특별법을 개정해 생태법인 제도를 신설하고, 남방큰돌고래에게 법인격을 부여하는 작업을 추진하겠다고 밝혔다. 생태법인은 '인간 이외의 존재들 가운데 생태적 가치가 중요한 대상에게 법적 권리를 부여하는 제도'다.[288] 제주에서 지역운동을 한 진희종이 제안해 지구법학을 연구하는 학자들과 환경운동가들이 추진 운동을 벌이고 있다.

비슷한 사례로 2017년 제정된 뉴질랜드의 황거누이강법은 동식물과 강물, 바위 등 강 유역에 법인격을 부여하고, 중앙정부와 마오리족이 각각 지정한 두 명이 법적 후견인을 맡아 강의 권리를 보호하도록 했다. 황거누이 강은 인간의 소유가 아니라 강의 소유다. 황거누이 강 법인은 기업처럼 사무실을 두고 강의 이익을 지키기 위해 활동한다. 만약 강바닥을 준설하는 공사가 벌어지면, 법인과 후견인은 강을 대신해 공사 주체를 상대로 소송을 벌일 수 있다. 과거 강바닥은 국가의 소유물이었지만 지금은 강의 소유물이기 때문이다.

마찬가지로 남방큰돌고래가 생태법인으로 지정된다면, 해상풍력발전소 공사가 진행되는 등 서식지 훼손이 이뤄질 때 손해배상소송을 제기할 수 있다. 남방큰돌고래는 권리를 가진 권리주체이기 때문이다.

우리나라 사람들의 인식 속에서 고래는 반세기 만에 상전벽해의 변화를 겪었다.[289] 1970년대까지만 해도 고래는 '수출 자원'으로 여겨졌다. 산업화와 마찬가지로 포경산업도 뒤늦게 뛰어들었기 때문에 한국인들은 적극적으로 고래를 잡아야 한다고 생각했다. 고래고기에 대한 수요는 많지 않았다. 거의 모든 양의 고래고기를 일본으로 수출했다.

그러나 1986년 상업포경 모라토리엄으로 고래잡이가 전면 금지되자, 우리나라에서 고래는 혼획으로만 얻을 수 있는 값비싼 상품이 되었다. 밍크고래가 우연히 그물에 걸린 어민은 수천만 원의 횡재를 했고, 고래는 '바다의 로또'라는 별칭으로 불렸다. 또한 '일본의 대규모 포경으로 한반도 연근해에서 고래가 사라졌고, 1945년 해방 이후 뒤늦게 시작한 포경을 서구 국가들이 주도한 상업포경 모라토리엄으로 그만둘 수밖에 없었다'는 내러티브는 한국인의 민족주의 정서를 자극했다. 포경의 시대를 회고하며 노스텔지어를 자극하는 미디어 콘텐츠도 많이 생산됐다.

세계적으로 1970년대 이후 고래에 대한 심상心象은 과학과 문화의 두 바퀴에 올라 새로운 것으로 대체되고 있다. 과학자들은 고래가 '보전의 대상'이 된 데 이어 '권리의 주체'로 진화하는 데 가장 든든한 우군이었다. 고래를 연구하는 과학자들의 3대 수도가 있다. 범고래가 사는 북서태평양 세일리시 해, 남방큰돌고래가 사는 호주 샤크베이, 그리고 혹등고래·긴수염고래 서식지인 미국 뉴잉글랜드 스텔와겐 뱅크다. 이들 지역을 중심으로 고래와 돌고래의 복잡한 인지와 사회적 상호작용, 고도의 문화에 관한 연구가 쏟아지고 있다.

동물에 대한 지식은 동물을 어떻게 대해야 하는지에 관한 윤리적 판단으로 이어질 수밖에 없다. 이를테면, 거울 실험을 통해 자의식이 밝혀진 돌고래를 잔혹하게 살해하려면 양심의 가책이라는 물건을 전당포에 맡겨야 한다. 돌고래의 언어와 자의식을 탐구하는 것으로 유명한 인지행동학자 다이애나 라이스는 이런 말을 했다.[290] "저에게 이것은 (동물에 대한 지식과 윤리를 연결하는) 중재 과학입니다." 새로운 과학적 지식은 동물을 대하는 윤리적 태도의 기준이 될 수밖에 없었다. 그 선두에 고래를 사랑하는 과학자들이 있었다.

사회적으로는 반포경 운동의 승리 뒤에 이어진 돌고래 해방운동이 세계를 휩쓸었다. 과학이 가져다준 고래에 대한 새로운 비전에 범고래 '틸리쿰' 사건이 방아쇠를 당겼다. 이는 수족관 돌고래의 신규 도입이나 번식을 금지하는 등 우리나라를 비롯한 상당수 국가와 지방정부의 엄격한 규제 조처로 이어졌다.[291]

캐나다에서는 2019년 고래류의 신규 도입 및 번식을 금지한 '고래 및 돌고래 감금 종식법The Ending the Captivity of Whales and Dolphins Act'이 제정됐다. 온타리오 주 나이아가라 폭포에 있는 머린랜드캐나다와 밴쿠버의 밴쿠버아쿠아리움 등 두 곳이 타깃이었다. 고래류 사육을 점진적으로 줄여온 밴쿠버아쿠아리움과 달리 해양포유류의 잇단 죽음으로 동물단체 비판과 주 정부의 조사를 받아온 머린랜드캐나다는 법 제정에 반발했다. 이 수족관은 2023년 기준으로 흰고래 37마리를 보유하고 있다.[292]

앞서 스위스에서는 코니랜드 테마파크에서 벌어진 돌고래 폐사 사건으로 반대 여론이 커지면서, 2012년 고래류 수입 및 사육을 금지하는 법률이 제정됐다. 그리스에서는 2012년 상업적 이용을 위한 돌고래 포획과 야생동물의 동물쇼 동원이 금지됐다. 이에 대해 아테네 근교의 아티카동물원은 돌고래쇼가 오락이 아닌 교육적 목적이라며 법률을 무시했는데, 그리스 정부는 2018년 벌금을 부과한 데 이어 2020년 돌고래수족관의 운영 허가를 취소했다.

2013년 인도 환경산림부는 돌고래를 '비인간인격체'로 지칭하면서 오락·전시·교감 목적으로 고래류를 수입하거나 포획하는 행위를 금지했다. 뉴질랜드에서는 2018년 마지막 돌고래수족관이 문을 닫았다.

이밖에 볼리비아, 칠레, 코스타리카, 크로아티아, 키프로스, 헝가리, 슬로베니아, 스위스, 미국 캘리포니아 주와 뉴욕, 사우스캐롤라이나 주, 벨기에 브뤼셀 등이 각론에서 차이는 있지만, 고래류의 전시·공연을 제한, 금지하거나 신규 도입이나 번식을 금지하는 조처를 취하고 있다.

한국에서는 2013년 남방큰돌고래 '제돌이'의 야생방사로 고래와 돌고래에 대한 인식은 바다의 로또에서 다시 권리 주체로 급변하게 된다. 2023년 넷플릭스 드라마 〈이상한 변호사 우영우〉는 이러한 문화적 전환의 종지부가 됐다. 이 드라마는 자폐스펙트럼을 가진 '고래 덕후' 우영우의 사회적 소수자로서의 삶과 인간에게 배제, 착취되는 수족관돌고래의 삶의 이야기를 중첩해 감동을 주었다.[293]

한국은 2023년 12월 '동물원 및 수족관의 관리에 관한 법률'을 개정, 시행하면서 수족관돌고래 학대의 마침표를 찍었다.[294] 과거 '야생생물 보호 및 관리에 관한 법률'을 통해 '잔인한 방법으로 포획된 국제 멸종위기종의 수입을 금지'하여 사실상 일본산 큰돌고래의 반입을 차단한 것에서 한 걸음 더 나아가 아예 고래류의 '신규 보유'를 금지시킨 것이다.

신규 도입이 아닌 신규 보유를 금지한 것은 의미심장하다. 일본산 큰돌고래, 러시아산 흰고래 등 수입하는 행위뿐만 아니라 국내 수족관에서 태어났을 경우도 '신규 보유'에 해당하기 때문이다. 수족관 입장에서 돌고래 새끼가 태어나더라도 보유를 할 수 없기 때문에 일부러 돌고래를 번식시킬 이유가 없게 된다. 하지만 2024년 4월 거제씨월드에서 태어난 큰돌

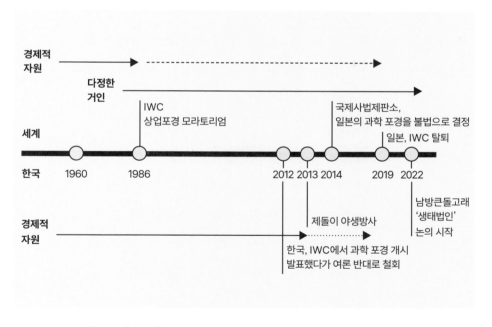

고래를 보는 관점의 변화

고래에 대한 낙동강유역환경청이 인공증식증명서를 발급해, 신규 보유 금지 조항을 두고 해석이 분분한 상태다.

개정 법률은 수족관이 이미 사육 중인 개체에 대해서는 소유권을 인정했지만, 올라타기와 만지기, 먹이 주기 같은 동물 체험은 하지 못하도록 했다. 2013년 여름 남방큰돌고래 '제돌이'로 시작한 돌고래 해방운동이 포괄적인 법제도 개정으로 열매를 맺은 것이다.

세계적으로 고래 보호는 1960~70년대의 문화적 인식 변화로 시작되었다. 문화가 뿌린 마중물은 거대한 강물이 되어 외교 무대와 국제 무역에서 실질적인 힘으로 작용했다. 1986년 상업포경 모라토리엄 이후에도 일본과 아이슬란드 등 일부 국가의 저항이 계속되고 있지만, 고래고기 수요는 갈수록 줄어들고 있다. 때문에 고래 보호라는 대세를 되돌릴 수는 없을 것으로 보인다.

우리나라는 고래 보호 대열에 늦게 합류했지만, 2023년 동물원·수족관법을 통해 다른 나라와 비교해도 손색없는 제도를 갖추었다. 오히려 정부와 민간이 주도한 남방큰돌고래 야생방사 이후 한국은 외국 학계와 전문가에게 '돌고래 복지 선진국'으로 불린다.

돌고래를 포획하고 전시·공연에 동원하는 돌고래수족관 산업은 세계적으로 쇠퇴하고 있다. 돌고래를 원래 서식지에 야생방사하거나 그럴 수 없으면 바다쉼터에서 여생을 보내도록 하는 것만이 인간이 고래에게 저지른 역사의 죄과를 회개할 수 있는 최종적인 매듭이 될 것이다. 집단적 종 보전에서 개체의 권리를 보장하는 방향으로 고래 보호 운동은 발전했다. '바다의 괴수'였던 고래는 '경제적 자원'으로 학살의 대상이 되었지만 지금은 '다정한 거인', 그리고 '권리의 주체'로 나아가고 있다.

에필로그

오호츠크 해는 차갑고 푸르고 고요했다. 하늘을 향해 배를 드러내 놓고 누운 범고래는 자꾸만 지느러미로 바다를 쳤다. '찰싹'하는 소리가 조용한 바다를 천둥처럼 울렸다. '뽀로로로' 하는 소리를 내기도 했다. 사람들은 탄성을 질렀다. 범고래를 보는 시간이 길어지자, 나는 불안감에 휩싸였다. "사람들아, 이제 그만 가줘"라고 하는 것 같았다.

일본 홋카이도 동쪽 끝, 시레토코 반도. 여름마다 이곳을 찾아오는 범고래는 '은자隱者'에 가깝다. 2000년대 들어서야 본격적으로 알려진 터라 생태와 사회 구조, 회유 경로에 관해 구체적으로 알려진 게 없다. 세계적으로 전파를 탄 건 딱 두 번이었다. 마을 앞바다 유빙에 갇혔을 때다. 고래들은 몸을 서로 붙이고, 조여오는 얼음에 맞서 사투를 벌였다. 2005년에는 갇힌 11마리 가운데 새끼 3마리를 포함 10마리가 죽었다. 2024년에는 다행히 바다얼음이 풀려 10여 마리의 범고래가 모두 살아나갔다.

안개 속에 쿠릴 열도가 펼쳐져 있었다. 해협에는 셀 수 없는 범고래가 돌아다녔다. 밍크고래도 살짝 떠올랐다. 까치돌고래는 모터보트가 바다를 가르듯 빠른 속도로 이곳저곳을 다니며 소란을 일으켰다. 자신들의 삶터에 침입한 고래관광 선박을 향해 시위하는 것처럼 보였다. 까치돌고래는

일본 시레토코 반도의 범고래는 북미 대륙 세일리시 해의 범고래보다 잘 알려지지 않았다. 2024년 7월, 새끼 한 마리가 어미를 따라가고 있다.

난장판을 만들고 돌연 사라졌다. 바다의 유령 같았다.

긴 여행을 마쳤다. 한국 제주와 일본 다이지, 아이슬란드 후사비크와 흐발피오르, 아일랜드의 딩글, 영국의 런던과 던디, 킹스턴어폰헐, 캐나다 세일리시 해, 미국 뉴잉글랜드의 스텔와겐 뱅크와 올랜도, 낸터킷과 뉴베드포드, 알래스카의 프린스윌리엄 해협, 서호주의 샤크베이와 퍼스, 북극의 카크토비크와 스발바르 제도까지 대학살 시대의 유적과 야생 고래의 삶터 그리고 돌고래가 갇힌 수족관을 가로지른 여정이었다.

아일랜드 딩글에서는 사람에 푹 빠진 매력적인 큰돌고래 펑기를 만났고, 세일리시 해에서는 두리번거리는 범고래를 보았다. 미국 동부 스텔와

다정한 거인

시레토코 반도의 고래는 사람이 사는 마을에 바짝 붙어 다닌다. 이들에 대한 태도는 앞으로 인간-고래 관계의 리트머스 시험지가 될 것이다.

겐 뱅크의 혹등고래는 공기방울로 물고기를 잡고 있었고, 일본 다이지에서는 갓 잡힌 큰돌고래가 울타리를 넘으려고 안간힘을 쓰고 있었다.

　가장 인상적인 고래는 여러 번 언급했던 서호주 샤크베이 몽키마이어의 남방큰돌고래들이었다. 1960년대 우연히 시작된 먹이 주기 활동은 다수의 돌고래를 해안가로 불렀고, 이곳은 리조트가 딸린 관광지로 변모했다. 다행히 늦지 않은 시기에 정부가 개입했다. 돌고래의 야생성 훼손을 우려한 정부는 샤크베이를 보호구역으로 지정하고 먹이 급여 대상과 양을 점차 제한했다.

　세월이 흘러 먹이를 받아먹을 수 있는 개체는 몇 마리 수준으로 줄었다. 그래도 남방큰돌고래들은 인간에게 온다. 받아먹을 게 적은데도. 그 과정에서 우리는 의도치 않게 깨달았다. 돌고래는 놀러오는 것이고, 그 과정에서 인간과 돌고래의 공동 문화가 축조됐다는 것을. 먼바다에서 해안가로 출발하기 전 돌고래들의 대화. "헤이, 피콜로! 나도 오늘 몽키마이어에 따라가도 될까?" "사람들이 너한테 생선을 주지 않겠지만, 함께 가서 구경하렴. 신기한 물건들이 많아!"

나와 아내가 돌고래를 기다리며 나눈 대화. "이번엔 내가 돌고래한테 물고기를 직접 줄 수 있을까?" "아마 안 될 걸? 어린이한테만 체험 기회를 주던데."

나는 인간이 돌고래로부터 점진적으로 퇴각한 점이 마음에 든다. 인간과 돌고래의 접변이 일어나고 얽힘의 규모가 지나치게 커졌을 때(산업화하려고 했을 때), 정부는 돌고래의 생태가 다치지 않도록 만남의 규모를 차츰 줄여나갔다. 인간과 갑작스러운 단절로 인해 돌고래의 삶 또한 충격받지 않도록 속도를 조절했다.

인간-동물의 공동 문화는 어떻게 계속될까? 브라질 라구나 마을에서 돌고래와 어부가 각각의 자손들에게 물고기 잡는 법을 전수하는 것처럼, 몽키마이어에서도 돌고래를 만나고 보전하려는 인간의 행동 그리고 인간에게 놀러 가는 돌고래의 행동이 공동 문화가 되어 전승될 것이다.

큰돌고래 펑기는 좀 다른 경우다. 촌구석 딩글을 일약 세계적인 관광지로 만든 펑기가 사라지자, 마을 사람들은 미련 없이 일상으로 돌아갔다. 마흔 살 넘은 펑기는 아마도 자연사했을 것이다. 딩글에서 파란만장했던 인간과 펑기의 공동 문화는 너무나 짧게 끝났지만, 우리는 인디언섬머처럼 다가온 인간-동물의 평화의 시대를 따뜻하게 추억할 수 있다.

그레타 툰베리는 이렇게 말한 적이 있다. "우리는 자연의 일부이기 때문에, 우리가 자연을 보호할 때 우리는 자신을 보호하는 것이다." 지구 생태계의 구성원은 자기 삶의 주인으로서 그리고 지구의 일부로서 산다. 전체로서의 삶과 개체로서의 삶이다. 고래도 마찬가지다. 고래는 온실가스를 격리하고 저장하여 생태계에 기여한다. 동시에 고래는 합창하고 도구를 발명하고 인간에게 놀러 가는 개체적 삶을 산다. 우리는 고래의 종 보전과 고래 개체의 권리, 즉 종과 개체 두 측면을 동시에 고려해야 한다.

고래 잡는 나라 일본도 변화에서 예외가 아니다. 전통으로 포장된 고래 고기는 미래 세대에 이르러 사라지거나 극소수의 취향으로 남을 것이다. 반면, 범고래를 보고 경탄하는 시레토코의 관찰자들은 더 많아질 것이다. 우리의 삶은 고래와 더 얽힐 것이라고 나는 믿는다.

지금 몽키마이어에서 먹이를 받아먹을 수 있는 돌고래는 다섯 마리다. 이번 겨울에 아들과 함께 다시 가야겠다. 귀엽고 조그만 꼬마이니, 생선 줄 기회를 주겠지.

고래 종별 목록

Family name	Species name	Common name	Korean name
긴수염고래과 Balaenidae	*Eubalaena australis*	Southern right whale	남방긴수염고래
	Eubalaena glacialis	North Atlantic right whale	북대서양긴수염고래
	Eubalaena japonica	North Pacific right whale	북방긴수염고래
	Balaena mysticetus	Bowhead whale	북극고래
꼬마긴수염고래과 Neobalaenidae	*Caperea marginata*	Pygmy right whale	꼬마긴수염고래
귀신고래과 Eschrichtiidae	*Eschrichtius robustus*	Gray whale	귀신고래
수염고래과 Balaenopteridae	*Megaptera novaeangliae*	Humpback whale	혹등고래
	Balaenoptera acutorostrata	Common minke whale	밍크고래
	Balaenoptera bonaerensis	Antarctic minke whale	남극밍크고래
	Balaenoptera edeni	Bryde's whale	브라이드고래
	Balaenoptera ricei	Rice's whale	라이스고래
	Balaenoptera borealis	Sei whale	보리고래
	Balaenoptera physalus	Fin whale	참고래
	Balaenoptera musculus	Blue whale	대왕고래
	Balaenoptera omurai	Omura's whale	오무라고래
향고래과 Physeteridae	*Physeter macrocephalus*	Sperm whale	향고래
꼬마향고래과 Kogiidae	*Kogia breviceps*	Pygmy sperm whale	꼬마향고래
	Kogia sima	Dwarf sperm whale	쇠향고래
부리고래과 Ziphiidae	*Ziphius cavirostris*	Cuvie's beaked whale	민부리고래
	Berardius bairdii	Baird's beaked whale	큰부리고래
	Berardius arnuxii	Arnoux's beaked whale	아르누부리고래
	Tasmacetus shepherdi	Shepherd's beaked whale	셰퍼드부리고래
	Indopacetus pacificus	Longman's beaked whale	롱맨부리고래
	Hyperoodon ampullatus	Northern bottlenose whale	북방짱구고래
	Hyperoodon planifrons	Southern botttenose whale	남방짱구고래
	Mesoplodon hectori	Hector's beaked whale	헥터부리고래
	Mesoplodon mirus	True's beaked whale	트루부리고래
	Mesoplodon europaeus	Gervais' beaked whale	제르베부리고래
	Mesoplodon bidens	Sowerby's beaked whale	소워비부리고래
	Mesoplodon grayi	Gray's beaked whale	그레이부리고래
	Mesoplodon perrini	Perrin's beaked whale	페린부리고래
	Mesoplodon peruvianus	Pygmy beaked whale	꼬마부리고래
	Mesoplodon bowdoini	Andrews' beaked whale	앤드루스부리고래
	Mesoplodon carlhubbsi	Hubbs' beaked whale	허브부리고래
	Mesoplodon ginkgodens	Ginkgo-toothed beaked whale	은행이빨부리고래

다정한 거인

	Mesoplodon stejnegeri	Stejneger's beaked whale	큰이빨부리고래
	Mesoplodon layardii	Strap-toothed beaked whale	흰어깨부리고래
	Mesoplodon densirostris	Blainville's beaked whale	혹부리고래
	Mesoplodon hotaula	Deraniyagala's beaked whale	데라니야갈라부리고래
	Mesoplodon traversii	Spade-toothed beaked whale	부채이빨고래
인도강돌고래과 Platanistidae	Platanista gangetica	South Asian river dolphin	갠지스강돌고래
남아메리카강돌고래과 Iniidae	Inia geoffrensis	Amazon river dolphin	아마존강돌고래
양쯔강돌고래과 Lipotidae	Lipotes vexillifer	Baiji	바이지
라플라타강돌고래과 Pontoporiidae	Pontoporia blainvillei	Franciscana	프란시스카나
외뿔고래과 Monodontidae	Monodon monoceros	Narwhal	외뿔고래
	Delphinapterus leucas	Beluga whale	흰고래
참돌고래과 Delphinidae	Cephalorhynchus commersonii	Commerson's dolphin	커머슨돌고래
	Cephalorhynchus eutropia	Chilean dolphin	칠레돌고래
	Cephalorhynchus heavisidii	Heaviside's dolphin	헤비사이드돌고래
	Cephalorhynchus hectori	Hector's dolphin	헥터돌고래
	Steno bredanensis	Rough-toothed dolphin	뱀머리고래
	Sousa teuszii	Atlantic humpback dolphin	대서양혹등돌고래
	Sousa chinensis	Indo-Pacific humpback dolphin	인도태평양혹등돌고래
	Sousa sahulensis	Australian humpback dolphin	오스트레일리아혹등돌고래
	Sotalia fluviatilis	Tucuxi	투쿠시
	Sotalia guianensis	Guiana dolphin	기아나돌고래
	Tursiops truncatus	Common bottlenose dolphin	큰돌고래
	Tursiops aduncus	Indo-Pacific bottlenose dolphin	남방큰돌고래
	Stenella attenuata	Pantropical spotted dolphin	점박이돌고래
	Stenella frontalis	Atlantic spotted dolphin	대서양점박이돌고래
	Stenella longirostris	Spinner dolphin	긴부리돌고래
	Stenella clymene	Clymene Dolphin	클리메네돌고래
	Stenella coeruleoalba	Striped dolphin	줄박이돌고래
	Delphinus delphis	Short-beaked common dolphin	짧은부리참돌고래
	Delphinus capensis	Long-beaked common dolphin	긴부리참돌고래
	Lagenodelphis hosei	Fraser's dolphin	샛돌고래
	Lagenorhynchus albirostris	White-beaked dolphin	흰부리돌고래
	Lagenorhynchus acutus	Atlantic white-sided dolphin	대서양낫돌고래

	Lagenorhynchus obliquidens	Pacific white-sided dolphin	낫돌고래
	Lagenorhynchus obscurus	Dusky dolphin	더스키돌고래
	Lagenorhynchus australis	Peale's dolphin	펄돌고래
	Lagenorhynchus cruciger	Hourglass dolphin	모래시계돌고래
	Lissodelphis borealis	Northern right whale dolphin	고추돌고래
	Lissodelphis peronii	Southern right whale dolphin	남방고추돌고래
	Grampus griseus	Risso's dolphin	큰머리돌고래
	Peponocephala electra	Melon-headed whale	고양이고래
	Feresa attenuata	Pygmy killer whale	들고양이고래
	Pseudorca crassidens	False killer whale	흑범고래
	Orcinus orca	Killer whale	범고래
	Globicephala melas	Long-finned pilot whale	긴지느러미들쇠고래
	Globicephala macrorhynchus	Short-finned pilot whale	들쇠고래
	Orcaella brevirostris	Irrawaddy Dolphin	이라와디돌고래
	Orcaella heinsohni	Australian snubfin dolphin	스넙핀돌고래
쇠돌고래과 Phocoenidae	Neophocaena phocaenoides	Indo-Pacific Finless Porpoise	남방상괭이
	Neophocaena asiaeorientalis	Narrow-ridged Finless Porpoise	상괭이
	Phocoena phocoena	Harbor porpoise	쇠돌고래
	Phocoena sinus	Vaquita	바키타
	Phocoena spinipinnis	Burmeister's Porpoises	버마이스터돌고래
	Phocoena dioptrica	Spectacled porpoise	안경돌고래
	Phocoenoides dalli	Dall's porpoise	까치돌고래

※ 다음 내용을 바탕으로 보강하여 수록했다.
손호선, 최영민, 이다솜 (2016) "한국어 일반명이 없는 고래 종의 일반명에 대한 번역명 제안", 〈한국수산과학회지〉 49 (6).

미주

1   Ohsumi, Seiji., Kato, Hidehiro. (2008) "A bottlenose dolphin(*Tursiops truncatus*) with fin-shaped hind appendages." *Marine mammal science* 24 (3). the Society for Marine Mammalogy. pp.743-745.

2   Burnett, D. G. (2007) *Trying Leviathan: The Nineteenth-Century New York Court Case That Put the Whale on Trial and Challenged the Order of Nature.* Princeton University Press.

3   Uhen, Mark D. (2010) "The origin(s) of whales." *Annual Review of Earth and Planetary Sciences* 38. pp.189-219.

4   Fordyce, Robert Ewan. (2018) "Cetacean evolution." (eds.) Würsig, Bernd., Perrin, William F. *Encyclopedia of Marine Mammals.* Academic Press. pp.180-185.

5   Uhen, Mark D. (2010). pp.189-219.

6   Bianucci, Giovanni., Lambert, Olivier., et al. (2023) "A heavyweight early whale pushes the boundaries of vertebrate morphology." *Nature* 620 (7975). pp.824-829.

7   Roman, Joe. (2006) *Whale.* Reaktion. p.140

8   이태원 (2003) 《현산어보를 찾아서4-모래섬에서 꿈꾼 녹색세상》, 청어람미디어. 344-345쪽.

9   박구병 (1987) 《한반도 연해포경사》, 민족문화. 5-7쪽.

10 손호선, 최영민, 이다솜 (2016) "한국어 일반명이 없는 고래 종의 영어 일반명에 대한 번역명 제안" 〈한국수산과학회지〉 49 (6). pp.875-882.

11 Committee on Taxonomy (2023) List of marine mammal species and subspecies. Society for Marine Mammalogy [online] https://marinemammalscience.org/science-and-publications/list-marine-mammal-species-subspecies

12 MacLeod, Colin. (2018) "Beaked whales overview." (eds.) Würsig, Bernd., Perrin,

William F. *Encyclopedia of Marine Mammals.* Academic Press. pp.80-83.

13 Crespo, Enrique. (2018) "Franciscana dolphin."(eds.) Würsig, Bernd., Perrin, William F. *Encyclopedia of Marine Mammals.* Academic Press. pp.388-392.

14 Bhattacharya, Shaoni. (2013) "Whale of a time." New Scientist. 21th Dec. p.83

15 Davis, Josh. (2018) "The secret history of Hope the blue whale has finally been revealed." Natural History Museum. [online] https://www.nhm.ac.uk/discover/news/2018/september/secret-history-of-hope-the-blue-whale-finally-revealed.html

16 Trueman, Clive N., Jackson, Andrew L., et al. (2019) "Combining simulation modeling and stable isotope analyses to reconstruct the last known movements of one of Nature's giants." *PeerJ* 7. [online] https://peerj.com/articles/7912/

17 Torres, Leigh G., Barlow, Dawn R., et al. (2020) "Insight into the kinematics of blue whale surface foraging through drone observations and prey data." *PeerJ* 8. [online] https://peerj.com/articles/8906/

18 Sears, Richard., Perrin, William F. (2018) "Blue whale." (eds.) Würsig, Bernd., Perrin, William F. *Encyclopedia of Marine Mammals.* Academic Press. pp.110-114.

19 Cooke, J.G. (2018) *Balaenoptera musculus* (errata version published in 2019). The IUCN Red List of Threatened Species 2018: e.T2477A156923585. [online] https://www.iucnredlist.org/species/2477/156923585

20 환경부 (2011) 보도자료-멸종위기종 표범장지뱀 서식권역 24평에 불과. 5월 23일. [Online] http://www.me.go.kr/home/web/board/read.do;jsessionid=ZBc646yavOiYgpOgl5O31nqnAwfLhSgMfX8hQGmT7s79Kxmb0OAETEHUqlm0aoIR.meweb1vhost_servlet_engine1?pagerOffset=6700&maxPageItems=10&maxIndexPages=10&searchKey=&searchValue=&menuId=&orgCd=&boardId=177747&boardMasterId=1&boardCategoryId=&decorator=

21 NOAA (n.d.) Species Directory-Blue Whale, NOAA Fisheries. [Online] https://www.fisheries.noaa.gov/species/blue-whale#:~:text=They%20are%20among%20the%20loudest,up%20to%201%2C000%20miles%20away

22 Pitman, Robert., Durban, John., et al. (2020) "Skin in the game: Epidermal molt as a driver of long-distance migration in whales." *Marine Mammal Science* 36 (2). the Society for Marine Mammalogy. pp.565-594.

23 Day, Trevor. (2007) *Whalewatcher.* London Natural History Museum. p.15.

24 Au, Whitlow W.L. (2018) "Echolocation." (eds.) Würsig, Bernd., Perrin, William F. *Encyclopedia of Marine Mammals.* Academic Press. pp.289-299.

25 Samuel, Eugenie. (2001) "Bang, you're dead." *New Scientist.* 3th Feb. [Online] https://www.newscientist.com/article/mg16922762-000-bang-youre-dead/

26 Beamish, Peter. (1978) "Evidence that a captive humpback whale (*Megaptera novae-angliae*) does not use sonar." *Deep Sea Research* 25 (5). pp.469-470.

27 Yi, Dong Hoon., Makris, Nicholas C. (2016) "Feasibility of acoustic remote sensing of large herring shoals and seafloor by baleen whales." *Remote Sensing* 8 (9).

28 장수진, 김미연 (2023)《마린 걸스: 두 여성 행동생태학자가 들려주는 돌고래 이야기》, 에디토리얼. 54-61쪽.

29 Dudzinski, Kathleen M., Gregg, Justin D. (2018) "Communication." (eds.) Würsig, Bernd., Perrin, William F. *Encyclopedia of Marine Mammals.* Academic Press. pp.210-214.

30 Day, Trevor, (2007) *Whalewatcher.* London Natural History Museum. p.14-15.

31 Roman, Joe. (2006) pp.113-114.

32 Lysiak, N.S.J., et al. (2023) "Prolonged baleen hormone cycles suggest atypical reproductive endocrinology of female bowhead whales." *Royal Society Open Science* 10 (7). Royal Society.

33 Living on Earth (2007) A whale of siver. [online] https://www.loe.org/shows/segments.html?programID=07-P13-00024&segmentID=7

34 Keane, Michael., Semeiks, Jeremy., Webb, Andrew E., Li, Yang I., Quesada, Víctor., Craig, Thomas., Madsen, Lone B., et al. (2015) "Insights into the evolution of longevity from the bowhead whale genome." *Cell reports* 10 (1). pp.112-122.

35 Oldfield, M. L. (1988) "Threatened Mammals Affected by Human Exploitation of the Female-Offspring Bond." *Conservation Biology* 2 (3). pp.260-274.

36 Ibid.

37 앤 이니스 대그 (2016)《동물에게 배우는 노년의 삶: 늙은 동물은 무리에서 어떻게 살아가는가》, 노승영 옮김, 시대의창. (원서 Anne Innis Dagg. (2009) The Social behavior of older animals. Johns Hopkins University Press.)

38 Hoare, Philip. (2008) *Leviathan or the Whale.* Fourth Estate. p.27.

39 Dudley, Paul. (1724) "An Essay upon the Natural History of Whales, with a Particular Account of the Ambergris Found in the Sperma Ceti Whale. In a Letter to the Publisher, from the Honourable Paul Dudley." *Philosophical Transactions(1683-1775)* 33 (1724). Royal Society. pp.256-269.

40 Day, Trevor. (2007). pp.44-45.

41 엘린 켈지 (2011) 《거인을 바라보다-우리가 모르는 고래의 삶》, 양철북. 99-101 쪽. (원서 Kelsey, Elin. (2008) *Watching Giants: The secret lives of whales.* University of California Press.)

42 Baldridge, Alan. (1972) "Killer Whales Attack and Eat a Gray Whale." *Journal of Mammalogy* 53 (4). pp.898-900.

43 Ford, J.K.B., Ellis, G.M., Matkin, D.R., Balcomb, K.C., Briggs, D., Morton A. (2005) "Killer whale Attacks on Minke whales: Prey Capture and Antipredator Tactics." *Marine Mammal Science* 21 (4). the Society for Marine Mammalogy. pp.603-618.

44 Discovery (2019) Rare footage of Sperm whale hunting in deep darn ocean catured during Animal Planet expedition. [Online] https://press.discovery.com/us/apl/press-releases/2019/rare-footage-sperm-whale-hunting-deep-dark-ocean-c/

45 Würsig, B., Whitehead, H. (2018) "Aerial behavior." (eds.) Würsig, Bernd., Perrin, William F. *Encyclopedia of Marine Mammals.* Academic Press. pp.6-9.

46 Ibid.

47 The Scope staff (2019) "Whale speak: Why does a humpback slap its tail?" *Medium.* 25th Mar. [online] https://medium.com/the-scope-yale-scientific-magazines-online-blog/whale-speak-why-does-a-humpback-slap-its-tail-c147e7534bcc

48 Miller, P., Roos, M. (2018) "Breathing" (eds.) Würsig, Bernd., Perrin, William F. *Encyclopedia of Marine Mammals.* Academic Press. pp.140-143.

49 Würsig, B., Whitehead, H. (2018). pp.6-9.

50 Smolker, Rachel A., Mann, Janet., et al. (1997) "Sponge Carrying by Dolphins (Delphinidae, Tursiops sp.): A Foraging Specialization Involving Tool Use?" *Ethology* 103 (6). pp.454-465.

51 Ibid.

52 Patterson Eric M., Mann, Janet. (2011) "Correction: The Ecological Conditions That Favor Tool Use and Innovation in Wild Bottlenose Dolphins (*Tursiops sp.*)."

PLOS ONE 6 (8).

53 Krützen, Michael., et al. (2005) "Cultural transmission of tool use in bottlenose dolphins." *Proceedings of the National Academy of Sciences* 102 (25). Duke University. pp.8939-8943.

54 Rendell, Luke., Whitehead, Hal. (2001) "Culture in whales and dolphins." *Behavioral and Brain Sciences* 24. Cambridge University Press. p.313.

55 Mann, Janet, Sargeant, Brooke L., et al. (2008) "Why Do Dolphins Carry Sponges?" PLOS ONE 3 (12).

56 Daring J., (2018) "Song." (eds.) Würsig, Bernd., Perrin, William F. *Encyclopedia of Marine Mammals*. Academic Press. pp.887-889.

57 Dunlop, Rebecca., Frere, Celine. (2023) "Post-whaling shift in mating tactics in male humpback whales." *Communication Biology* 6 (162). pp.1-11.

58 Cerchio, Salvatore., Jacobsen, Jeff K., Norris, Thomas F. (2001) "Temporal and geographical variation in songs of humpback whales, *Megaptera novaeangliae*: Synchronous change in Hawaiian and Mexican breeding assemblages." *Animal Behavior* 62, pp.313-329.

59 더글러스 H. 채드윅 (2007) "흑등고래들 깊은 바다 속에서 무얼 하고 있는 걸까?" 《내셔널지오그래픽》 한국판 2007년 1월호. 38-55쪽.

60 Daring J., (2018) "Song." (eds.) Würsig, Bernd., Perrin, William F. *Encyclopedia of Marine Mammals*. Academic Press. pp.887-889.

61 Weinrich, Mason, Schilling, Mark R., Belt, Cynthia R. (1992) "Evidence for acquisition of a novel feeding behaviour: lobtail feeding in humpback whales, *Megaptera novaeangliae*." *Animal Behaviour* 44 (6). pp.1059-1072.

62 Pryor, Karen., Lindbergh, Jon. (1990) "A dolphin-human fishing cooperative in Brazil." *Marine mammal science* 6 (1). the Society for Marine Mammalogy. pp.77-82.

63 Cantor, Mauricio., Farine, Damien R., Daura-Jorge, Fábio G. (2023) "Foraging synchrony drives resilience in human-dolphin mutualism." *Proceedings of the National Academy of Sciences* 120 (6). Duke University.

64 Cantor, Mauricio, Damien R. Farine, and Fábio G. Daura-Jorge (2023) "Foraging synchrony drives resilience in human-dolphin mutualism." *Proceedings of the National Academy of Sciences* 120 (6). Duke University.

65 Clode, Danielle. (2002) *Killers in Eden: The true story of Killer whales and their re-markable partnership with the whalers of Twofold bay.* Allen & Unwin.

66 남종영 (2022) 《동물권력: 매혹하고 행동하고 저항하는 동물의 힘》, 북트리거. 48-56쪽.

67 Simões-Lopes, Paulo C., Fabián, Marta E., Menegheti, João O. (1998) "Dolphin interactions with the mullet artisanal fishing on southern Brazil: a qualitative and quantitative approach." *Departamento de Ecologia e Zoologia, Centro de Ciências Biológicas* 15 (3). pp.709-726.

68 Mann, Janet., Connor, Richard C., Whitehead, Hal. (2000) *Cetacean societies: field studies of dolphins and whales.* The University of Chicago Press.

69 Brabyn, Mark W., McLean, Ian G. (1992) "Oceanography and coastal topography of herd-stranding sites for whales in New Zealand." *Journal of Mammalogy* 73 (3). pp.469-476.

70 Moore, Katheen., Simeone, Claire., Brownell JR., Robert L. (2018) "Strandings." (eds.) Würsig, Bernd., Perrin, William F. *Encyclopedia of Marine Mammals.* Academic Press. pp.945-951.

71 Ibid.

72 Readfearn, Graham. (2022) "Tasmania's whale stranding: what caused it and can it be stopped in the future?" *Guardian.* 24th Sep. [Online] https://www.theguardian.com/environment/2022/sep/24/tasmanias-whale-stranding-what-caused-it-and-can-it-be-stopped-in-the-future

73 Greenfield, Nicole. (2016) "A Whale of a Win." *Natural Resources Defense Council.* 4th May. [online] https://www.nrdc.org/stories/whale-win

74 Quirós, Y. Bernaldo de., et al. (2019) "Advances in research on the impacts of anti-submarine sonar on beaked whales." *Proceedings of the Royal Society B* 286 (1895). Royal Society.

75 Fernández, Antonio., Arbelo, Manuel., Martín, Vidal. (2013) "No mass strandings since sonar ban." *Nature* 497 (317).

76 Metcalfe, Tom. (2018) "Unprecedented number of dead whales have washed up in Scotland and Ireland." *Live Science.* 30th Oct. [Online] https://www.livescience.com/63949-unprecedented-dead-whales-scotland-ireland.html#:~:text=Whales-,'Unprecedented'%20Number%20of%20Dead%20Whales%20Have%20

Washed,Up%20in%20Scotland%20and%20Ireland&text=A%20total%20of%20
80%20deep,that%20time%20in%20previous%20years

77 Reiss, Diana. (2011) *The dolphin in the mirror: Exploring dolphin minds and saving dolphin lives*. Houghton Mifflin Harcourt. p.20

78 Philip J. Clapham (2018) "Humpback whale." (eds.) Würsig, Bernd., Perrin, William F. *Encyclopedia of Marine Mammals*. Academic Press. pp.489-491.

79 Cooke, Justin G. (2018) Humpback Whale(*Megaptera novaeangliae*). The IUCN Red List of Threatened Species. [online] https://dx.doi.org/10.2305/IUCN. UK.2018-2.RLTS.T13006A50362794.en

80 Stott, Jon C. (1990) "In Search of Sedna: Children's Versions of a Major Inuit Myth." *Children's Literature Association Quarterly* 15 (4). Johns Hopkins University Press. pp.199-201.

81 Haupt, Paul. (1907) "Jonah's Whale." *Proceedings of the American Philosophical Society* 46 (185). pp.151-64. [online] http://www.jstor.org/stable/983449

82 Roman, Joe. (2006). p.12.

83 Davis, William M. (1874) *Nimrod of the Sea; or the American Whaleman*. Harper & Brothers. pp.352-353. [online] https://whalesite.org/anthology/davisnimrod.htm

84 Mayor, Adrienne. (2011) *The first fossil hunters: dinosaurs, mammoths, and myth in Greek and Roman times*. Princeton University Press.

85 Freeman, Philip. (2014) "The Voyage of Saint Brendan." *The World of Saint Patrick*. Oxford Academic.

86 Ellis, Richard. (2003) "The Empty Ocean." *The New York Times*. 25th May. [online] https://www.nytimes.com/2003/05/25/books/chapters/the-empty-ocean.html?bgrp=t&smid=url-share

87 New England Aquarium (2024) Press Release: Gray whale, extinct in the Atlantic, seen in southern New England waters. 5th March. [online] https://www.neaq.org/about-us/press-room/press-releases/gray-whale-seen-in-southern-new-england-waters/

88 Swartz, Steven L. (2017) "Gray whale." (eds.) Würsig, Bernd., Perrin, William F. *Encyclopedia of Marine Mammals*. Academic Press. pp.422-428.

89 박구병 (1987) 《한반도 연해포경사》, 민족문화. pp.398-400.

90 남종영 (2011) 귀신처럼 멕시코로 간 '한국계 귀신고래', 〈한겨레〉 4월 20일. [online] https://www.hani.co.kr/arti/society/environment/529302.html

91 Lang, Aimée R., Weller, David W., Burdin, Alexander M., Robertson, Kelly., Sychenko, Olga., Urbán, Jorge., Martínez-Aguilar, Sergio., et al. (2021) "Population structure of North Pacific gray whales in light of trans-Pacific movements." *Marine Mammal Science* 38 (2). the Society for Marine Mammalogy. pp.433-468.

92 Savelle, James M., Kishigami, Nobuhiro. (2013) "Anthropological research on whaling: prehistoric, historic and current contexts." *Senri Ethnological Studies* 84. pp.1-48.

93 Seersholm, Frederik Valeur., Pedersen, Mikkel Winther., et al. (2016) "DNA evidence of bowhead whale exploitation by Greenlandic Paleo-Inuit 4000 years ago." *Nature Communications* 7 (1).

94 셸리 라이트 (2019) 《우리의 얼음이 사라지고 있다》, 푸른길. 44-49, 77-79쪽. (원서 Wright, Shelley. (2014) *Our Ice is Vanishing*. McGill-Queen's University Press.)

95 McMillan, Alan D. (1995) *Native peoples and cultures of Canada: An anthropological overview*. Douglas & McIntyre. p.249.

96 Roman, Joe. (2006). p.40.

97 Lantis, Margaret. (1938) "The Alaskan whale cult and its affinities." *American Anthropologist* 40 (3). American Anthropological association. pp.438-464.

98 셸리 라이트 (2019) 333-334쪽.

99 Douglas, Marianne., Savelle, James M., et al. (2004) "Prehistoric Inuit whalers affected Arctic freshwater ecosystems." *Proceedings of the National Academy of Sciences* 101 (6). Duke University. pp.1613-1617.

100 Ellis, Richard (2018) "Aboriginal and Western traditional Whaling." (eds.) Würsig, Bernd., Perrin, William F. *Encyclopedia of Marine Mammals*. Academic Press. pp.1054-1062.

101 Hennius, Andreas., Ljungkvist, John., et al. (2023) "Late Iron Age Whaling in Scandinavia." *Journal of Maritime Archaeology* 18 (1). pp.1-22.

102 Kasuya, Toshio (2018) "Japanese whaling." (eds.) Würsig, Bernd., Perrin, William F. *Encyclopedia of Marine Mammals*. Academic Press. pp.1066-1070.

103 하마구치 히사시 (2009) "일본의 포경과 고래 식문화", 〈세계 고래 문화와 역사의 재조명〉(제15회 울산고래축제 기념 학술심포지움), 울산시·울산시남구청·울산대고래연구소. 66-68쪽.

104 Cherfas, Jeremy. (1990) *The hunting of the whale*. Penguin Books. pp.71-79.

105 Ellis, Richard. (2018) "Aboriginal and Western traditional whaling." (eds.) Würsig, Bernd., Perrin, William F. *Encyclopedia of Marine Mammals*. Academic Press. pp.1054-1062.

106 Markham, Clements. (1881) "On the whale-fishery of the Basque Proviees of Spanin." *Proceedings of the Zoological Society of London*. London Academic Press. pp.969-976. [online] https://www.biodiversitylibrary.org/part/73331

107 Aguilar, Alex (1986) "A review of old Basque whaling and its effect on the right whales (Eubalaena glacialis) of the North Atlantic." *Report of the International Whaling Commission* 10 (10). Cambridge. pp.191-199.

108 Rodrigues, Ana., Charpentier, Anne., et al. (2018) "Forgotten Mediterranean calving grounds of grey and North Atlantic right whales: evidence from Roman archaeological records." *Proceedings of the Royal Society B: Biological Sciences* 285 (1882). Royal Society.

109 Fleming, Alyson., Pobiner, Briana., et al. (2022). "New Holocene grey whale (*Eschrichtius robustus*) material from North Carolina: the most complete North Atlantic grey whale skeleton to date." *Royal Society Open Science*. 9 (7). Royal Society.

110 Mowat, Farley. (1984) *Sea of slaughter*. Seal Book. pp.208-212.

111 Ellis, Richard. (2003) "The Empty Ocean." *New York Times*. 25th May. [online] https://www.nytimes.com/2003/05/25/books/chapters/the-empty-ocean.html

112 리처드 엘리스 (2006) 《멸종의 역사: 지구를 지배했던 동물들의 삶과 죽음》, 아고라. 428쪽. (원서 Ellis, Richard. (2004) *No turning back: The Life and Death of Animal Species*. Harper.)

113 Angus, Ian. (2023) "The fishing revolution and the origins of capitalism." *Monthly Review* 74 (10). [online] https://monthlyreview.org/2023/03/01/the-fishing-revolution-and-the-origins-of-capitalism/

114 Matthews, Harrison. (1974) *The Whale*. Crescent Books. p.97.

115 Tyler, Tom. (2022) Lances, whalesite.org [online] https://whalesite.org/whaling/

whalecraft/Lances/Lances.html

116 Roman, Joe. (2006). pp.56-61.

117 Cherfas, Jeremy. (1990).

118 Robers, Callum. (2007) *The Unnatural History of the Sea*. Gaia books. p.93.

119 Crumley, Jim. (2008) *The Winter Whale*. Gaia Books.

120 Dolin, Eric Jay. (2008) *Leviathan: the history of whaling in America*. W.W. Norton & Company. pp.42-43.

121 허먼 멜빌 (2011)《모비딕》, 작가정신. 552-553쪽.

122 나다니엘 필브릭 (2001)《바다 한가운데서: 포경선 에식스호의 비극》, 한영탁 옮김, 중심. 93-108쪽. (원서 Philbrick, Nathaniel. (2001) *In the Heart of the Sea: The Tragedy of the Whaleship Essex*. Penguin books.)

123 나다니엘 필브릭 (2001). 291-296쪽.

124 나다니엘 필브릭 (2001). 85-88쪽.

125 틸라 마쩨오 (2011)《샤넬 넘버5》, 손주연 옮김, 미래의 창. (원서 Mazzeo, Tilar J. (2010) *The Secret of CHANEL No 5*. Harper.)

126 Blade, Michelle (2023) "Man waits to hear if rock found on Morecambe beach is valuable whale vomit worth £40k." *Lancaster Guardian*. 11th Jan. [online] https://www.lancasterguardian.co.uk/news/national/man-waits-to-hear-if-rock-found-on-morecambe-beach-is-valuable-whale-vomit-worth-ps40k-3983097

127 Kemp, Christopher (2017) "Ambergris." (eds.) Würsig, Bernd., Perrin, William F. *Encyclopedia of Marine Mammals*. Academic Press. pp.24-25.

128 Dolin, Eric Jay. (2008). pp.85-88.

129 나다니엘 필브릭 (2001). 75-76쪽.

130 나다니엘 필브릭 (2001). 286-290쪽.

131 Turner, Harry B. (1920) *Argument Settlers: A Complete History of Nantucket in Condensed Form* The Inquirer and Mirror Press. p.40

132 Scammon, Charles M. (1968) *The marine mammals of the North-Western coast of North America*. Dover.

133 Ibid.

134 허먼 멜빌 (2011). 552-553쪽.

135 Roberts, Callum (2007) pp.99-100.

136 Roman, Joe., Palumbi, Steve (2003) "Whales before whaling in the North Atlan-

tic." *Science* 301 (5632). pp.508-519.

137 Tønnessen Johan N., Johnsen, Ame O. (1982) *The history of modern whaling.* Hurst & Co. pp.43-45.

138 Roman, Joe. (2006). pp.127-128.

139 Clapham, Phillip., Baker, Scott. (2017) "Modern whaling." (eds.) Würsig, Bernd., Perrin, William F. *Encyclopedia of Marine Mammals.* Academic Press. pp.1070-1074.

140 Roman, Joe. (2006). pp.129-132.

141 Rocha, Robert C., Clapham, Phillip J., Ivashchenko, Yulia V. (2014) "Emptying the oceans: a summary of industrial whaling catches in the 20th century." *Marine Fisheries Review* 76 (4). pp.37-48.

142 Cressey, Daniel (2015) "World's whaling slaughter tallied." *Nature* 519 (7542). pp.140-141.

143 Rocha, Robert C., Clapham, Phillip J., Ivashchenko, Yulia V. (2014) pp.37-48.

144 Seidelman, Harry., Turner, James. (2001) *The Inuit Imagination: Arctic myth and sculpture.* University of Washington Press; Roman, Joe. (2006). pp.134-138.에서 재인용.

145 Mudar, Karen., Speaker, Stuart. (2003) "Natural catastrophes in Arctic populations: the 1878-1880 famine on Saint Lawrence Island, Alaska." *Journal of anthropological archaeology* 22 (2). pp.75-104.

146 Springer, Alan., Estes, James., et al. (2003) "Sequential megafaunal collapse in the North Pacific Ocean: an ongoing legacy of industrial whaling?" *Proceedings of the National Academy of Sciences.* 100 (21). pp.12223-12228.

147 김장근 (2007) "고래와 한국의 문화", 〈고래와 문화〉(국립수산과학원 고래연구소 학술심포지엄), 국립수산과학원고래연구소·울산대학교 고래연구소.

148 손호선 (2012) "반구대암각화의 고래 종", 〈한국암각화연구〉 16. 21-32쪽.

149 이하우 (2021) 《불후의 기록, 대곡천의 암각화》, 울산대학교출판부. 139-141쪽.

150 Kang, Bong W. (2020) "Reexamination of the chronology of the Bangudae Petroglyphs and whaling in prehistoric Korea: a different perspective." *Journal of Anthropological Research* 76 (4). pp.480-506.

151 김원룡 (1980) "울주 반구대암각화에 대하여", 〈한국고고학보〉 9. 6-22쪽.

152 이하우 (2021). 185-189쪽.

153 이준정 (2009) "한반도 선사시대 고래 이용의 역사", 〈세계 고래문화와 역사의 재조명〉(제15회 울산고래축제 기념 학술심포지움), 울산시·울산시남구청·울산대고 래연구소.

154 박정재 (2021)《기후의 힘》, 바다출판사. 115-124쪽.

155 이하우 (2021) 66-71쪽.

156 김성규 (2017) "반구대암각화의 좌초경 득경 활동에 관한 연구", 〈울산대고래문 화학회 논문지〉, 21-31쪽.

157 Savelle, James M., Kishigami, Nobuhiro. (2013) "Anthropological research on whaling: prehistoric, historic and current contexts." *Senri Ethnological Studies* 84. pp.1-48.

158 박구병 (1987)《한반도 연해포경사》, 민족문화. 69쪽.

159 김선주 (2009) "고문헌과 문학작품 속에 나타난 고래의 의미 고찰", 〈세계 고래 문화와 역사의 재조명〉(제15회 울산고래축제 기념 학술심포지움), 울산시·울산 시남구청·울산대고래연구소.

160 조창록 (2015) "한문학에 나타난 고래에 관한 인식과 그 문학적 형상", 〈동방한 문학회〉 62. 175-198쪽.

161 Witsen, Nicolaas. (1962) Noord en Oost Tartarye [Online] https://resources. huygens.knaw.nl/retroboeken/witsen/#page=0&accessor=toc&view=homePane; 박구병 (1987)《한반도 연해포경사》, 민족문화. 73-74쪽.에서 재인용.

162 Andrews, Roy C. (1914) "I-The California Gary whale." *Monographs of the Pacific Cetacea(Memoirs of the American Museum of Natural History New series* I (V). Museum of zoology University of Michigan. [Online] https://babel.hathitrust.org/cgi/pt?i d=mdp.39015017482178&seq=13

163 Neff, Robert. (2021) "Hunting 'devilfish' in Korea in 1912." *The Korea Times*. 18th September [Online] https://www.koreatimes.co.kr/www/ opinion/2023/11/715_315714.html

164 Kroll, Gary. (2000) "Roy Chapman Andrews and the business of exploring: cetology and conservation in progressive America." *Endeavour* 24 (2). pp.79-84.

165 박구병 (1987). 293-307쪽.

166 박구병 (1987). 323-330쪽.

167 변창명 (2005) 〈고래와 사람-어제, 오늘 그리고 내일〉, 한국수산신문사.

168 김종경 (1983) "고래잡이들의 황혼",《마당》 1983년 7월호. 67-70쪽.

169 Perrin, William F., Mallette, Sarah., Bownell, Robert L. (2017) "Modern whaling." (eds.) Würsig, Bernd., Perrin, William F. *Encyclopedia of Marine Mammals*. Academic Press. pp.608-612.

170 박구병 (1987). 455-458쪽.

171 Baker, C.S., Lento, G.M., Cipriano, F., Palumbi, S.R., (2000) "Predicted decline of protected whales based on molecular genetic monitoring of Japanese and Korean markets." *Proceedings of the Royal Society of London. Series B: Biological Sciences*. 267 (1449). Royal Society. pp.1191-1199.

172 해양경찰청 (2022) 고래류 처리확인서 발급현황. 대한민국 전자정부 누리집. [online] https://www.data.go.kr/data/3074254/fileData.do

173 남종영 (2009)《북극곰은 걷고 싶다》한겨레출판. 124-131쪽.

174 NOAA fisheries (n.d.) Bowhead Whale, Species Directory. [Online] https://www.fisheries.noaa.gov/species/bowhead-whale

175 Schneider, Viktoria., Pearce, David. (2004) "What saved the whales? An economic analysis of 20th century whaling." *Biodiversity & Conservation* 13. pp.543-562.

176 Hoare, Philip (2008) *Leviathan or, the Whale*. Harper Collins Publishers. pp.343-344.

177 Roman, Joe. (2006). p.145.

178 Day, David. (1987) *The Whale War*. Routledge & Kegan Paul. p.136

179 Day, David. (1987) pp.93-95.

180 박구병 (1987). 476-478쪽.

181 Schneider, Viktoria., Pearce. David. (2004) "What saved the whales? An economic analysis of 20th century whaling." *Biodiversity & Conservation* 13. Pearce. pp.543-562.

182 Hildebrand, John. (2017) "남종영에게 보낸 이메일." 14th Feb.

183 Aguilar, Alex., Garcia-Vernet, Raquel. (2018) "Fin whale." (eds.) Würsig, Bernd., Perrin, William F. *Encyclopedia of Marine Mammals*. Academic Press. pp.368-371.

184 Cooke, Justin G. (2018) Balaenoptera physalus. The IUCN Red List of Threatened Species. [online] http://dx.doi.org/10.2305/IUCN.UK.2018-2.RLTS.T2478A50349982.en

185 Bérubé, Martine., Aguilar, Alex. (1998) "A new hybrid between a blue whale, Balaenoptera musculus, and a fin whale, B. physalus: frequency and implications of hybridization." *Marine Mammal Science* 14 (1). the Society for Marine Mammalogy. pp.82-98.

186 마이클 커닝햄 (2008)《아웃사이더 예찬》, 마음산책. 206쪽. (원서 Cunningham, Michael. (2012) *Land's End: A walk in Provincetown*. Picador.)

187 Hoyt, Eric. (2018) "Tourism." (eds.) Würsig, Bernd., Perrin, William F. *Encyclopedia of Marine Mammals*. Academic Press. pp.1010-1014.

188 O'Connor, S., Campbell, R., Cortez, H., Knowles, Tristan. (2009) *Whale Watching Worldwide: tourism numbers, expenditures and expanding economic benefits*. the International Fund for Animal Welfare. Yarmouth.

189 International Whaling Commitee (2018) Online Whale Watching Handbook. [Online] https://wwhandbook.iwc.int/en/

190 Hoyt, Eric. (2018). pp.1010-1014.

191 Weinrich, M., Corbelli, C. (2009) "Does whale watching in Southern New England impact humpback whale (Megaptera novaeangliae) calf production or calf survival?" *Biological Conservation* 142 (12). pp.2931-2940.

192 Cressey, Daniel. (2014) Whale-watching found to stress out whales, Sciecntific American. 26th Aug. [Online] https://www.scientificamerican.com/article/whale-watching-found-to-stress-out-whales/

193 Fouda, Leila., et al. (2018) "Dolphins simplify their vocal calls in response to increased ambient noise." *Biology letters* 14 (10).

194 Day, David. (1987).

195 International Whaling Commitee (n.d.) Special Permit Whaling. [Online] https://iwc.int/management-and-conservation/whaling/permits#:~:text=Article%20VIII%20of%20the%20Convention,individual%20governments%2C%20not%20the%20IWC

196 윤영민 (2020) "남극해 포경 사건에 관한 ICJ 판결의 분석 및 시사점", 〈해사법연구〉 32 (3). 61-82쪽.

197 이재민 (2023) "일본의 ICJ 소송절차 참여와 함의: 남극해 포경분쟁 진행과 후속조치를 중심으로", 〈국제법학회논총〉 68 (1). 143-197쪽.

198 이재민 (2023) 143-197쪽.

다정한 거인

199 International Whaling Commitee (n.d.) Catches taken: special permit [Online] https://iwc.int/table_permit

200 Shimpō, Ōnan., 'Hogei mondai ni tsuite.'; Fynn Holm (2023) "7-Burning down the whaling station." *The Gods of the sea: whales and coastal communities in Northeast Japan, c.1600-2019.* Cambridge University Press. [eBook] https://www.cambridge.org/core/books/gods-of-the-sea/36CDB7A772C329254E3FC15D19DC934B 에서 재인용.

201 Watanabe, Hiroyuki. (2009) *Japan's whaling: the politics of culture in historical perspective.* (trans.) Clarke, Hugh. Trans Pacific Press.

202 남종영 (2017) "'바다의 로또'는 준비한 자만이 얻는다?", 〈한겨레〉 10월 30일. [online] https://www.hani.co.kr/arti/animalpeople/wild_animal/816563.html

203 울산지방법원 (2021) 2020고단3057, 2020고단4634(병합) 판결(수산업법, 야생생물보호 및 관리에 관한 법률 위반). 1월 15일 선고. [online] https://casenote.kr/%EC%9A%B8%EC%82%B0%EC%A7%80%EB%B0%A9%EB%B2%95%EC%9B%90/2020%EA%B3%A0%EB%8B%A83057#12

204 윤현경, 김진선, 김세인, 김준수, 추민규 (2022) "국내 고래류 불법포획의 특징 및 단속방안 연구", 〈한국콘텐츠학회논문지〉 22 (10). 554-562쪽.

205 익명 (2017) 남종영과 인터뷰. 10월 29일.

206 윤현경, 김진선, 김세인, 김준수, 추민규 (2022). 554-562쪽.

207 김정혜 (2016) "무려 3억… 국제멸종위기종 참고래 그물에 걸려 죽은 채 발견", 〈한국일보〉 9월 25일. [online] https://www.hankookilbo.com/News/Read/201609251756998884

208 박겸준, 안두해, 임채웅, 이태호, 김두남 (2012) "새만금에서 발생한 상괭이 (Neophocaena asiaeorientalis)의 대량 폐사: 이상 저온에 따른 영향의 증거", 〈한국수산과학회지〉 45 (6). 723-729쪽.

209 Amano, Masao. (2018) "Finless Porpoises." (eds.) Würsig, Bernd., Perrin, William F. *Encyclopedia of Marine Mammals* Academic Press. pp.372-375.

210 최슬기, 김은호, 손호선 (2021) "음향을 이용한 남해 연안에 서식하는 상괭이 (Neophocaena asiaeorientalis)의 출현 특성 연구", 〈한국수산과학회지〉 54 (6). 989-999쪽.

211 해양수산부 (2021) 보도자료-코드명 '상괭이 보호 대작전'을 실행하라. 2월 2일.

212 Sands, Cara. (2023) "Season over for Taiji's dolphin drive hunts." Ric O'Barry's

Dolphin Project. [Online] https://www.dolphinproject.com/blog/season-over-for-taijis-dolphin-drive-hunts/#:~:text=We%20estimate%20527%20dolphins%20were,themselves%2C%20their%20numbers%20never%20recorded

213 France-Presse, Agence. (2015) "Half the dolphins caught in Japan hunt exported despite global outcry: report." *Guardian*. 7th Jun. [Online] https://www.theguardian.com/world/2015/jun/07/half-the-dolphins-caught-in-japan-hunt-exported-despite-global-outcry-report

214 Griffin, Ted. (1982) *Namu: Quest for the Killer Whale*. Gryphon West Pub.

215 Brower, Kennth. (2005) *Freeing Keiko: the journey of a killer whale from Free willy to the wild*. Gotham Books.

216 남종영 (2013) "시월드 범고래는 왜 조련사를 죽였을까?" 〈한겨레〉 5월 17일. [online] https://www.hani.co.kr/arti/society/environment/587962.html

217 Hardach, Sophie. (2023) "Why are orcas suddenly ramming boats?" *BBC*. 27th Jun. [Online] https://www.bbc.com/future/article/20230626-why-are-orcas-suddenly-ramming-boats

218 Visser, Ingrid N. (1998) "Prolific body scars collapsing dorsal fins on killer whales(Orcinus orca) in New Zealand waters." *Aquatic Mammals* 24 (2). pp.71-81.

219 Whale and Dolphin Conservation (2023) Fate of captive orcas. [online] https://uk.whales.org/our-4-goals/end-captivity/orca-captivity/

220 Berger, John. (1980) "Why look at animals?" *About Looking*. Bloomsbury. pp.3-28.

221 Newman, Vianna. (2015) Battling with an orca. Cooper Hewitt. [online] https://www.cooperhewitt.org/2015/09/25/battling-with-an-orca/

222 Bosworth, Amanda. (2018) "Barnum's whales." *Perspectives on history*. [online] https://www.historians.org/perspectives-article/barnums-whales-the-showman-and-the-forging-of-modern-animal-captivity/

223 Corkeron, Peter. (2017) "Captivity." (eds.) Würsig, Bernd., Perrin, William F. *Encyclopedia of Marine Mammals*. Academic Press. pp.161-164.

224 남종영 (2017) 《잘있어, 생선은 고마웠어》, 한겨레출판. 224-238쪽.

225 World Animal Protection (2019) *Behind the smile: the multi-billion dollar dolphin entertainment industry*. World Animal Protection.

226 Jaakkola, Kelly., Willis, Kevin. (2019) "How long do dolphins live? Survival

rates and life expectancies for bottlenose dolphins in zoological facilities vs. wild populations." *Marine Mammal Science* 35 (4). the Society for Marine Mammalogy. pp.1418-1437.

227 Callaway, Ewen. (2012) "The whale that talked." *Nature.* [online] https://www.nature.com/articles/nature.2012.11635

228 Ridgway, Sam., Carder, Donald., Jeffries, Michelle., Todd, Mark. (2012) "Spontaneous human speech mimicry by a cetacean." *Current Biology* 22 (20).

229 O'Corry-Crowe, Gregory M. (2018) "Tourism." (eds.) Würsig, Bernd., Perrin, William F. *Encyclopedia of Marine Mammals.* Academic Press. pp.93-96.

230 TASS (2019) "Last whales from Far East 'jail' freed into the wild". 10th Nov. [online] https://tass.com/society/1087877

231 고정학 (2014) 남종영과 인터뷰. 6월 17일, 퍼시픽랜드.

232 해양경찰청 (2011) 보도자료-'큰돌고래' 불법포획 유통사범 검거. 7월 14일.

233 남종영 (2017). 20-26쪽.

234 김현우 (2011) 〈2000년대 초기 제주도에 서식하는 남방큰돌고래(*Tursiops aduncus*)의 분포특성과 풍도 추정〉(박사학위 논문), 부경대학교 해양생물학과.

235 최석관 (2011) 남종영과 전화 인터뷰. 7월 15일.

236 박기용 (2012) "박원순 '제돌이 방사… 구럼비 앞바다서 헤엄치게'", 〈한겨레〉 3월 12일. [online] https://www.hani.co.kr/arti/society/society_general/523089.html

237 van der Toorn, J.D. (n.d.) Cetacean releases.; K. C. Balcomb III (1995) "Cetacean Releases." Version 4 (3). Prepared for the Center for Whale Research. [online] https://rosmarus.com/Releases/Rel_1.htm

238 Lott, Rob. (2023) "Three decades on from UK's last dolphin show, what needs to change?" *Whale and Dolphin Conservation.* [online] https://uk.whales.org/2023/03/08/three-decades-on-from-uks-last-dolphin-show-what-needs-to-change/

239 Wells, Randall S., Kim, Bassos-Hull., Norris, Kenneth S. (1998) "Experimental return to the wild of two bottlenose dolphins." *Marine Mammal Science* 14 (1). the Society for Marine Mammalogy. pp.51-71.

240 Waples, Kelly Anne (1997) "The rehabilitation and release of bottlenose dolphins from Atlantis Marine Park." *Western Australia.* (Thesis [Ph.D.]) Texas A&M

University.

241 김지숙 (2023) "돌고래쇼 벗어난 '삼팔이' 셋째 낳았다", 〈한겨레〉 애니멀피플 10월 6일. [online] https://www.hani.co.kr/arti/animalpeople/wild_animal/1111129.html

242 Manby, Joel. (2016) "Op-Ed: SeaWorld CEO: We're ending our orca breeding program. Here's why." *Los Angeles Times*. 17th Mar. [online] https://www.latimes.com/opinion/op-ed/la-oe-0317-manby-sea-world-orca-breeding-20160317-story.html

243 서영천 (2022) "돌고래 무단반출 거제씨월드 관계자 검찰 송치", 〈거제저널〉 9월 22일. [online] http://m.geojejournal.co.kr/news/articleView.html?idxno=77934

244 남종영 (2023) "돌고래의 죽음과 야생방사 실적주의", 〈한겨레〉 1월 25일. [online] https://www.hani.co.kr/arti/opinion/column/1076950.html

245 핫핑크돌핀스 (2023) 비봉이 방류 1주년 핫핑크돌핀스 입장문. 10월 18일. [online] https://docs.google.com/document/d/1QYTCMogbM9PMWNJGVRwWKnooyODyoIPzbNjCAtjv6_o/edit?pli=1

246 남종영 (2019) "수족관 흰고래야 미안해 – 세계 최초 '돌고래 바다쉼터'", 〈한겨레〉 10월 7일. [online] https://www.hani.co.kr/arti/animalpeople/wild_animal/912230.html

247 National Aquarium (2023) Sanctuary state. 26th Jun. [online] https://aqua.org/stories/2023-06-26-sanctuary-state

248 고은경 (2023) "기약 없는 롯데 벨루가 '벨라' 생크추어리행… 플랜B는 없나요", 〈한국일보〉 7월 27일. [online] https://m.hankookilbo.com/News/Read/A2023072614130003324

249 남종영 (2023) "태지야 아랑아, 영덕에 '고래 바다쉼터' 생긴대" 〈한겨레〉 7월 18일. [online] https://www.hani.co.kr/arti/society/environment/1100576.html

250 남종영 (2017). 239-246쪽.

251 Nunny, Laetitia., Simmonds, Mark P. (2019) "A global reassessment of solitary-sociable dolphins." *Frontiers in Veterinary Science* 5.

252 BBC (2002) "Love dolphins - Friend or Foe?" *BBC* 9th Sep. [online] https://www.bbc.co.uk/insideout/south/series1/lone-dolphins.shtml

253 클레르 누비앙 (2010) 《심해》, 김옥진 옮김, 궁리. 235-236쪽. (원서 Nouvian, Claire. *The Deep: The Extraordinary Creatures of the Abyss*. University of Chicago Press.)

254 Miyamoto, Norio., et al. (2013) "Postembryonic development of the bone-eating worm Osedax japonicus." *Naturwissenschaften* 100. pp.285-289.

255 Li, Qihui, et al. (2022) "Review of the Impact of Whale Fall on Biodiversity in Deep-Sea Ecosystems." *Frontiers in Ecology and Evolution* 10.

256 Smith, Craig R., Roman, Joe., Nation, Jame B. (2019) A metapopulation model for whale-fall specialists: The largest whales are essential to prevent species extinctions, *Journal of Marine Research* 77 (2). pp.283-302.

257 IPCC (2023) Synthesis Report of the IPCC Sixth Assessment Report - Summary for Policymakers. [Online] https://www.ipcc.ch/report/ar6/syr/

258 Cressey, Daniel (2015) "World's whaling slaughter tallied." *Nature* 519 (7542). pp.140-141.

259 Pershing, A. J., Christensen, L. B., et al. (2010). "The impact of whaling on the ocean carbon cycle: why bigger was better." *PLOS ONE* 5 (8). e12444.

260 Savoca, Matthew S., Czapanskiy, Marx F., Kahane-Rapport, Shirel R., et al. (2021) "Baleen whale prey consumption based on high-resolution foraging measurements." *Nature* 599, pp.85-90.

261 Pearson, Heidi C., et al. (2022) "Whales in the carbon cycle: can recovery remove carbon dioxide?" *Trends in Ecology & Evolution* 38 (3). pp.238-249.

262 Szesciorka, Angela R., Stafford, Kathleen M. (2023) "Sea ice directs changes in bowhead whale phenology through the Bering Strait." *Movement Ecology* 11 (8).

263 Moore, Sue E. (2008). "Marine mammals as ecosystem sentinels." *Journal of Mammalogy* 89 (3). pp.534-540.

264 NOAA (2023) 2019-2023 Gray Whale Unusual Mortality Event along the West Coast and Alaska. [Online] https://www.fisheries.noaa.gov/national/marine-life-distress/2019-2023-gray-whale-unusual-mortality-event-along-west-coast-and

265 Daley, Jason (2019) "NOAA Is Investigating 70 Gray Whale Deaths Along the West Coast." *Smithsonian Magazine*. 3th Jun. [Online] https://www.smithsonianmag.com/smart-news/noaa-investigating-dozens-gray-whale-deaths-along-west-coast-180972333/

266 Christiansen, Fredrik., Rodríguez-González Fabian., Martínez-Aguilar Sergio., Urbán Jorge., et al. (2021) "Poor body condition associated with an unusual mortality event in gray whales." *Marine Ecology Progress Series* 658. pp.237–252.

267 Gailey, Glenn., Sychenko, Olga., Zykov, Mikhail., Rutenko, Alexander., Blanchard, Arny., Melton, Rodger H. (2022) "Western gray whale behavioral response to seismic surveys during their foraging season." *Environmental Monitoring and Assessment* 194.

268 고성식 (2020) "제주 대정해상풍력발전, 도의회서 최종 부결", 〈연합뉴스〉 4월 29일. [Online] https://www.yna.co.kr/view/AKR20200429136100056

269 Pearson, Heidi C., et al. (2022). pp.238–249.

270 IUCN (n.d.) Nature-based Solutions. [online] https://www.iucn.org/our-work/nature-based-solutions#:~:text=Nature%2Dbased%20Solutions%20are%20actions,simultaneously%20benefiting%20people%20and%20nature

271 박광범 (2024) "동해가스전 활용 탄소포집저장시설 개발사업 예타 받는다", 〈머니투데이〉 1월 5일. [online] https://news.mt.co.kr/mtview.php?no=2024010513411779888

272 NOAA (2024) Rice's Whale, Species Directory. [online] https://www.fisheries.noaa.gov/species/rices-whale

273 Rosel, Patricia E., Wilcox, Lynsey A., Yamada, Tadasu K., Mullin, Keith D. (2021) "A new species of baleen whale (Balaenoptera) from the Gulf of Mexico, with a review of its geographic distribution." *Marine Mammal Science* 37 (2). the Society for Marine Mammalogy. pp.577–610.

274 The Deepwater Horizon Marine Mammal Injury Quantification Team (2015) Models and analyses for the quantification of injury to Gulf of Mexico cetaceans from the Deepwater Horizon Oil Spill. *DWH NRDA Marine Mammal Technical Working Group Report.* [online] https://www.fws.gov/doiddata/dwh-ar-documents/876/DWH-AR0105866.pdf

275 Dennis, Brady., Grandoni, Dion. (2022) "Scientists just discovered a new whale. Now they fear it may go extinct." *The Washington Post.* 13th Oct. [online] https://www.washingtonpost.com/climate-environment/2022/10/13/gulf-of-mexico-whale-rices/

276 Lilly, John C. (1978) *Communication between man and dolphin.* Crown Publishers.

277 남종영 (2019) "사람과 돌고래의 러브스토리? 그녀가 떠나자 피터는 자살했다", 〈한겨레〉 4월 3일. [online] https://www.hani.co.kr/arti/society/

environment/685361.html

278 남종영 (2023) "'바다의 로또'에서 '권리의 주체' 그리고 '기후변화의 해결사'로 (발표문)", 〈플랜오션 2023 고래 보전 국제컨퍼런스(9월 11일)〉, 서울·국립중앙박물관교육관.

279 Reiss, Diana, Marino, Lori. (2001) "Mirror self-recognition in the bottlenose dolphin: A case of cognitive convergence." *Proceedings of the National Academy of Sciences* 98 (10). Duke University. pp.5937-5942.

280 Diana Reiss (2011) *The dolphin in the mirror: exploring dolphin minds and saving dolphin lives*. Houghton Mifflin Harcourt Publishing Company.

281 Morrison, Rachel., Reiss, Diana. (2018) "Precocious development of self-awareness in dolphins." *PLOS ONE* 13 (1). [online] https://doi.org/10.1371/journal.pone.0189813

282 White, Thomas. (2008) *In defense of dolphins: The new moral frontier*. John Wiley & Sons.

283 The Helsinki Group (2010) Declaration of rights for cetaceans: whales and dolphins. [online] https://www.cetaceanrights.org/

284 Sample, Ian. (2012) "Whales and dolphins 'should have legal rights'" *Guardian*. 21th Feb. [online] https://www.theguardian.com/world/2012/feb/21/whales-dolphins-legal-rights

285 Cavalieri, Paola. (2012) "Declaring whales' rights." *Tamkang Review* 42 (2). pp.111-137.

286 남종영 (2024) "인간주의 동물권의 딜레마", 《스켑틱》 37호. 240-252쪽.

287 지구법학회 (2023) 《지구법학》, 김왕배 엮음, 문학과지성사.

288 진희종 (2020) "생태민주주의를 위한 '생태법인'제도의 필요성", 《대동철학》 90. 111-127쪽.

289 남종영 (2023) "'바다의 로또'에서 '권리의 주체' 그리고 '기후변화의 해결사'로 (발표문)", 〈플랜오션 2023 고래 보전 국제컨퍼런스(9월 11일)〉, 서울·국립중앙박물관교육관.

290 톰 머스틸 (2022) 《고래와 대화하는 방법》, 에이도스. 216-217쪽. (원서 Mustill, Tom. (2022) *How to speak whale: the power and wonder of listening to animals*. Grand Central Publishing.)

291 World Animal Protection (2019) Behind the smile: the multi-billion dollar dolphin

entertainment industry

292 Casey, Liam. (2023) "14 whales, 1 dolphin have died at Marineland since 2019: ministry documents." *CBC News*. 24th Aug. [online] https://www.cbc.ca/news/canada/hamilton/ont-marineland-1.6946030

293 남종영 (2022) "우영우와 남방큰돌고래 복순이", 〈한겨레〉 7월 20일. [online] https://www.hani.co.kr/arti/opinion/column/1051746.html

294 법제처 국가법령정보센터 (2023) 동물원 및 수족관의 관리에 관한 법률, 12월 13일 전부개정. [online] https://www.law.go.kr/법령/동물원 및 수족관의 관리에 관한 법률

찾아보기

도판목록

© Tony Wu.

외 3컷 © 남종영.

© 남종영.

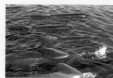

© Mark Eveleigh, Alamy.

© Shane Gross, Alamy.

© Fabio G. Daura-Jorge, PNAS.

© 남종영.

© Tommy London, Alamy.

© Orin Zebest, Wikimedia Commons.

3장 세드나의 후손들

© Bart, unsplash.

© Sralya.

〈요나, 고래 뱃속에서 나오다〉, 얀 브뤼헐, 1598, 캔버스에 오일, 38×55cm, The Trustees of the British Museum 소장.

© Interfoto, Alamy.

© Jebulon, Wikimedia commons.

〈성 브렌단의 항해〉, Honorius Philiponus, 1621, 판화, The New York Public Library 소장.

〈큰 물고기는 작은 물고기를 먹는다〉, 피터르 브뤼헐, 1557, 판화, 22.9×29.6 cm, The Metropolitan Museum of Art 소장.

〈좌초한 고래〉, 야콥 마탐, 1681, 판화, 31.7×42.8 cm, The British Museum 소장.

〈위즈칸 지에 좌초한 고래〉, 얀 산레담, 1602, 판화, 32.2×22.3cm, The Metropolitan Museum of Art 소장.

© 스티븐 스워츠, NOAA.

4장 고래야, 네가 원하는 걸 주었다

© Taiji Whaling Museum.

© 류우종, 한겨레.

© 류우종, 한겨레.

© Edward Curtis, US Library of Congress.

© Edward Curtis, US Library of Congress.

© Kujira-digital museum.

© Magicpiano, Wikimedia Commons.

다정한 거인

5장 대학살의 서막

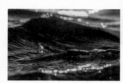

© Imleedh Ali, unsplash.

⟨북극해의 다양한 생명체와 베링 해에서의 고래 사냥⟩, 존 H. 버포드, 1871, 채색 석판화, 61×97.8 cm, US Library of Congress 소장.

⟨스피츠베르겐의 포경기지⟩, 코르넬리스 드 만, 1639, 캔버스에 오일, 108×205 cm, Rijksmuseum Amsterdam 소장.

⟨북극해 포경⟩, 존 워드, 1840, 캔버스에 오일, 28.9×71.8cm, National Gallery of Art 소장.

⟨혹등고래 테이, 해부에 관한 회고⟩, 존 스트루더스, 1899, 판화, University of Toronto 소장.

⟨스톤헤이븐에 좌초한 혹등고래 테이⟩, 존 스트루더스, 1899, 판화, University of Toronto 소장.

© 남종영.

6장 고래의 복수

© NOAA Photo Library.

외 1컷 © 남종영.

외 3컷 © 남종영.

©NOAA Photo library.

〈고래의 습격을 받는 에섹스 호II〉, 토머스 니커슨, 1820, 노트에 연필, Nantucket Historic Association 소장.

외 3컷 ⓒ 남종영.

7장) 남극에 떠다니는 고래 공장들

ⓒ FLPA, Alamy.

ⓒ Sydney Morning Herald, Alamy.

ⓒ Smith Archive, Alamy.

8장) 고래의 눈에서 달처럼 빛나는 구슬

ⓒ Felix Rottmann, unsplash.

ⓒ 울산반구대박물관.

ⓒ Roy C. Andrews, American Museum of Natural History.

ⓒ Roy C. Andrews, American Museum of Natural History.

ⓒ Roy C. Andrews, Monographs of Pacific Cetacea.

9장 고래의 노래

© Ray Harrington, unsplash.

© David McTaggart, Greenpeace international.

© Pierre Gleizes/ Greenpeace international.

© PA, Alamy.

10장 포경이냐 관광이냐

덴마크 페로 제도의 들쇠고래 사냥_들쇠고래를 해안가로 몰아넣고 머리 하단부의 척추를 자르는 잔인한 사냥 방식 때문에 '그라인드grind'라고도 불린다. © Adam Woolfitt, Alamy.

© Tim E White, Alamy.

© Whittaker Geo, Alamy.

© 남종영.

© David Rowe, Alamy.

© Jeremy Sutton-Hibbert, Greenpeace international.

© 울산해양경찰서, 연합포토.

© 충남경찰서, 연합포토.

© 포항해양경찰서.

11장 당신을 즐겁게 하려고 죽어갑니다

 © TJ Fitzsimmons, unsplash.

 © Asia File, Alamy.

 © 남종영.

 © 남종영.

 © Mark Berman.

 © ZUMA Press, Alamy.

 〈클라우디우스의 범고래 쇼〉, 얀 반데르 스트레이트, 1595, 종이에 잉크, 10.3×13.8cm, Cooper Hewitt, Smithsonian Design Museum 소장.

 © Vancouver Aquarium

12장 바다로 돌아간 돌고래들

 © 류우종, 한겨레.

 © 남종영.

 장수진, 해양동물생태보전연구소(MARC).

 © 남종영.

 © 해양수산부.

 © Wikimedia Commons.

 © Kuttig Travel, Alamy.

13장 기후변화와 싸우는 고래

 © Dave Weller, NOAA.

 © NOAA.

 © Nature Picture Library, Alamy.

 © BIOSPHOTO, Alamy.

14장 비인간인격체 고래의 권리

 © Humberto Braojos, unsplash.

 © Pacific Press Media Production Corp., Alamy

에필로그

 © 남종영.

 © 남종영.

다정한 거인

평화를 부르는 고래의 생태·사회사

지은이   남종영

1판 1쇄 펴냄 2024년 9월 27일
1판 3쇄 펴냄 2025년 5월 27일

펴낸곳   곰출판
출판신고   2014년 10월 13일 제2024-000011호
전자우편   book@gombooks.com
전화   070-8285-5829
팩스   02-6305-5829

종이   영은페이퍼
제작   미래상상

ISBN   979-11-89327-37-8 03490